STARK

2023

Training

Abschlussprüfung

Realschule Baden-Württemberg

Mathematik

LÖSUNGEN

STARK

© 2022 Stark Verlag GmbH
16. ergänzte Auflage
www.stark-verlag.de

Inhalt

Training Grundwissen **1**

1 Potenzen und Wurzeln 1

2 Terme und Gleichungen 4

3 Flächen und Körper 7

4 Zahlenfolgen und Sachrechnen 27

5 Funktionen und Gleichungssysteme 34

6 Daten und Zufall 44

Komplexe Aufgaben und Modellierungsaufgaben **54**

Original-Abschlussprüfungen

Realschulabschluss Mathematik 2020 2020-1

Realschulabschluss Mathematik 2021 2021-1

Realschulabschluss Mathematik 2022 .... www.stark-verlag.de/mystark

Um dir die Prüfung 2022 schnellstmöglich zur Verfügung stellen zu können, wird diese in digitaler Form veröffentlicht.
Sobald die Original-Prüfungsaufgaben 2022 freigegeben sind, können sie als PDF auf der Plattform MyStark heruntergeladen werden (Zugangscode vgl. Umschlaginnenseite).

Vorwort

Liebe Schülerin, lieber Schüler,

dies ist das Lösungsheft zu dem Band **Training Abschlussprüfung Realschule 2023 – Mathematik – Baden-Württemberg** (Bestell-Nr. C08100). Es enthält zu allen Aufgaben von unseren Autoren ausgearbeitete Lösungen, die jeden Rechenschritt ausführlich erklären. Zahlreiche Skizzen zur Veranschaulichung helfen dir beim Nachvollziehen von Sachverhalten.

Versuche stets, jede Aufgabe zunächst selbstständig zu lösen, und dann deine Lösung mit den Lösungen im Buch zu vergleichen. Nur was du dir selbst erarbeitet hast, bleibt im Gedächtnis und du lernst dazu. Halte dich deswegen daran, konsequent jede Aufgabe zunächst selbst zu rechnen. Hast du eine Aufgabe nicht richtig gelöst, ist es besonders wichtig, diese zu einem späteren Zeitpunkt noch einmal durchzurechnen.

Durch das Üben wirst du dich sicher fühlen und kannst beruhigt in die Prüfung gehen.

Wir wünschen dir viel Erfolg!

Autoren:
Dieter Gauß, Lukas Hellinger
Thomas Dreher (Lösungen zu den Original-Abschlussprüfungen 2020, 2021 und 2022)

Training Grundwissen

1 Potenzen und Wurzeln

Hinweise und Tipps

1 a) $2{,}2 \cdot 3^6 = 1\,603{,}8$

Beachte: „Potenz vor Punkt“

b) $4{,}5 \cdot 2^{-3} = 0{,}5625$

c) $2^{\mathbf{7}} = 128$

Die Lösungen können durch Probieren ermittelt werden.

d) $\mathbf{3}^5 = 243$

e) $4{,}2 \cdot 3^7 + \mathbf{3{,}2} \cdot 7^3 + \mathbf{1} \cdot 3^7 - 5{,}7 \cdot 7^3 = 5{,}2 \cdot 3^7 - 2{,}5 \cdot 7^3$

---

2 a) $3^4 \cdot 3^6 \cdot 3^2 = 3^{4+6+2} = 3^{12}$

Die drei Exponenten werden addiert.

b) $(x-2)^2 (x-2)^3 = (x-2)^5$

Gemeinsame Basis $(x-2)$.

c) $(x+1)^3 \cdot (x^2+2x+1)$
$= (x+1)^3 \cdot (x+1)^2$
$= (x+1)^5$

Zunächst wird die zweite Klammer mithilfe der binomischen Formel verändert. Da jetzt die Basen gleich sind, können die Exponenten addiert werden.

d) $\dfrac{38x^5y^4z^8}{19x^2y^6z} = 2x^3y^{-2}z^7$

Das 2. Gesetz wird bei jeder Variablen angewandt.

oder: $= \dfrac{2x^3z^7}{y^2}$

Beide Schreibweisen sind richtig und üblich.

e) $\dfrac{54x^3y^4}{y^2} \cdot \dfrac{x^2y^5}{3^3} = 2x^5y^7$

Die Potenz 3^3 wird zum Kürzen errechnet, bei gleichen Basen werden die Exponenten addiert bzw. subtrahiert.

f) $2^4 \cdot 3^4 \cdot 0{,}4^4 = 2{,}4^4$

Bei gleichen Exponenten werden die Basen multipliziert.

g) $\left(\dfrac{x^2y^3}{6}\right)^3 \cdot \left(\dfrac{12}{xy}\right)^3$
$= (2xy^2)^3 = 2^3x^3y^6$

Da die Exponenten übereinstimmen werden zunächst die Basen multipliziert, dann kann noch die Klammer entfernt werden (Umkehrung des 3. Gesetzes).

oder: $= 8x^3y^6$

Die Potenz 2^3 kann errechnet werden.

h) $(2x^2y^3)^3 \cdot (5x^3y)^2$

Hier müssen zuerst die Klammern entfernt werden.

$= 2^3x^6y^9 \cdot 5^2x^6y^2$

Bei gleichen Basen werden die Exponenten addiert.

$= 200x^{12}y^{11}$

2^3 und 5^2 müssen (zu ihrer Multiplikation) errechnet werden.

i) $\left(\dfrac{z^{-5}}{z^{-2}}\right)^{-4}$

Bei gleichen Basen werden zunächst die Exponenten subtrahiert $(-5-(-2) = -5+2)$.

$= (z^{-3})^{-4} = z^{12}$

Die Exponenten werden multipliziert.

j) $\dfrac{16xy^3}{(-2x)^5} = \dfrac{16xy^3}{-32x^5} = \dfrac{y^3}{-2x^4} = -\dfrac{y^3}{2x^4}$

Im Nenner wird die Klammer entfernt, dann das 2. Gesetz angewandt. Ein Minuszeichen im Nenner kann vor den Bruch geschrieben werden.

Hinweise und Tipps

3

a) $270\,000 = 2{,}7 \cdot 10^5$

b) $0{,}000000425 = 4{,}25 \cdot 10^{-7}$

c) $4 \cdot 10^5 + 5 \cdot 10^4 = 450\,000$

d) $2 \cdot 10^{-3} + 3 \cdot 10^{-2} = 0{,}032$

Die beiden Vielfachen werden in Zahlen „verwandelt" und dann addiert.

4

a) $\sqrt[3]{8} = 2$ — Da $2^3 = 8$.

b) $\sqrt{\mathbf{36}} = 6$ — Da $6^2 = 36$.

c) $\sqrt[3]{\mathbf{125}} = 5$ — Da $5^3 = 125$.

d) $\sqrt{16+9} = \sqrt{25} = 5$ — $16 + 9$ *muss* addiert werden, nur aus *einer* Zahl kann die Wurzel gezogen werden.

5

a) $x^2 = 12{,}25 \Rightarrow x_1 = 3{,}5$ und $x_2 = -3{,}5$ — Da $3{,}5^2 = 12{,}25$.

b) $x^5 = 0{,}07776 \Rightarrow x = 0{,}6$ — Da $0{,}6^5 = 0{,}07776$.

c)
$$2x^3 + 1 = 32{,}25$$
$$2x^3 = 31{,}25$$
$$x^3 = 15{,}625$$
$$x = 2{,}5$$

Zuerst muss die Gleichung umgeformt werden, dann wird die Lösung (Wurzel) ermittelt.

d) $(2x-1)^2 = 10{,}24 \Rightarrow$

$2x_1 - 1 = 3{,}2$ und $2x_2 - 1 = -3{,}2$

$2x_1 = 4{,}2$ und $2x_2 = -2{,}2$

$x_1 = 2{,}1$ und $x_2 = -1{,}1$

Wegen der Klammer muss zuerst die Wurzel ermittelt werden, dann werden beide Gleichungen (getrennt) weiter umgeformt.

6

a) $4{,}8 \cdot \sqrt{3} \approx 8{,}31$

b) $\sqrt{2} + \sqrt{7} \approx 4{,}06$ — Beachte: Keine Addition zu $\sqrt{9}$.

c) $2{,}2\sqrt{2} + 3{,}3\sqrt{3} \approx 8{,}83$

d) $\sqrt{8} - \sqrt{7} - \sqrt{6} \approx -2{,}27$

7

a) $2\sqrt{x} + \mathbf{3}\sqrt{\mathbf{x}} - 4\sqrt{x} = \sqrt{x}$

b) $\sqrt{108} - \sqrt{48} + \sqrt{147}$ — Zerlegung in Faktoren.

$= \sqrt{36 \cdot 3} - \sqrt{16 \cdot 3} + \sqrt{49 \cdot 3}$ — Wurzeln aus Quadratzahlen ziehen.

$= 6\sqrt{3} - 4\sqrt{3} + 7\sqrt{3} = 9\sqrt{3}$ — Zusammenfassen.

c) $4\sqrt{5} \cdot 5\sqrt{6} = 20\sqrt{30}$

d) $5\sqrt{2} \cdot \mathbf{3}\sqrt{\mathbf{2}} = 30$

Überlege zuerst, welcher Faktor zu der/den Wurzeln passt. Beachte bei d) dass $\sqrt{2} \cdot \sqrt{2} = 2$.

e) $\dfrac{21\sqrt{12}}{\mathbf{7}\sqrt{\mathbf{2}}} = 3\sqrt{6}$

f) $\dfrac{42\sqrt{175}}{12\sqrt{7}} = 3{,}5\sqrt{25} = 3{,}5 \cdot 5 = 17{,}5$ — Die Wurzel aus der Quadratzahl 25 muss gezogen werden.

g) $\sqrt{50x^{16}} = \sqrt{25 \cdot 2 \cdot x^{16}} = 5x^8\sqrt{2}$ — 25 und x^{16} sind Quadratzahlen.

h) $\sqrt{16x^9} = \sqrt{16 \cdot x^8 \cdot x} = 4x^4\sqrt{x}$

i) $\frac{3\sqrt{7} \cdot \sqrt{5}}{2\sqrt{5} \cdot \sqrt{5}} = \frac{3\sqrt{35}}{10}$

j) $\frac{15x \cdot \sqrt{3x}}{\sqrt{3x} \cdot \sqrt{3x}} = \frac{15x\sqrt{3x}}{3x} = 5\sqrt{3x}$

Hinweise und Tipps

x^9 ist keine Quadratzahl, daher Zerlegung in $x^8 \cdot x$.

Der Bruch wird mit $\sqrt{5}$ erweitert, dann werden Zähler bzw. Nenner getrennt berechnet.

Der Bruch wird mit $\sqrt{3x}$ erweitert, dann werden Zähler bzw. Nenner getrennt berechnet und gekürzt.

2 Terme und Gleichungen

Hinweise und Tipps

8

a) $4x^2(2x+6x^5-0{,}5x^3)$
$=8x^3+24x^7-2x^5$
$=24x^7-2x^5+8x^3$

Jeder Summand in der Klammer wird mit $4x^2$ multipliziert, dann wird noch geordnet – beginnend mit der höchsten Potenz.

b) $4\sqrt{3}(2\sqrt{2}-\sqrt{27})$
$=8\sqrt{6}-4\sqrt{81}$
$=8\sqrt{6}-4\cdot 9=-36+8\sqrt{6}$

Jeder Summand in der Klammer wird mit $4\sqrt{3}$ multipliziert, dann wird noch $\sqrt{81}$ gezogen und das Ergebnis geordnet.

c) $2{,}5x^3(\mathbf{3{,}8x^2}-1{,}2x^{-5})=9{,}5x^5-\mathbf{3x^{-2}}$

Der negative Exponent ergibt sich aus: $3-5$.

d) $\sqrt{\mathbf{8}}\left(5\sqrt{8}+\square\right)=40-6\sqrt{6}$
$\sqrt{\mathbf{8}}(5\sqrt{8}+\mathbf{3\sqrt{3}})=40-6\sqrt{6}$

Zuerst wird der Faktor vor der Klammer ermittelt. Beachte: $\sqrt{8}\cdot\sqrt{8}=8$

Alternativ:
$2\sqrt{2}\left(5\sqrt{8}+\square\right)=40-6\sqrt{6}$
$2\sqrt{2}(5\sqrt{8}+3\sqrt{3})=40-6\sqrt{6}$

Zuerst wird der Faktor vor der Klammer ermittelt. Beachte: $\sqrt{8}\cdot\sqrt{2}=\sqrt{16}=4$.

e) $(x-2x^3)(3x^5-5x^3)$
$=3x^6-5x^4-6x^8+10x^6$
$=-6x^8+13x^6-5x^4$

Jeder Summand wird mit jedem Summanden multipliziert, dann zusammengefasst und geordnet.

f) $(3\sqrt{2}-\sqrt{11})(3\sqrt{2}+5\sqrt{3})$
$=9\cdot 2+15\sqrt{6}-3\sqrt{22}-5\sqrt{33}$
$=18-5\sqrt{33}-3\sqrt{22}+15\sqrt{6}$

Jeder Summand wird mit jedem Summanden multipliziert (dabei ist: $\sqrt{2}\cdot\sqrt{2}=2$) und geordnet.

g) $(\mathbf{2x^3}+3x^2)^2=4x^6+\square+\square$
$(\mathbf{2x^3}+3x^2)^2=4x^6+\mathbf{12x^5}+\mathbf{9x^4}$

Zuerst wird der Summand in Klammer ermittelt, dann die binomische Formel angewandt.

h) $(3x^{-2}+2x^3)(3x^{-2}-2x^3)=9x^{-4}-4x^6$

3. binomische Formel. Insbesondere: $(3x^{-2})^2=9x^{-4}$

i) $(2x\sqrt{2}+3x)(x-3x\sqrt{2})$
$=2x^2\sqrt{2}-6x^2\cdot 2+3x^2-9x^2\sqrt{2}$
$=-9x^2-7x^2\sqrt{2}$
$=x^2(-9-7\sqrt{2})$

Jeder Summand wird mit jedem Summanden multipliziert, dann zusammengefasst und geordnet (und ggf. ausgeklammert).

j) $\left(4x+\square\right)(2x-\sqrt{\mathbf{3}})=\mathbf{8x^2}-4x\sqrt{3}+\square-3\sqrt{6}$
$(4x+\mathbf{3\sqrt{2}})(2x-\sqrt{\mathbf{3}})=\mathbf{8x^2}-4x\sqrt{3}+\square-3\sqrt{6}$
$(4x+\mathbf{3\sqrt{2}})(2x-\sqrt{\mathbf{3}})=\mathbf{8x^2}-4x\sqrt{3}+\mathbf{6x\sqrt{2}}-3\sqrt{6}$

Die fehlenden Terme können in dieser Reihenfolge überlegt werden.

9

a) $x^2-2{,}5x=6$

Ordnen der Gleichung.

$x^2-2{,}5x-6=0$

$$x_{1/2}=\frac{2{,}5\pm\sqrt{6{,}25+24}}{2}$$

Einsetzen in die Lösungsformel.

$$x_{1/2}=\frac{2{,}5\pm 5{,}5}{2}$$

Addition der Radikanden und Wurzelziehen.

$x_1=-1{,}5;\ x_2=4$

Angabe der beiden Lösungen.

	Hinweise und Tipps
b) $25x^2 - 10x - 3 = 0$	
$x_{1/2} = \frac{10 \pm \sqrt{100+300}}{50}$	Einsetzen in die Lösungsformel.
$x_{1/2} = \frac{10 \pm 20}{50}$	Addition der Radikanden und Wurzelziehen.
$x_1 = -\frac{1}{5};\ x_2 = \frac{3}{5}$	Angabe der beiden Lösungen auch als Dezimalzahl möglich; $x_1 = 0{,}6$; $x_2 = -0{,}2$.
c) $x^2 + 1{,}9x + 0{,}84 = 0$	
$x_{1/2} = \frac{-1{,}9 \pm \sqrt{3{,}61 - 3{,}36}}{2}$	Einsetzen in die Lösungsformel.
$x_{1/2} = \frac{-1{,}9 \pm 0{,}5}{2}$	Addition der Radikanden und Wurzelziehen.
$x_1 = -1{,}2;\ x_2 = -0{,}7$	Angabe der beiden Lösungen.
d) $x(2x+1) - (x-2)^2 = -8$	Auflösen der Klammern unter Verwendung einer „Hilfsklammer".
$2x^2 + x - (x^2 - 4x + 4) = -8$	
$2x^2 + x - x^2 + 4x - 4 = -8$	Auflösen der „Hilfsklammer".
$x^2 + 5x + 4 = 0$	Zusammengefasst und geordnet.
$x_{1/2} = \frac{-5 \pm \sqrt{25-16}}{2}$	Einsetzen in die Lösungsformel.
$x_{1/2} = \frac{-5 \pm 3}{2}$	Addition der Radikanden und Wurzelziehen.
$x_1 = -4;\ x_2 = -1$	Angabe der beiden Lösungen.
e) $(x+3)^2 + (x+3)(x-3) = 0$	Anwenden der binomischen Formeln.
$x^2 + 6x + 9 + x^2 - 9 = 0$	Zusammenfassen.
$2x^2 + 6x = 0$	
$x^2 + 3x = 0$	Lösungsformel. Beachte: $c = 0$
$x_{1/2} = \frac{-3 \pm \sqrt{9-0}}{2}$	Einsetzen in die Lösungsformel.
$x_1 = -3;\ x_2 = 0$	Angabe der beiden Lösungen.
f) $2x^2 - 4x + 2 = x^2 - 4x + 1$	
$x^2 + 1 = 0$	Umformen ergibt eine reinquadratische Gleichung.
$x^2 = -1$	Nicht definiert, da $-1 < 0$.
Es gibt keine Lösung.	

---

10 a)

$\frac{2(4-x^2)}{5x} = \frac{-8x-2}{5x}$	$\vert \cdot 5x$	$x = 0$ darf nicht in der Lösungsmenge enthalten sein. Der Hauptnenner ist $5x$.
$2(4-x^2) = -8x - 2$		Bei der Multiplikation mit dem HN kürzen sich alle Nenner.
$8 - 2x^2 = -8x - 2$	$\vert +2x^2 - 8$	Die Klammer wurde ausmultipliziert.
$2x^2 - 8x - 10 = 0$	$\vert :2$	Umformen zum Einsetzen in die Lösungsformel.
$x^2 - 4x - 5 = 0$		
$x_{1/2} = \frac{4 \pm \sqrt{16+20}}{2}$		Lösungsformel
$x_1 = -1;\ x_2 = 5$		

Ergebnis: $\mathbb{D} = \mathbb{R} \setminus \{0\}$; $\mathbb{L} = \{-1; 5\}$

Hinweise und Tipps

b) $\frac{-x^2+18}{2x}=5+\frac{7}{2x} \quad |\cdot 2x$

$-x^2+18=5\cdot 2x+7 \quad |+x^2-18$

$x^2+10x-11=0$

$x_{1/2}=\frac{-10\pm\sqrt{100+44}}{2}$

$x_1=-11;\; x_2=1$

Ergebnis: $\mathbb{D}=\mathbb{R}\setminus\{0\};\; \mathbb{L}=\{-11; 1\}$

$x=0$ darf nicht in der Lösungsmenge enthalten sein. Der Hauptnenner ist 2x.

Bei der Multiplikation mit dem HN kürzen sich alle Nenner.

Umgeformt zum Einsetzen in die Lösungsformel.

Lösungsformel

c) $\frac{4+x}{x}=\frac{x}{4}-\frac{2x-4}{x} \quad |\cdot 4x$

$(4+x)\cdot 4=x^2-(2x-4)\cdot 4$

$16+4x=x^2-(8x-16)$

$16+4x=x^2-8x+16 \quad |-16-4x$

$x^2-12x=0$

$x_{1/2}=\frac{12\pm\sqrt{144}}{2}$

$x_1=0;\; x_2=12$

Ergebnis: $\mathbb{D}=\mathbb{R}\setminus\{0\};\; \mathbb{L}=\{12\}$

$x=0$ darf nicht in der Lösungsmenge enthalten sein. Der Hauptnenner ist 4x.

Bei der Multiplikation mit dem HN kürzen sich alle Nenner.

Umformen zum Einsetzen in die Lösungsformel.

Lösungsformel

$x=0$ wurde als Element der Lösungsmenge ausgeschlossen.

d) $\frac{6(-2x+6)}{3x+2}=-\frac{x^2}{3x+2} \quad |\cdot(3x+2)$

$-12x+36=-x^2 \quad |+x^2$

$x^2-12x+36=0$

$x_{1/2}=\frac{12\pm\sqrt{144-144}}{2}$

$x_{1/2}=6$

Ergebnis: $\mathbb{D}=\mathbb{R}\setminus\left\{-\frac{2}{3}\right\};\; \mathbb{L}=\{6\}$

$x=-\frac{2}{3}$ darf nicht in der Lösungsmenge enthalten sein. Der Hauptnenner ist $3x+2$.

Bei der Multiplikation mit dem HN kürzen sich alle Nenner.

Umgeformt zum Einsetzen in die Lösungsformel.

Lösungsformel

Es gibt nur eine Lösung, da die Diskriminante 0 ist.

3 Flächen und Körper

Hinweise und Tipps

11 Berechnung von A:
$A = \pi r^2 = \pi \cdot 9^2 \approx 254{,}47 m^2$

Flächenformel; Zwischenergebnis auf 2 Stellen gerundet.

Berechnung der Pakete:

Berechnung über Dreisatz.

29 m^2 entsprechen 1 Paket
1 m^3 entspricht $\frac{1}{29}$ Paket
254,47 m^2 entsprechen 9 Paketen

Stückzahlen müssen auf Ganze gerundet werden.

Berechnung der Kosten:
1 Paket kostet 8,95 €
9 Pakete kosten 80,55 €

---

12 Berechnung des Radius r:

Umformen nach r bzw. r^2.

$$A = \pi r^2 \frac{\alpha}{360°} \quad |\cdot 360°$$
$$A \cdot 360° = \pi r^2 \alpha \quad |\cdot \pi\alpha$$
$$r^2 = \frac{A \cdot 360°}{\pi\alpha} = \frac{92{,}4 \cdot 360°}{\pi \cdot 272°}$$
$$\Rightarrow \quad r \approx 6{,}24 \text{ cm}$$

Zwischenergebnis auf 2 Stellen gerundet.

Berechnung der Länge des Bogens b:
$$b = 2\pi r \frac{\alpha}{360°} = 2\pi \cdot 6{,}24 \cdot \frac{272°}{360°} \approx 29{,}6 \text{ cm}$$

13

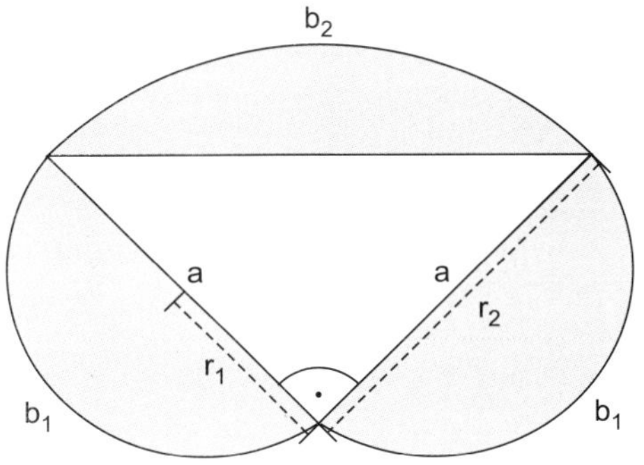

a) Berechnung der Radien:

Die Radien werden überlegt.

$$r_1 = \frac{a}{2} = 3{,}1 \text{ cm}$$
$$r_2 = a = 6{,}2 \text{ cm}$$

Berechnung des Umfangs:
$$u = 2 \cdot b_1 + b_2 = 2 \cdot \frac{1}{2} \cdot 2\pi r_1 + \frac{1}{4} \cdot 2\pi r_2$$

Addition der beiden Halbkreisbögen und des Viertelkreisbogens.

$$= 2\pi \cdot 3{,}1 + \frac{1}{2}\pi \cdot 6{,}2 \approx 29{,}2 \text{ cm}$$

Kürzen und Einsetzen der Zahlen.

Berechnung der Fläche:
$$A = 2 \cdot A_1 + A_2 - A_3 = 2 \cdot \frac{1}{2}\pi {r_1}^2 + \frac{1}{4}\pi {r_2}^2 - \frac{1}{2} a \cdot a$$

Addition der beiden Halbkreise und des Viertelkreises, abzüglich der Dreiecksfläche.

$$= \pi \cdot 3{,}1^2 + \frac{1}{4}\pi \cdot 6{,}2^2 - \frac{1}{2} 6{,}2 \cdot 6{,}2 \approx 41{,}2 \text{ cm}^2$$

Kürzen und Einsetzen der Zahlen.

Hinweise und Tipps

b) Berechnung der Radien:

$r_1 = \frac{a}{2}$

$r_2 = a$

Die Radien werden überlegt.

Berechnung des Umfangs:

$u = 2 \cdot b_1 + b_2 = 2 \cdot \frac{1}{2} \cdot 2\pi r_1 + \frac{1}{4} \cdot 2\pi r_2$

Addition der beiden Halbkreisbögen und des Viertelkreisbogens.

$= 2\pi \cdot \frac{a}{2} + \frac{1}{2}\pi \cdot a = 1{,}5\pi a \text{ (LE)}$

Kürzen und Einsetzen der Werte.

Berechnung der Fläche:

$A = 2 \cdot A_1 + A_2 - A_3 = 2 \cdot \frac{1}{2}\pi r_1{}^2 + \frac{1}{4}\pi r_2{}^2 - \frac{1}{2} a \cdot a$

Addition der beiden Halbkreise und des Viertelkreises, abzüglich der Dreiecksfläche.

$= \pi \cdot \left(\frac{a}{2}\right)^2 + \frac{1}{4}\pi \cdot a^2 - \frac{1}{2} a \cdot a$

Kürzen und Einsetzen der Werte.

$= \pi \cdot \frac{a^2}{4} + \frac{1}{4}\pi \cdot a^2 - \frac{1}{2} a^2$

Berechnen der Klammer und Zusammenfassen.

$= \frac{1}{2}\pi a^2 - \frac{1}{2} a^2 = 0{,}5a^2(\pi - 1) \text{ (FE)}$

Ausklammern.

---

14 Quadratfläche:

$A_Q = a^2$

Wird als 100 % betrachtet.

Schraffierte Fläche:

$A_S = A_Q - A_V = a^2 - 0{,}25 \cdot \pi a^2 = a^2(1 - 0{,}25\pi)$

Von der Quadratfläche wird der Viertelkreis subtrahiert.

Berechnung des Anteils:

Berechnung mit Dreisatz.

$a^2 \text{ (FE)} = 100\ \%$

Es kann auch ein beliebiger Zahlenwert für a angenommen werden.

$1 \text{ (FE)} = \frac{100}{a^2}\ \%$

$a^2(1 - 0{,}25\pi) \text{ (FE)} \approx 21{,}5\ \%$

Es kann mit a^2 gekürzt werden.

---

15 Berechnung der ursprünglichen Kreisfläche:

$A_1 = \pi r_1{}^2 = \pi \cdot 11{,}2^2 \approx 394{,}08 \text{ cm}^2$

Berechnung des Halbkreises:

Da die Restfläche 80 % betragen soll, muss die herausgestanzte Halbkreisfläche 20 % betragen, daher:

$A_2 = 0{,}2 \cdot A_1 = 0{,}2 \cdot 394{,}08 \approx 78{,}82 \text{ cm}^2$

Berechnung von r_2:

Umformen der Halbkreisformel nach r_2.

$A_2 = \frac{1}{2}\pi r_2{}^2 \quad | \cdot 2$

$2A_2 = \pi r_2{}^2 \quad | : \pi$

$r_2{}^2 = \frac{2A_2}{\pi} = \frac{2 \cdot 78{,}82}{\pi}$

Einsetzen und Wurzelziehen.

$\Rightarrow \quad r_2 \approx 7{,}1 \text{ cm}$

Hinweise und Tipps

16 Berechnung von r_1 bzw. r_2:

$u = b_1 + b_2 + 2r_2 = \pi r_1 + \pi r_2 + 2r_2$

Erkennen des Umfangs und der entsprechenden Formeln.

Einsetzen von: $r_1 = r_2$

Einsetzen des Zusammenhangs zwischen den Radien.

$$\begin{aligned} u &= \pi 2r_2 + \pi r_2 + 2r_2 \\ &= 3\pi r_2 + 2r_2 \\ &= r_2(3\pi + 2) \qquad |:(3\pi+2) \end{aligned}$$

$$r_2 = \frac{u}{3\pi+2} = \frac{19,4}{3\pi+2} \approx 1,70 \text{ cm und } r_1 = 3,40 \text{ cm}$$

Berechnung von A:

$$\begin{aligned} A = A_1 - A_2 &= \frac{1}{2}\pi r_1{}^2 - \frac{1}{2}\pi r_2{}^2 \\ &= \frac{1}{2}\pi \cdot 3,4^2 - \frac{1}{2}\pi \cdot 1,70^2 \approx 13,6 \text{ cm}^2 \end{aligned}$$

---

17 Berechnung von α:

$$A = A_1 - A_2$$

$$A = \pi r_1{}^2 \cdot \frac{\alpha}{360°} - \pi r_2{}^2 \cdot \frac{\alpha}{360°} \qquad |\cdot 360°$$

$$360° \cdot A = \pi r_1{}^2 \cdot \alpha - \pi r_2{}^2 \cdot \alpha$$

$$360° \cdot A = \alpha \cdot (\pi r_1{}^2 - \pi r_2{}^2) \qquad |:(\pi r_1{}^2 - \pi r_2{}^2)$$

$$\alpha = \frac{360° \cdot A}{\pi r_1{}^2 - \pi r_2{}^2}$$

$$\alpha = \frac{360° \cdot 5,7}{\pi \cdot 4,6^2 - \pi \cdot 3,3^2}$$

$$\alpha \approx 63,6°$$

Berechnung von u:

$$u = b_1 + b_2 + 2(r_1 - r_2) = 2\pi r_1 \cdot \frac{\alpha}{360°} + 2\pi r_2 \cdot \frac{\alpha}{360°} + 2(r_1 - r_2)$$

$$u = 2\pi \cdot 4,6 \cdot \frac{63,6°}{360°} + 2\pi \cdot 3,3 \cdot \frac{63,6°}{360°} + 2 \cdot (4,6 - 3,3) \approx 11,4 \text{ cm}$$

---

18 Berechnung von x:

$$\frac{x}{4,2} = \frac{4,5}{4,5+1,8} \qquad |\cdot 4,2$$

$$x = 3 \text{ m}$$

Die unteren Strecken müssen zu einer Dreiecksseite addiert werden.

---

19 Die richtigen Verhältnisse sind unverändert, die **falschen** wurden verbessert:

☐ $\frac{a+b}{b} = \frac{\mathbf{d+e}}{e}$	☒ $\frac{b}{c} = \frac{e}{f}$	☐ $\frac{x}{y} = \frac{\mathbf{a+b}}{b}$
☒ $\frac{y}{x} = \frac{e}{d+e}$	☒ $\frac{f}{e+d} = \frac{c}{a+b}$	☐ $\frac{z}{x} = \frac{f}{\mathbf{e+d}}$
☒ $\frac{z}{x} = \frac{c}{a+b}$	☒ $\frac{a}{b} = \frac{d}{e}$	☐ $\frac{y}{z} = \frac{\mathbf{b}}{\mathbf{c}}$

Hinweise und Tipps

20 Berechnung von x:

Das Streckzentrum liegt im Punkt B.

$$\frac{x}{\overline{AC}} = \frac{\overline{BE}}{\overline{BC}}$$

$$x = \frac{\overline{AC} \cdot \overline{BE}}{\overline{BC}} = \frac{6{,}9 \cdot 7{,}2}{10{,}8} = 4{,}6\text{ cm}$$

Berechnung von y:

y ist ein Abschnitt, wird daher nicht verwendet, dafür wird die kürzere Dreiecksseite durch $\overline{AB} - y$ ausgedrückt.

$$\frac{\overline{AB} - y}{\overline{AB}} = \frac{\overline{BE}}{\overline{BC}}$$

Die Streckenlängen werden eingesetzt.

$$\frac{12{,}6 - y}{12{,}6} = \frac{7{,}2}{10{,}8} \qquad | \cdot 12{,}6$$

Die rechte Seite wird berechnet.

$$12{,}6 - y = \frac{12{,}6 \cdot 7{,}2}{10{,}8}$$

Umformen nach y.

$$12{,}6 - y = 8{,}4$$

$$y = 4{,}2\text{ cm}$$

Alternativ kann auch $\overline{CE}$ errechnet werden ($\overline{CE} = 3{,}6$ cm) und dann dazu y als entsprechende Strecke angesehen werden.

---

21 Berechnung von $\overline{CE}$ und $\overline{AE}$:

Streckzentrum im Punkt C.

$$\frac{\overline{CE}}{\overline{CA}} = \frac{\overline{ED}}{\overline{AB}}$$

$$\overline{CE} = \frac{\overline{CA} \cdot \overline{ED}}{\overline{AB}} = \frac{4{,}9 \cdot 5{,}5}{7{,}7} = 3{,}5\text{ cm, somit } \overline{AE} = 1{,}4\text{ cm}$$

Berechnung von $\overline{CD}$ und $\overline{DB}$:

Streckzentrum im Punkt C.

$$\frac{\overline{CD}}{\overline{CB}} = \frac{\overline{ED}}{\overline{AB}}$$

$$\overline{CD} = \frac{\overline{CB} \cdot \overline{ED}}{\overline{AB}} = \frac{6{,}3 \cdot 5{,}5}{7{,}7} = 4{,}5\text{ cm, somit } \overline{DB} = 1{,}8\text{ cm}$$

Berechnung von $\overline{AF}$:

Streckzentrum im Punkt A.

$$\frac{\overline{AF}}{\overline{AB}} = \frac{\overline{AE}}{\overline{AC}}$$

$$\overline{AF} = \frac{\overline{AB} \cdot \overline{AE}}{\overline{AC}} = \frac{7{,}7 \cdot 1{,}4}{4{,}9} = 2{,}2\text{ cm}$$

Berechnung von $\overline{BG}$:

Streckzentrum im Punkt B.

$$\frac{\overline{BG}}{\overline{AB}} = \frac{\overline{BD}}{\overline{BC}}$$

$$\overline{BG} = \frac{\overline{AB} \cdot \overline{BD}}{\overline{BC}} = \frac{7{,}7 \cdot 1{,}8}{6{,}3} = 2{,}2\text{ cm}$$

Berechnung von $\overline{FG}$:

$$\overline{FG} = \overline{AB} - \overline{AF} - \overline{BG} = 7{,}7 - 2{,}2 - 2{,}2 = 3{,}3\text{ cm}$$

Hinweise und Tipps

22

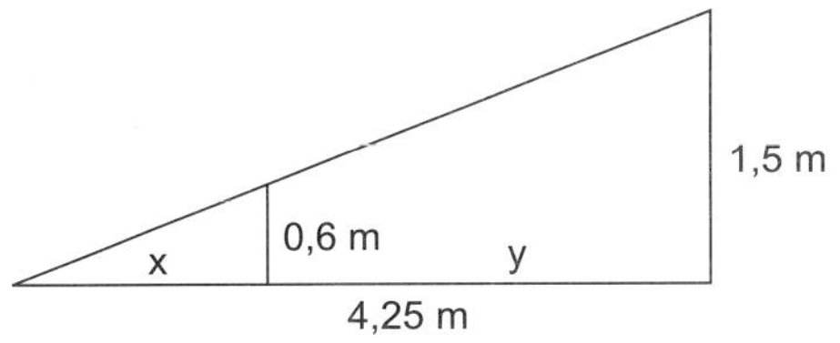

Um eine Strahlensatzfigur zu bekommen, muss die untere Seite um 2,20 m angehoben werden, dann gilt:

Berechnung von x:

$$\frac{x}{4,25} = \frac{0,6}{1,5}$$

$$x = 1,70 \text{ m}$$

Berechnung von y:

$y = 4,25 \text{ m} - x = 4,25 \text{ m} - 1,7 \text{ m} = 2,55 \text{ m}$

23

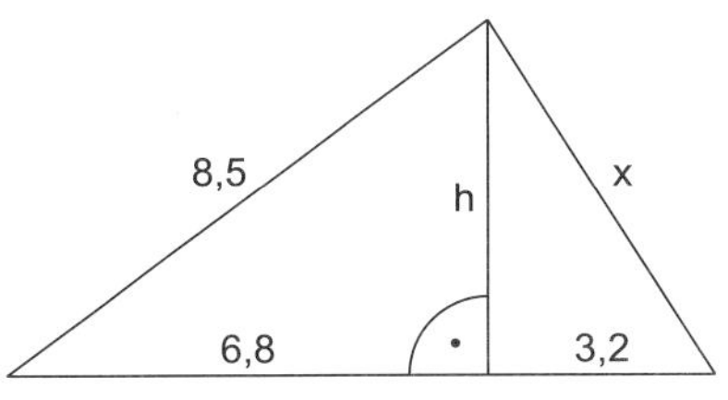

Berechnung von h:

Satz des Pythagoras im linken Teildreieck.

$$8,5^2 = 6,8^2 + h^2$$

$$h^2 = 8,5^2 - 6,8^2$$

$$\Rightarrow \quad h = 5,1 \text{ cm}$$

Berechnung von x:

Satz des Pythagoras im rechten Teildreieck.

$$x^2 = 5,1^2 + 3,2^2$$

$$\Rightarrow \quad x \approx 6,0 \text{ cm}$$

---

24 Berechnung von h:

Flächenformel umformen nach h.

$$A = \frac{a+c}{2} \cdot h \qquad | \cdot 2$$

$$2A = (a+c) \cdot h \qquad | : (a+c)$$

$$h = \frac{2A}{a+c} = \frac{2 \cdot 34,5}{9,6+5,4} = 4,6 \text{ cm}$$

h entspricht auch d!

Berechnung von b:

$$b^2 = h^2 + (a-c)^2 = 4,6^2 + 4,2^2$$

$$\Rightarrow \quad b \approx 6,23 \text{ cm}$$

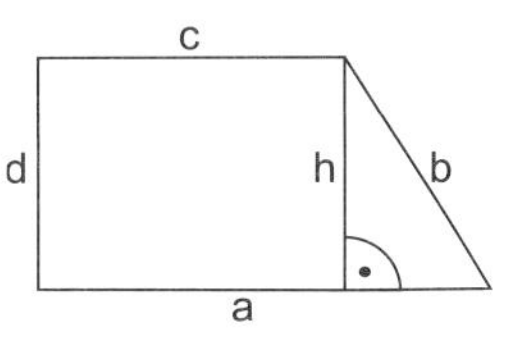

d entspricht hier h!

Berechnung von u:

$$u = a + b + c + d$$

$$= 9,6 + 6,23 + 5,4 + 4,6 \approx 25,8 \text{ cm}$$

Hinweise und Tipps

25

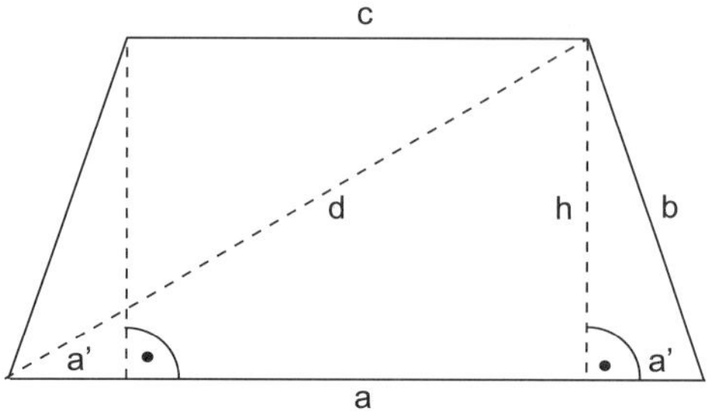

Berechnung von a':

$b^2 = h^2 + a'^2$

$a'^2 = b^2 - h^2 = (5e)^2 - (4e)^2 = 25e^2 - 16e^2 = 9e^2$

$\Rightarrow \; a' = 3e$ (LE)

Berechnung von a:

$a = c + 2a' = 6e + 2 \cdot 3e = 12e$ (LE)

Berechnung der Diagonalen:

$d^2 = h^2 + (a - a')^2 = (4e)^2 + (9e)^2 = 16e^2 + 81e^2 = 97e^2$

$\Rightarrow \; d = e\sqrt{97}$ (LE)

26

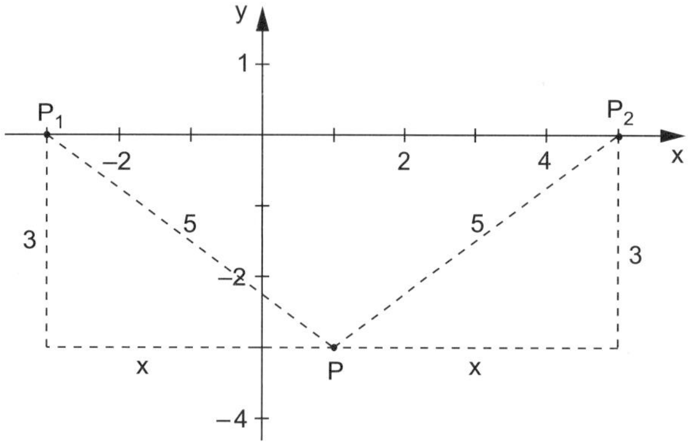

Da die Punkte auf der x-Achse liegen sollen, muss der y-Anteil 3 LE betragen, somit ergibt sich über den Satz des Pythagoras:

$5^2 = x^2 + 3^2$

$x^2 = 5^2 - 3^2 = 25 - 9 = 16$

$\Rightarrow \; x = 4$ (LE)

Die negative Lösung ist nicht sinnvoll.

Daher sind die Punkte mit den Koordinaten $P_1(-3\,|\,0)$ und $P_2(5\,|\,0)$ genau 5 LE von P entfernt (und liegen auf der x-Achse).

27 Die Seitenlängen betragen x und 2x (Verhältnis 2 : 1), somit ergibt sich über den Satz des Pythagoras:

$(5e)^2 = (2x)^2 + x^2$

$25e^2 = 4x^2 + x^2 = 5x^2$

$x^2 = 5e^2$

$\Rightarrow \; x = e\sqrt{5}$ (LE)

Die negative Lösung ist nicht sinnvoll.

Flächeninhalt:

$A = x \cdot 2x = e\sqrt{5} \cdot 2e\sqrt{5} = 10e^2$ (FE)

Hinweise und Tipps

28

$$20^2 = a^2 + (a+4)^2$$
$$400 = a^2 + a^2 + 8a + 16 \quad |-400$$
$$2a^2 + 8a - 384 = 0 \quad |:2$$
$$a^2 + 4a - 192 = 0$$
$$a = \frac{-4 \pm \sqrt{16+768}}{2}$$
$$a = \frac{-4+28}{2} = 12$$

Die Seitenlängen betragen 12 cm und 16 cm.

Da sich die Seiten um 4 cm unterscheiden, bezeichne die Seiten mit a und a + 4.

Nach binomischer Formel ordnen.

Hier ist nur die positive Lösung sinnvoll.

---

29 Berechnung von a:

$$\sin\alpha = \frac{a}{c} \quad |\cdot c$$
$$a = c \cdot \sin\alpha = 8{,}4 \cdot \sin 36{,}4° \approx 4{,}98 \text{ cm}$$

Berechnung von b:

$$\cos\alpha = \frac{b}{c} \quad |\cdot c$$
$$b = c \cdot \cos\alpha = 8{,}4 \cdot \cos 36{,}4° \approx 6{,}76 \text{ cm}$$

Berechnung von $\overline{BM}$:

$$\overline{BM}^2 = \left(\frac{b}{2}\right)^2 + a^2 = 3{,}38^2 + 4{,}98^2$$
$$\Rightarrow \overline{BM} \approx 6{,}0 \text{ cm}$$

Satz des Pythagoras im Dreieck BCM.

30

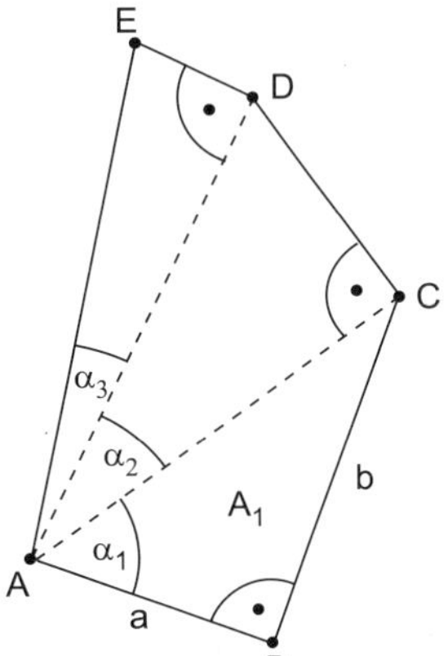

Berechnung von b:

$$A_1 = \frac{a \cdot b}{2}$$
$$2A_1 = a \cdot b$$
$$b = \frac{2 \cdot A_1}{a} = \frac{2 \cdot 8{,}4}{2{,}8} = 6{,}0 \text{ cm}$$

Flächenformel im Teildreieck ABC.

Umformen nach b.

Berechnung von α_1:

$$\tan\alpha_1 = \frac{b}{a} = \frac{6{,}0}{2{,}8}$$
$$\alpha_1 \approx 65{,}0°$$

Tangens im Teildreieck ABC.

Hinweise und Tipps

Berechnung von $\overline{AC}$:

$$\overline{AC}^2 = a^2 + b^2 = 2{,}8^2 + 6{,}0^2$$

$$\Rightarrow \quad \overline{AC} \approx 6{,}62 \text{ cm}$$

Die Strecke $\overline{AC}$ kommt in 2 Teildreiecken vor.

Berechnung von $\overline{CD}$:

$$\tan\alpha_2 = \frac{\overline{CD}}{\overline{AC}}$$

$$\overline{CD} = \overline{AC} \cdot \tan\alpha_2 = 6{,}62 \cdot \tan 50{,}0° \approx 7{,}89 \text{ cm}$$

$\alpha_2 = \alpha_1 - 15° = 50{,}0°$

Berechnung von $\overline{AD}$:

$$\overline{AD}^2 = \overline{AC}^2 + \overline{CD}^2 = 6{,}62^2 + 7{,}89^2$$

$$\Rightarrow \quad \overline{AD} \approx 10{,}30 \text{ cm}$$

Die Strecke $\overline{AD}$ kommt in 2 Teildreiecken vor.

Berechnung von $\overline{DE}$:

$$\tan\alpha_3 = \frac{\overline{DE}}{\overline{AD}}$$

$$\overline{DE} = \overline{AD} \cdot \tan\alpha_3 = 10{,}30 \cdot \tan 25{,}0° \approx 4{,}80 \text{ cm}$$

$\alpha_3 = \alpha_2 : 2 = 25{,}0°$

Berechnung von $\overline{AE}$:

$$\overline{AE}^2 = \overline{AD}^2 + \overline{DE}^2 = 10{,}30^2 + 4{,}80^2$$

$$\Rightarrow \quad \overline{AE} \approx 11{,}36 \text{ cm}$$

Berechnung des Umfangs u:

$$u = a + b + \overline{CD} + \overline{DE} + \overline{AE}$$

$$= 2{,}8 + 6{,}0 + 7{,}89 + 4{,}80 + 11{,}36 \approx 32{,}9 \text{ cm}$$

Endergebnis auf 1 Stelle gerundet.

31

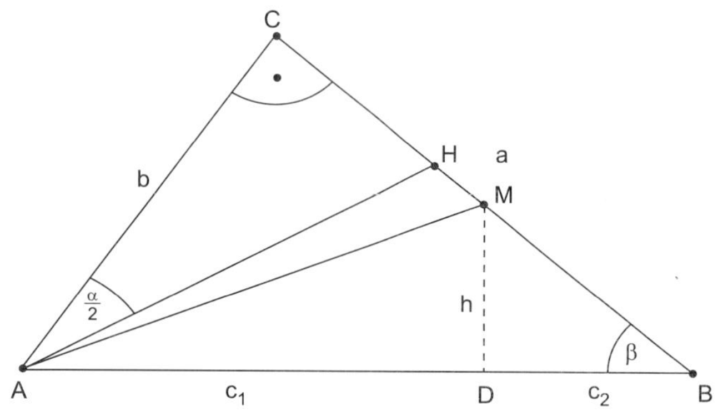

Berechnung von α:

$$\tan\alpha = \frac{a}{b} = \frac{7{,}4}{3{,}9}$$

$$\alpha \approx 62{,}2°$$

Tangens im Dreieck ABC.

Berechnung von $\overline{AH}$:

$$\cos\frac{\alpha}{2} = \frac{b}{\overline{AH}}$$

$$\overline{AH} \cdot \cos\frac{\alpha}{2} = b$$

$$\overline{AH} = \frac{b}{\cos\frac{\alpha}{2}} = \frac{3{,}9}{\cos 31{,}1°} \approx 4{,}55 \text{ cm}$$

Kosinus im Dreieck AHC.

$\frac{\alpha}{2} = \frac{62{,}2°}{2} = 31{,}1°$

Hinweise und Tipps

Berechnung von $\overline{AM}$:

$\overline{AM}^2 = b^2 + \left(\frac{a}{2}\right)^2 = 3{,}9^2 + 3{,}7^2$

$\Rightarrow \quad \overline{AM} \approx 5{,}38$ cm

Satz des Pythagoras im Dreieck AMC.

Berechnung von $\overline{CH}$:

$\overline{AH}^2 = \overline{CH}^2 + b^2 \qquad | - b^2$

$\overline{CH}^2 = \overline{AH}^2 - b^2 = 4{,}55^2 - 3{,}9^2$

$\Rightarrow \quad \overline{CH} \approx 2{,}34$ cm

Satz des Pythagoras im Dreieck AHC. $\left(\text{oder mit } \tan\frac{\alpha}{2} \text{ oder } \sin\frac{\alpha}{2}\right)$

Berechnung von $\overline{HM}$:

$\overline{HM} = \frac{a}{2} - \overline{CH} = 3{,}7 - 2{,}34 = 1{,}36$ cm

Berechnung des Umfangs u:

$u = \overline{AM} + \overline{HM} + \overline{AH} = 5{,}38 + 1{,}36 + 4{,}55 \approx 11{,}3$ cm

---

32

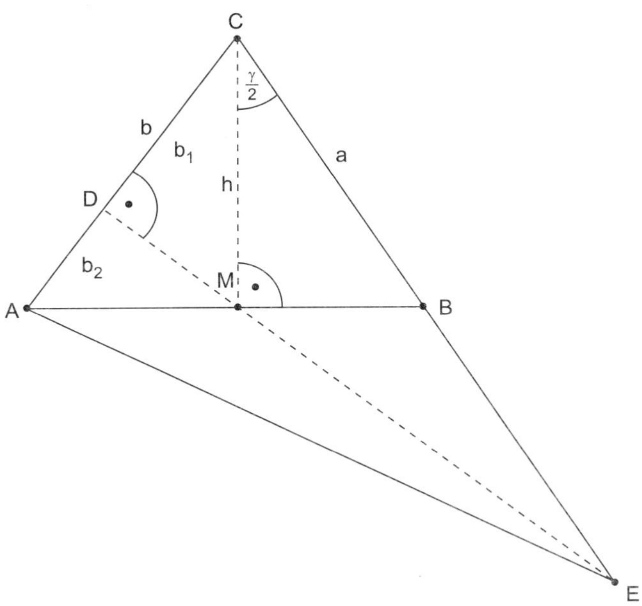

Berechnung von h:

$\cos\frac{\gamma}{2} = \frac{h}{b}$

$h = b \cdot \cos\frac{\gamma}{2} = 4{,}5 \cdot \cos 36{,}2° \approx 3{,}63$ cm

Kosinus im Dreieck AMC.

$\frac{\gamma}{2} = \frac{72{,}4°}{2} = 36{,}2°$

Berechnung von b_1:

$\cos\frac{\gamma}{2} = \frac{b_1}{h}$

$b_1 = h \cdot \cos\frac{\gamma}{2} = 3{,}63 \cdot \cos 36{,}2° \approx 2{,}93$ cm

Kosinus im Dreieck CDM.

Berechnung von $\overline{DE}$:

$\tan\gamma = \frac{\overline{DE}}{b_1}$

$\overline{DE} = b_1 \cdot \tan\gamma = 2{,}93 \cdot \tan 72{,}4° \approx 9{,}24$ cm

Tangens im Dreieck DEC.

Hinweise und Tipps

Berechnung von b_2:
$b_2 = b - b_1 = 4{,}5 - 2{,}93 = 1{,}57$ cm

Berechnung von $\overline{AE}$:

$\overline{AE}^2 = \overline{DE}^2 + b_2^2 = 9{,}24^2 + 1{,}57^2$ — Satz des Pythagoras im Dreieck AED.

$\Rightarrow \quad \overline{AE} \approx 9{,}4$ cm

33

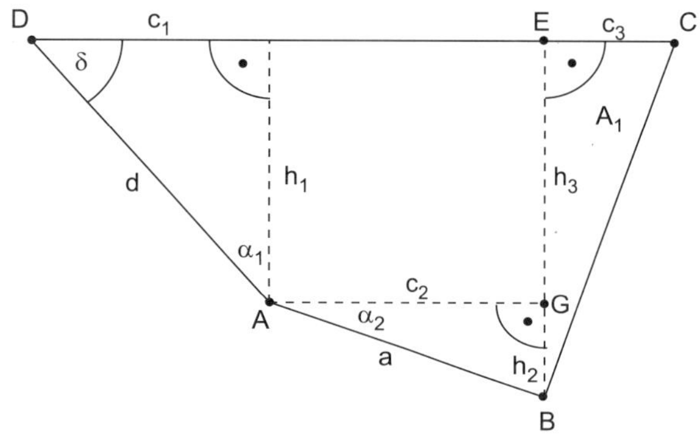

Berechnung von c_1:

$\cos\delta = \dfrac{c_1}{d}$ — Kosinus im Dreieck AFD.

$c_1 = d \cdot \cos\delta = 5{,}7 \cdot \cos 48{,}0° \approx 3{,}81$ cm

Berechnung von h_1:

$\sin\delta = \dfrac{h_1}{d}$ — Sinus im Dreieck AFD.

$h_1 = d \cdot \sin\delta = 5{,}7 \cdot \sin 48{,}0° \approx 4{,}24$ cm

Berechnung von α_1:
$\alpha_1 = 90° - \delta = 90° - 48{,}0° = 42{,}0°$ — Winkelsumme im Dreieck AFD.

Berechnung von α_2:
$\alpha_2 = \alpha - 90° - \alpha_1 = 151{,}0° - 90° - 42{,}0° = 19{,}0°$

Berechnung von c_2:

$\cos\alpha_2 = \dfrac{c_2}{a}$ — Kosinus im Dreieck ABG.

$c_2 = a \cdot \cos\alpha_2 = 4{,}6 \cdot \cos 19{,}0° \approx 4{,}35$ cm

Berechnung von h_2:

$\sin\alpha_2 = \dfrac{h_2}{a}$ — Sinus im Dreieck ABG.

$h_2 = a \cdot \sin\alpha_2 = 4{,}6 \cdot \sin 19{,}0° \approx 1{,}50$ cm

Berechnung von h_3:
$h_3 = h_1 + h_2 = 4{,}24 + 1{,}50 = 5{,}74$ cm — Addition der beiden Höhen zu h_3.

Berechnung von c_3:

$A_1 = \dfrac{c_3 \cdot h_3}{2}$ — Flächenformel im Teildreieck BCE.

$2A_1 = c_3 \cdot h_3$ — Umformen nach c_3.

$c_3 = \dfrac{2A_1}{h_3} = \dfrac{2 \cdot 3{,}4}{5{,}74} \approx 1{,}18$ cm

Hinweise und Tipps

Berechnung von $\overline{BC} = b$:

$b^2 = c_3{}^2 + h_3{}^2 = 1{,}18^2 + 5{,}74^2$

$\Rightarrow \quad b \approx 5{,}86$ cm

Satz des Pythagoras im Dreieck BCE.

Berechnung von u:

$u = a + b + c_1 + c_2 + c_3 + d = 25{,}5$ cm

34

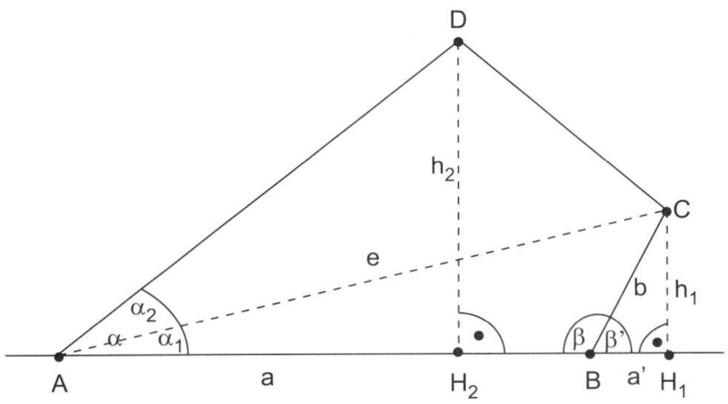

Berechnung von β':

$\beta' = 180° - \beta = 180° - 132{,}6° = 47{,}4°$

Nebenwinkel.

Berechnung von h_1:

$\sin\beta' = \dfrac{h_1}{b}$

$h_1 = b \cdot \sin\beta' = 3{,}1 \cdot \sin 47{,}4° \approx 2{,}28$ cm

Sinus im Dreieck BH_1C.

Berechnung von a':

$\cos\beta' = \dfrac{a'}{b}$

$a' = b \cdot \cos\beta' = 3{,}1 \cdot \cos 47{,}4° \approx 2{,}10$ cm

Kosinus im Dreieck BH_1C.

Berechnung von $\overline{AC} = e$:

$e^2 = (a + a')^2 + h_1{}^2 = 9{,}90^2 + 2{,}28^2$

$\Rightarrow \quad e \approx 10{,}16$ cm

Satz des Pythagoras im Dreieck AH_1C.

Berechnung von α_1:

$\tan\alpha_1 = \dfrac{h_1}{a + a'} = \dfrac{2{,}28}{9{,}90}$

$\Rightarrow \quad \alpha_1 = 13{,}0°$

Tangens im Dreieck AH_1C.

Berechnung von α_2:

$\alpha_2 = \alpha - \alpha_1 = 51{,}8° - 13{,}0° = 38{,}8°$

Berechnung von $\overline{AD} = d$:

$\cos\alpha_2 = \dfrac{d}{e}$

$d = e \cdot \cos\alpha_2 = 10{,}16 \cdot \cos 38{,}8° \approx 7{,}92$ cm

Kosinus im Dreieck ACD.

Berechnung von h_2:

$\sin\alpha = \dfrac{h_2}{d}$

$h_2 = d \cdot \sin\alpha = 7{,}92 \cdot \sin 51{,}8° \approx 6{,}2$ cm

Sinus im Dreieck AH_2D.

Abstand entspricht der Höhe.

Hinweise und Tipps

35

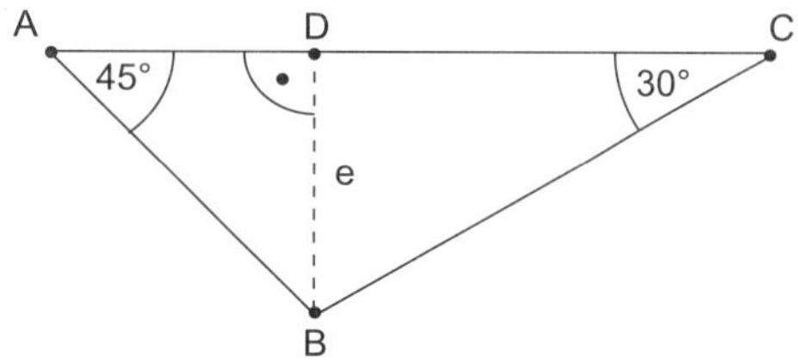

Berechnung von $\overline{AD}$:
$\overline{AD} = \overline{BD} = e$

Berechnung von $\overline{AB}$:
$\overline{AB} = \overline{BD}\sqrt{2} = e\sqrt{2}$

$\overline{AB}$ entspricht der Diagonalen, daher: $\cdot\sqrt{2}$.

Berechnung von $\overline{CD}$:
$\overline{CD} = \overline{BD}\sqrt{3} = e\sqrt{3}$

$\overline{CD}$ entspricht der Höhe, daher: $\cdot\sqrt{3}$.

Berechnung von $\overline{BC}$:
$\overline{BC} = 2\overline{BD} = 2e$

Berechnung von u:
$u = \overline{AB} + \overline{BC} + \overline{CD} + \overline{AD}$
$= e\sqrt{2} + 2e + e\sqrt{3} + e = 3e + e\sqrt{2} + e\sqrt{3} = e(3 + \sqrt{2} + \sqrt{3})$

Addition der Teilstrecken.
Zusammenfassen und ausklammern.

36

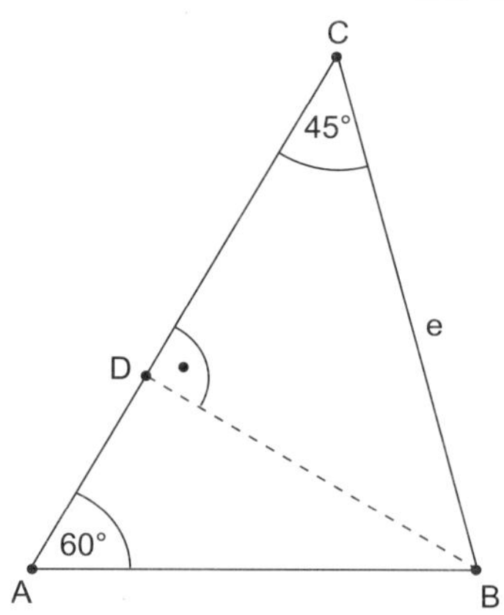

Berechnung von $\overline{BD}$:
$$\overline{BD} = \frac{\overline{BC}}{\sqrt{2}} = \frac{e\cdot\sqrt{2}}{\sqrt{2}\cdot\sqrt{2}} = \frac{e}{2}\sqrt{2}$$

Von der Hypotenuse „zurück" auf die Seite, daher $:\sqrt{2}$. Erweitern mit $\sqrt{2}$. Multiplikation im Nenner.

Berechnung von $\overline{AD}$:
$$\overline{AD} = \frac{\overline{BD}}{\sqrt{3}} = \frac{\frac{e}{2}\cdot\sqrt{2}\cdot\sqrt{3}}{\sqrt{3}\cdot\sqrt{3}} = \frac{e}{6}\sqrt{6}$$

Von der längeren Kathete „zurück" auf die kürzere, daher $:\sqrt{3}$. Erweitern mit $\sqrt{3}$.
Multiplikation im Zähler und Nenner. Entfernen des Doppelbruchs.

Berechnung von A:
$$A = \frac{1}{2}\overline{AD}\cdot\overline{BD} = \frac{1}{2}\cdot\frac{e}{6}\sqrt{6}\cdot\frac{e}{2}\sqrt{2} = \frac{e^2}{24}\sqrt{12} = \frac{e^2}{12}\sqrt{3}$$

Flächenformel im rechtwinkligen Dreieck.
Teilweise Wurzelziehen: $\sqrt{12} = \sqrt{4}\cdot\sqrt{3} = 2\cdot\sqrt{3}$. Gekürztes Ergebnis.

Hinweise und Tipps

37

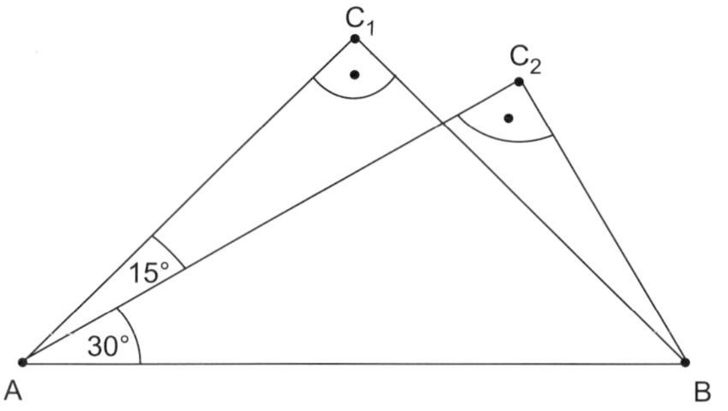

Berechnung von $\overline{AC_1} = \overline{BC_1} = x$:

$A_1 = \frac{1}{2} x \cdot x = 2e^2 \quad |\cdot 2$

$x^2 = 4e^2 \quad \Rightarrow \quad x = 2e$

Flächenformel mit bekannter Fläche gleichsetzen und umformen.

Berechnung von $\overline{AB}$:

$\overline{AB} = x\sqrt{2} = 2e\sqrt{2}$

$\overline{AB}$ entspricht Diagonale, daher: $\cdot\sqrt{2}$.

Berechnung von $\overline{BC_2}$:

$\overline{BC_2} = \frac{\overline{AB}}{2} = \frac{2e\sqrt{2}}{2} = e\sqrt{2}$

$\overline{BC_2}$ entspricht kürzerer Kathete, daher: :2.

Berechnung von $\overline{AC_2}$:

$\overline{AC_2} = \overline{BC_2}\sqrt{3} = e\sqrt{2} \cdot \sqrt{3} = e\sqrt{6}$

$\overline{AC_2}$ entspricht Höhe, daher: $\cdot\sqrt{3}$.

Berechnung von A_2:

$A_2 = \frac{1}{2}\overline{AC_2} \cdot \overline{BC_2} = \frac{1}{2} e\sqrt{6} \cdot e\sqrt{2} = e^2\sqrt{3}$

Flächenformel im rechtwinkligen Dreieck. Teilweises Wurzelziehen: $\sqrt{12} = \sqrt{4} \cdot \sqrt{3} = 2 \cdot \sqrt{3}$

---

38 Berechnung der Oberfläche O des Zylinders:

$O = 2A + M_1 = 2\pi r^2 + 2\pi r h_1$

$= 2\pi \cdot 3{,}8^2 + 2\pi \cdot 3{,}8 \cdot 5{,}4$

$\approx 219{,}66 \text{ cm}^2$

Berechnung der Seitenlinie s des Kegels:

$O = A + M_2 = \pi r^2 + \pi r s \quad |-\pi r^2$

Vertauschen der Seiten.

$\pi r s = O - \pi r^2 \quad |:\pi r$

Umformen nach s.

$s = \frac{O - \pi r^2}{\pi r} = \frac{219{,}66 - \pi \cdot 3{,}8^2}{\pi \cdot 3{,}8}$

Einsetzen der Zahlen.

$s \approx 14{,}60 \text{ cm}$

Berechnung von h_2:

$s^2 = r^2 + h_2^2$

Satz des Pythagoras.

$h_2^2 = s^2 - r^2 = 14{,}60^2 - 3{,}8^2$

$\Rightarrow \quad h_2 \approx 14{,}1 \text{ cm}$

---

39 Berechnung von r:

$V = V_1 + V_2 = \frac{2}{3}\pi r^3 + \frac{1}{3}\pi r^2 h$

Hinweise und Tipps

Einsetzen der Eigenschaft, dass h = 2r:

$$V = \frac{2}{3}\pi r^3 + \frac{1}{3}\pi r^2 \cdot 2r = \frac{2}{3}\pi r^3 + \frac{2}{3}\pi r^3 = \frac{4}{3}\pi r^3 \quad |\cdot 3$$

$$3V = 4\pi r^3 \quad |:4\pi$$

$$r^3 = \frac{3V}{4\pi} = \frac{3 \cdot 57{,}9}{4\pi}$$

$$\Rightarrow \quad r \approx 2{,}4\text{ cm}$$

---

40 Berechnung von s:

$$s^2 = r^2 + h^2 = 3{,}6^2 + 4{,}2^2$$

$$\Rightarrow \quad s \approx 5{,}53\text{ cm}$$

Satz des Pythagoras.

Berechnung von O_1:

$$O_1 = A + M = \pi r^2 + \pi rs = \pi \cdot 3{,}6^2 + \pi \cdot 3{,}6 \cdot 5{,}53 \approx 103{,}26\text{ cm}^2$$

Oberfläche des „ganzen" Kegels.

Berechnung von O_2:

$$O_2 = \frac{1}{2} \cdot O_1 + A_D$$

$$= \frac{1}{2} \cdot 103{,}26 + \frac{1}{2} \cdot 2r \cdot h$$

$$= 51{,}63 + 3{,}6 \cdot 4{,}2$$

$$= 66{,}75\text{ cm}^2$$

Zur Oberfläche des „halben" Kegels kommt noch die Schnittfläche A_D (Dreieck) hinzu!
Grundseite: 2r (Durchmesser)

Berechnung des Prozentsatzes:

$$103{,}26\text{ cm}^2 \cdot x = 66{,}75\text{ cm}^2 \quad |:103{,}26\text{ cm}^2$$

$$x \approx 0{,}646 = 64{,}6\ \%$$

Die Oberfläche nimmt um 35,4 % ab.

---

41 a) Berechnung von s_1:

$$s_1{}^2 = h_1{}^2 + r_1{}^2$$

$$s_1{}^2 = 5{,}6^2 + 4{,}2^2$$

$$\Rightarrow \quad s_1 = 7{,}0\text{ cm}$$

Satz des Pythagoras.

Berechnung von M_1:

$$M_1 = \pi r_1 s_1 = \pi \cdot 4{,}2 \cdot 7{,}0 = 29{,}4\pi\text{ cm}^2$$

Zum exakten Vergleich eignen sich die Vielfachen von π besser.

Berechnung von M_2:

$$M_2 = \pi r_2 s_2 = \pi \cdot 3{,}5 \cdot 8{,}4 = 29{,}4\pi\text{ cm}^2$$

Ergebnis: Die Behauptung ist richtig, denn beide Körper haben dieselbe Mantelfläche (29,4π cm^2).

b) Berechnung von V_1:

$$V_1 = \frac{1}{3}\pi r_1{}^2 h_1 = \frac{1}{3}\pi \cdot 4{,}2^2 \cdot 5{,}6 \approx 103{,}4\text{ cm}^3$$

Berechnung von h_2:

$$s_2{}^2 = h_2{}^2 + r_2{}^2 \quad |-r_2{}^2$$

$$h_2{}^2 = s_2{}^2 - r_2{}^2$$

$$h_2{}^2 = 8{,}4^2 - 3{,}5^2$$

$$\Rightarrow \quad h_2 \approx 7{,}64\text{ cm}$$

Satz des Pythagoras.

Hinweise und Tipps

Berechnung von V_2:

$V_2 = \frac{1}{3}\pi r_2{}^2 h_2 = \frac{1}{3}\pi \cdot 3{,}5^2 \cdot 7{,}64 \approx 98{,}0 \text{ cm}^3$

Die Behauptung ist falsch, denn die Volumina unterscheiden sich um 5,4 cm^3, also um weniger als 10 cm^3.

---

42 a) Berechnung von V:

$V = \pi r^2 h = \pi \cdot 3{,}6^2 \cdot 12{,}5 \approx 508{,}9 \text{ cm}^3$

$r = 7{,}2 : 2 = 3{,}6 \text{ cm}$

$508{,}9 \text{ cm}^3 > 500 \text{ cm}^3 = 0{,}5 \text{ dm}^3 = 0{,}5\ \ell$

b) Berechnung des Prozentsatzes:

$500 \text{ cm}^3 \cdot x = 8{,}9 \text{ cm}^3 \quad |: 500 \text{ cm}^3$

$x \approx 0{,}018 = 1{,}8\ \%$

Somit werden 1,8 % des Volumens nicht genutzt.

---

43 Berechnung von V:

$V = V_1 - V_2$

$= \pi r^2 h_Z - \frac{1}{3}\pi r^2 h_K$

$= \pi \cdot (3e)^2 \cdot 5e - \frac{1}{3}\pi \cdot (3e)^2 \cdot 4e$

$= 45\pi e^3 - 12\pi e^3$

$= 33\pi e^3$ (VE)

---

44 a) Berechnung von O:

$O = A_1 + M_1 + A_2 + M_2 + A_3$

$= \pi r_1{}^2 + 2\pi r_1 h_1 + (\pi r_1{}^2 - \pi r_2{}^2) + 2\pi r_2 h_2 + \pi r_2{}^2$

$= \pi(2e)^2 + 2\pi \cdot 2e \cdot 5e + (\pi(2e)^2 - \pi e^2) + 2\pi \cdot e \cdot 2{,}5e + \pi \cdot e^2$

$= 4\pi e^2 + 20\pi e^2 + 4\pi e^2 - \pi e^2 + 5\pi e^2 + \pi e^2$

$= 33\pi e^2$ (FE)

A_2 ist der Kreisring, der entsteht, wenn man die Grundfläche A_3 des kleinen Zylinders von der Grundfläche A_1 des großen Zylinders abzieht.

b) Berechnung von e:

$33\pi e^2 = 335{,}9 \quad |: 33\pi$

$e^2 = \frac{335{,}9}{33\pi}$

$\Rightarrow \quad e \approx 1{,}8 \text{ cm}$

---

45 Berechnung von ρ:

$\tan\beta = \frac{h_1}{\rho} \quad |\cdot \rho$

$\rho \cdot \tan\beta = h_1 \quad |: \tan\beta$

$\rho = \frac{h_1}{\tan\beta} = \frac{6{,}3}{\tan 69{,}1°} \approx 2{,}41 \text{ cm}$

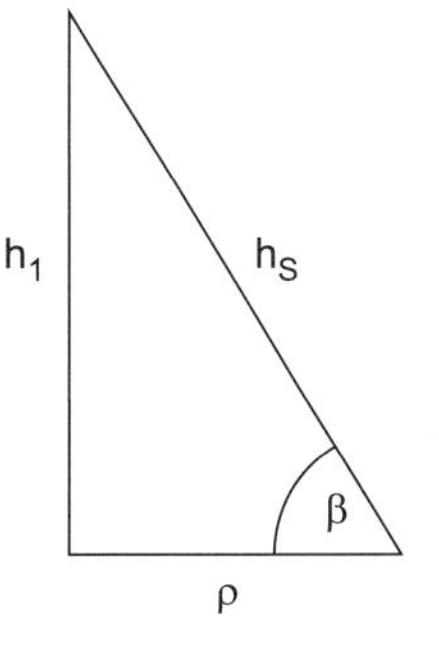

Hinweise und Tipps

Berechnung von h_S:
$h_S{}^2 = h_1{}^2 + \rho^2$ — Satz des Pythagoras
$h_S{}^2 = 6{,}3^2 + 2{,}41^2$
$\Rightarrow\ h_S \approx 6{,}75\text{ cm}$

Berechnung von a:
$a = 2\rho = 4{,}82\text{ cm}$ — Im Quadrat gilt: $\rho = \frac{a}{2}$

Berechnung von O:
$O = A + M_1 = a^2 + 4\cdot\frac{1}{2}\cdot a\cdot h_S = 4{,}82^2 + 2\cdot 4{,}82\cdot 6{,}75 \approx 88{,}30\text{ cm}^2$

Berechnung von h_2:
$O = 2A + M_2$
$O = 2a^2 + 4ah_2 \quad |-2a^2$
$4ah_2 = O - 2a^2 \quad |:4a$
$h_2 = \frac{O-2a^2}{4a} = \frac{88{,}30 - 2\cdot 4{,}82^2}{4\cdot 4{,}82} \approx 2{,}2\text{ cm}$

Das Prisma muss eine Höhe h_2 von ca. 2,2 cm besitzen.

46

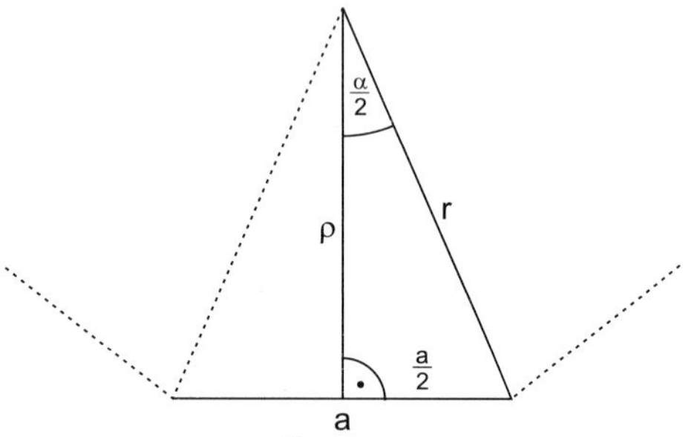

Berechnung von $\frac{\alpha}{2}$:
Im Neuneck gilt: $\alpha = 360° : 9 = 40°$, somit: $\frac{\alpha}{2} = 20°$

Berechnung von r:
$\sin\frac{\alpha}{2} = \frac{\frac{a}{2}}{r} \quad |\cdot r$
$r\cdot\sin\frac{\alpha}{2} = \frac{a}{2} \quad |:\sin\frac{\alpha}{2}$
$r = \frac{\frac{a}{2}}{\sin\frac{\alpha}{2}} = \frac{2{,}1}{\sin 20°} \approx 6{,}14\text{ cm}$

Berechnung der Seitenkante s:
$s^2 = h^2 + r^2$ — Satz des Pythagoras
$s^2 = 5{,}7^2 + 6{,}14^2$
$\Rightarrow\ s \approx 8{,}38\text{ cm}$

Somit beträgt die Länge ℓ aller Kanten:
$\ell = 9a + 9s = 9\cdot 4{,}2 + 9\cdot 8{,}38 \approx 113{,}2\text{ cm}$

47 Berechnung von O_1:
$O_1 = 2A_1 + M_1 = 2a^2 + 4ah = 2\cdot 4{,}4^2 + 4\cdot 4{,}4\cdot 5{,}9 = 142{,}56\text{ cm}^2$

Hinweise und Tipps

Berechnung von O_2:

$O_2 = O_1 \cdot 0{,}89 = 142{,}56 \cdot 0{,}89 \approx 126{,}88\ \text{cm}^2$

11 % kleiner bedeutet, dass O_2 89 % von O_1 beträgt.

Berechnung von a_2:

$$O_2 = 2A_2 + M_2$$
$$O_2 = 2a'^2 + 4a'h$$
$$126{,}88 = 2a'^2 + 4a' \cdot 5{,}9 \qquad |-126{,}88$$
$$2a'^2 + 23{,}6a' - 126{,}88 = 0 \qquad |:2$$
$$a'^2 + 11{,}8a' - 63{,}44 = 0$$
$$a' = \frac{-11{,}8 \pm \sqrt{139{,}24 + 253{,}76}}{2}$$

Einsetzen in die Lösungsformel.

$$a' \approx \frac{-11{,}8 + 19{,}82}{2} \approx 4{,}0\ \text{cm}$$

Negativer Wert scheidet aus.

Die Grundseiten des gesuchten Prismas sind ca. 4,0 cm lang.

---

48 Berechnung von h:

$$V = \frac{1}{3}Ah$$

Bei Quadraten: $A = a^2$

$$V = \frac{1}{3}a^2h \qquad |\cdot 3$$
$$3V = a^2h \qquad |:a^2$$
$$h = \frac{3V}{a^2} = \frac{3 \cdot 43{,}2}{4{,}5^2} = 6{,}4\ \text{cm}$$

Überlegung zu den Oberflächen:
Bei beiden Teilungen werden die Grundfläche und der Mantel halbiert, unterschiedlich sind nur die „Schnittflächen" beim Achsenschnitt.

Schnitt parallel zur Grundseite:

$$A_1 = \frac{1}{2}a \cdot h = \frac{1}{2} \cdot 4{,}5 \cdot 6{,}4 = 14{,}4\ \text{cm}^2$$

Die Schnittflächen sind jeweils Dreiecke.

Schnitt entlang der Diagonalen:

$$A_2 = \frac{1}{2}a\sqrt{2} \cdot h = \frac{1}{2} \cdot 4{,}5\sqrt{2} \cdot 6{,}4 \approx 20{,}36\ \text{cm}^2$$
$$A_2 - A_1 = 20{,}36 - 14{,}4 \approx 6{,}0\ \text{cm}^2$$

Die Oberflächen unterscheiden sich um ca. $6{,}0\ \text{cm}^2$.

---

49 Berechnung von V:

$$V = A \cdot h_1 = a^2 \cdot h_1 = e^2 \cdot \frac{e}{2} = \frac{e^3}{2}\ (\text{VE})$$

Berechnung der Pyramidenhöhe h_2:

$$V = \frac{1}{3} \cdot A \cdot h_2 \qquad |\cdot 3$$
$$3V = A \cdot h_2 \qquad |:A$$
$$h_2 = \frac{3V}{A} = \frac{3 \cdot \frac{e^3}{2}}{e^2} = \frac{3e}{2}$$

Oder $h_2 = 3 \cdot h_1$
(Vergleich der Volumenformeln mit Faktor $\frac{1}{3}$.)

Hinweise und Tipps

Berechnung von h_S:

$h_S^2 = h_2^2 + \rho^2$ — Satz des Pythagoras

$h_S^2 = \left(\frac{3e}{2}\right)^2 + \left(\frac{e}{2}\right)^2$ — Bei quadratischer Grundfläche gilt: $\rho = \frac{a}{2}$ $\left(\text{hier: } \frac{e}{2}\right)$

$h_S^2 = \frac{9e^2}{4} + \frac{e^2}{4}$

$h_S^2 = \frac{10e^2}{4}$

$\Rightarrow \quad h_S = \frac{e}{2}\sqrt{10}$ (LE)

Berechnung von M:

$M = M_1 + M_2$

$= 4 \cdot ah_1 + 4 \cdot \frac{1}{2} \cdot ah_S$

$= 4e \cdot \frac{e}{2} + 2e \cdot \frac{e}{2}\sqrt{10}$

$= 2e^2 + e^2\sqrt{10}$

$= e^2(2+\sqrt{10})$ (FE)

Berechnung von e:

$e^2(2+\sqrt{10}) = 74{,}5 \quad |:(2+\sqrt{10})$

$e^2 = \frac{74{,}5}{2+\sqrt{10}}$

$\Rightarrow \quad e \approx 3{,}8$ cm

Für e = 3,8 cm misst die Mantelfläche des Körpers 74,5 cm².

50

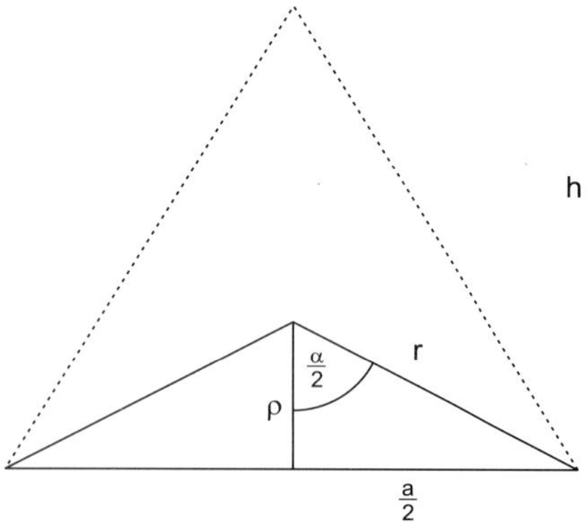

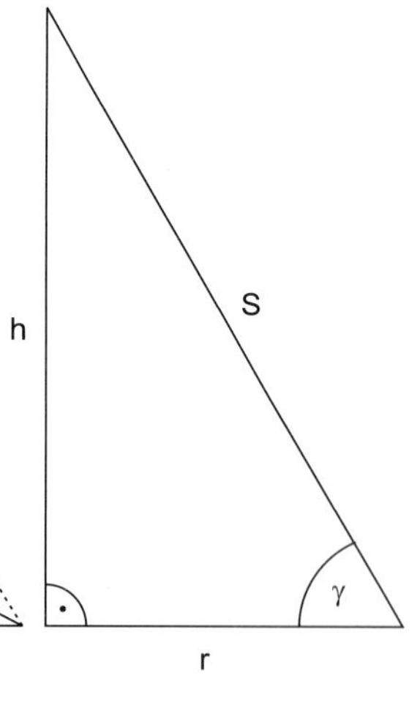

Berechnung von r:

$\tan\gamma = \frac{h}{r} \quad |\cdot r$

$r \cdot \tan\gamma = h \quad |:\tan\gamma$

$r = \frac{h}{\tan\gamma} = \frac{6{,}1}{\tan 70{,}2°} \approx 2{,}20$ cm

Hinweise und Tipps

Berechnung von $\frac{\alpha}{2}$:
Im Dreieck gilt:

$$\alpha = 360° : 3 = 120°, \text{ somit: } \frac{\alpha}{2} = 60°$$

Berechnung von ρ:

Eigenschaften des „halben" gleichseitigen Dreiecks.

$$\rho = \frac{r}{2} = 1{,}10 \text{ cm}$$

Berechnung von a:

$$\frac{\frac{a}{2}}{\rho} = \tan\frac{\alpha}{2} \qquad |\cdot\rho$$

$$\frac{a}{2} = \rho\cdot\tan\frac{\alpha}{2} \qquad |\cdot 2$$

$$a = 2\cdot\rho\cdot\tan\frac{\alpha}{2} = 2\cdot 1{,}10\cdot\tan 60° \approx 3{,}81 \text{ cm}$$

Berechnung von h_S:

Satz des Pythagoras.

$$h_S{}^2 = h^2 + \rho^2$$

$$h_S{}^2 = 6{,}1^2 + 1{,}10^2$$

$$\Rightarrow \quad h_S \approx 6{,}20 \text{ cm}$$

Berechnung von O:

Flächenformel im gleichseitigen Dreieck:
$A = \frac{a^2}{4}\cdot\sqrt{3}$

$$O = A + M$$

$$= \frac{a^2}{4}\cdot\sqrt{3} + 3\cdot\frac{1}{2}\cdot a\cdot h_S$$

$$= \frac{3{,}81^2}{4}\cdot\sqrt{3} + \frac{3}{2}\cdot 3{,}81\cdot 6{,}20$$

$$\approx 41{,}7 \text{ cm}^2$$

---

51 Berechnung von h_S:

Satz des Pythagoras.

$$s^2 = h_S{}^2 + \left(\frac{a}{2}\right)^2 \qquad \left| -\left(\frac{a}{2}\right)^2\right.$$

$$h_S{}^2 = s^2 - \left(\frac{a}{2}\right)^2$$

$$h_S{}^2 = \left(\frac{e}{2}\sqrt{13}\right)^2 - \left(\frac{e}{2}\right)^2$$

$$h_S{}^2 = \frac{13e^2}{4} - \frac{e^2}{4}$$

$$h_S{}^2 = \frac{12e^2}{4}$$

$$h_S{}^2 = 3e^2$$

$$\Rightarrow \quad h_S = e\sqrt{3}$$

Hinweise und Tipps

Berechnung von O:

$$O = A + M$$

$$= \frac{a^2}{4}\sqrt{3} + 3 \cdot \frac{1}{2} \cdot a \cdot h_S$$

$$= \frac{e^2}{4}\sqrt{3} + \frac{3}{2} \cdot e \cdot e\sqrt{3}$$

$$= \frac{e^2}{4}\sqrt{3} + \frac{3e^2}{2}\sqrt{3}$$

$$= \frac{e^2}{4}\sqrt{3} + \frac{6e^2}{4}\sqrt{3}$$

$$= \frac{7e^2}{4}\sqrt{3} \text{ (FE)}$$

4 Zahlenfolgen und Sachrechnen

Hinweise und Tipps

52

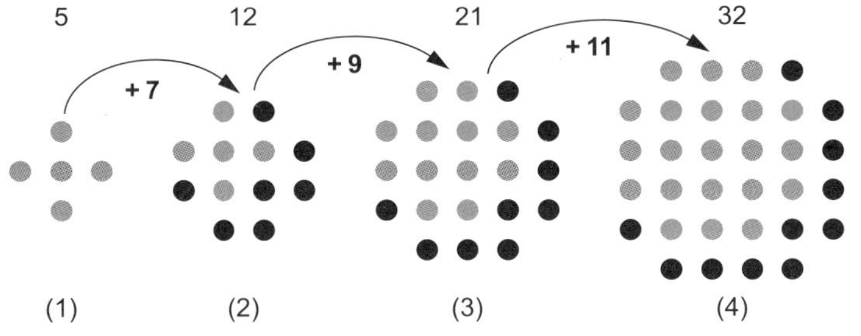

Überlegungen zur Zahlenfolge:
Die Punkte bilden jeweils ein Kreuz.

- Die Seitenlänge des Kreuzes wird jeweils um einen Punkt erhöht.
- Von Figur (1) zu Figur (2) erhöht sich die Anzahl der Punkte um 7.
- Von Figur (2) zu Figur (3) erhöht sich die Anzahl der Punkte um 9.
- Von Figur (3) zu Figur (4) erhöht sich die Anzahl der Punkte um 11.

Bildungsgesetz der Zahlenfolge:
Es wird immer die nächst höhere, ungerade Zahl zur Zahl der bisherigen Punkte addiert, um die folgende Figur zu erhalten.

Alternativ kann man auch ein anderes Bildungsgesetz der Zahlenfolge aufstellen. Zu diesem lässt sich leicht eine Funktionsgleichung angeben.

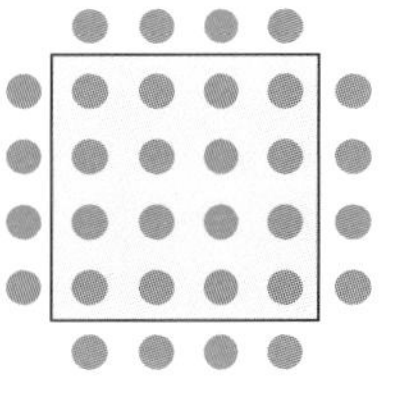

Überlegung zur Zahlenfolge:

- In der Mitte des Kreuzes befindet sich jeweils ein Quadrat (siehe grau markierte Fläche in der Skizze rechts).
- Figur (4) besteht demnach aus 4^2 Punkten in der Mitte und $4 \cdot 4$ Punkten am Rand.

Bildungsgesetz der Zahlenfolge:
Figur (n) besteht demnach aus n^2 Punkten in der Mitte und $4 \cdot n$ Punkten am Rand. Somit ergibt sich folgende Funktionsgleichung: $a(n) = n^2 + 4 \cdot n$

Aus wie vielen Plättchen besteht die Figur (11)?

- Durch Addition der Punkte von Figur (1) und der jeweils hinzukommenden Punkte lässt sich die Anzahl der Punkte von Figur (11) zu berechnen:
  $5 + 7 + 9 + 11 + 13 + 15 + 17 + 19 + 21 + 23 + 25 = 165$ Punkte
- Mithilfe der Funktionsgleichung erhält man:
  $a(n) = n^2 + 4 \cdot n$
  $a(11) = 11^2 + 4 \cdot 11$
  $a(11) = 121 + 44 = 165$

Hinweise und Tipps

53

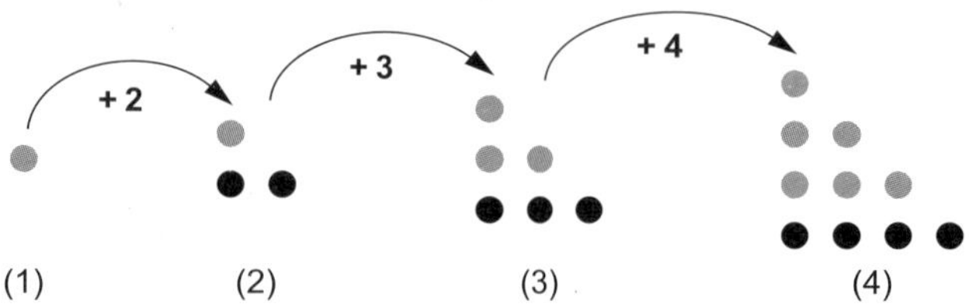

Überlegungen zur Zahlenfolge:
- Die Plättchen bilden ab Figur (2) ein Dreieck.
- Die Seitenlängen des Dreiecks werden jeweils um ein Plättchen erhöht.
- Von Figur (1) zu Figur (2) erhöht sich die Anzahl der Plättchen um 2.
- Von Figur (2) zu Figur (3) erhöht sich die Anzahl der Plättchen um 3.
- Von Figur (3) zu Figur (4) erhöht sich die Anzahl der Plättchen um 4.

Bildungsgesetz der Zahlenfolge:
Es wird immer die nächst höhere, natürliche Zahl zu den bisherigen Plättchen addiert, um die folgende Figur zu erhalten.

Welche Figur kann man maximal legen?
Figur (10): $1+2+3+4+5+6+7+8+9+10=55$
Figur (11): $1+2+3+4+5+6+7+8+9+10+11=66$

Mit 60 Plättchen kann maximal die Figur (10) gelegt werden. 5 Plättchen sind übrig.

54

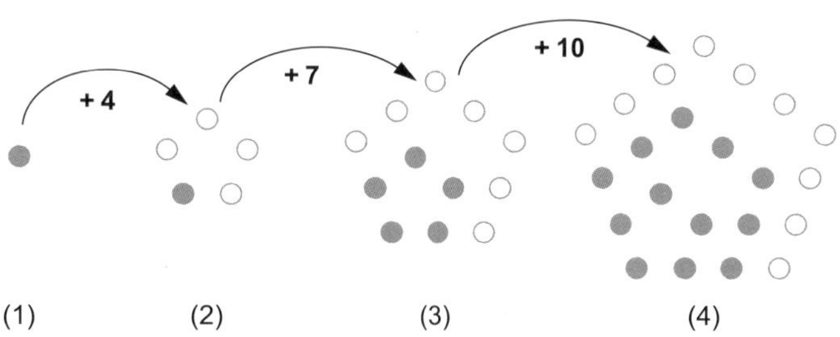

Überlegungen zur Zahlenfolge:
- Die Punkte bilden ab Figur (2) ein Fünfeck.
- Das Vorgänger-Fünfeck ist jeweils Bestandteil des folgenden nächstgrößeren Fünfecks.
- Von Figur (1) zu Figur (2) erhöht sich die Anzahl der Punkte um 4.
- Von Figur (2) zu Figur (3) erhöht sich die Anzahl der Punkte um 7.
- Von Figur (3) zu Figur (4) erhöht sich die Anzahl der Punkte um 10.

Bildungsgesetz der Zahlenfolge:
Die Anzahl der dazukommenden Punkte wird bei jeder Figur um 3 größer.

Berechnung der Punktanzahl von Figur (9):
$1+4+7+10+13+16+19+22+25=117$ Punkte

Figur (9) besteht aus 117 Punkten.

Hinweise und Tipps

55

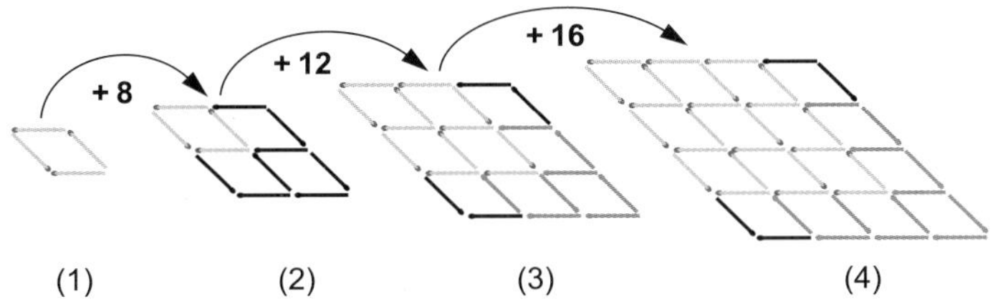

Überlegungen zur Zahlenfolge:

- Aus den Streichhölzern wird jeweils eine Raute gelegt.
- Die Seitenlängen der Raute wachsen mit jeder Figur jeweils um ein Streichholz an.
- Von Figur (1) zu Figur (2) erhöht sich die Anzahl der Streichhölzer um 8.
- Von Figur (2) zu Figur (3) erhöht sich die Anzahl der Streichhölzer um $8+4=12$.
- Von Figur (3) zu Figur (4) erhöht sich die Anzahl der Streichhölzer um $12+4=16$.

Bildungsgesetz der Zahlenfolge:
Die Anzahl der neu benötigten Streichhölzer wird bei jeder Figur um 4 größer.

Berechnung der Streichhölzer von Figur (15):
$4+8+12+16+20+24+28+32+36+40+44+48+52+56+60=480$

Für Figur (15) werden 480 Streichhölzer benötigt.

56 Gesucht ist der Betrag der jeweils am Jahresende abgehoben wird.

Zeit in Jahren	0	1 (Ende)	2 (Anfang)	2 (Ende)	3 (Anfang)	3 (Ende)	4 (Anfang)
Kapital in €	12 000	12 360					0

Übergänge: · 1,03; −x; · 1,03; −x; · 1,03; −x

Daraus ergibt sich die Gleichung:

$$((12\,360-x)\cdot 1{,}03-x)\cdot 1{,}03-x=0$$

Auflösen der inneren Klammer.

$$(12\,360\cdot 1{,}03-1{,}03x-x)\cdot 1{,}03-x=0$$

$$12\,360\cdot 1{,}03^2-1{,}03^2x-1{,}03x-x=0 \quad |+1{,}03^2x+1{,}03x+x$$

$$1{,}03^2x+1{,}03x+x=12\,360\cdot 1{,}03^2$$

Ausklammern von x.

$$x(1{,}03^2+1{,}03+1)=12\,360\cdot 1{,}03^2$$

Division durch die Klammer.

$$x\approx 4\,242{,}36$$

Am Jahresende werden jeweils 4 242,36 € abgehoben.

57

Zeit in Jahren	0	1	2	3	4
Kapital in €	x				10 000

Übergänge: · 1,02; · 1,0225; · 1,025; · 1,0275

Ein Anstieg um 0,25 Prozentpunkte bedeutet eine Steigerung von 2,0 % auf 2,25 % usw.

Zeit in Jahren	0	1	2	3	4
Kapital in €	9 103,97	9 286,05	9 494,99	9 732,36	10 000

: 1,02   : 1,0225   : 1,025   : 1,0275

oder über die Gleichung:

$x \cdot 1,02 \cdot 1,0225 \cdot 1,025 \cdot 1,0275 = 10\,000$

$x \approx 9\,103,97$

Man muss 9 103,97 € anlegen.

Hinweise und Tipps

Umkehrung der Pfeile führt zur „Umkehrrechenart".

Die Gleichung ergibt sich aus der oberen Tabelle.

---

58 a)

Zeit in Jahren	0	1	2	3	4
Kapital in €	7 250				8 002,64

· x   · x   · x   · x

Daraus ergibt sich die Gleichung:

$7\,250 \cdot x^4 = 8\,002,64 \quad |:7\,250$

$x^4 = \dfrac{8\,002,64}{7\,250}$

$\Rightarrow \quad x \approx 1,025$

Der jährliche Zinssatz beträgt 2,5 %.

Alternativ mit der Zinseszinsformel:

$K_4 = K_0 \cdot q^4$

$q^4 = \dfrac{K_4}{K_0} = \dfrac{8\,002,64}{7\,250}$

$q \approx 1,025$

b)

Zeit in Jahren	0	1	2	3	4
Kapital in €	7 250				8 002,64

· x

Daraus ergibt sich die Gleichung:

$7\,250 \cdot x = 8\,002,64 \quad |:7\,250$

$x \approx 1,104$

Der Zuwachs beträgt insgesamt 10,4 %.

Falsch wäre es 2,5 % · 4 zu rechnen, da sich der Grundwert von Jahr zu Jahr ändert. Die 0,4 Prozentpunkte mehr sind genau der Zinseszinseffekt.

---

59 Kapital nach 3 Jahren:

Zeit in Jahren	0	1	2	3
Kapital in €	11 400			12 264,12

· 1,0758

Hinweise und Tipps

Zinssatz im 2. Jahr:

Zeit in Jahren	0	1	2	3
Kapital in €	11 400	11 641,68	11 924,28	12 264,12

Übergänge: · 1,0212 (0 → 1); · x (1 → 2); · 1,0285 (2 → 3); : 1,0285 (3 → 2)

Zunächst wird die Tabelle gefüllt und dann die Gleichung gelöst:

$$11\,641{,}68 \cdot x = 11\,924{,}28 \quad |:11\,641{,}68$$
$$x \approx 1{,}0243$$

Der Zinssatz im 2. Jahr beträgt 2,43 %.

---

60 a)

Zeit in Jahren	0	1 (Ende)	2 (Anfang)	2 (Ende)	3 (Anfang)	3 (Ende)	4 (Anfang)	4 (Ende)	5 (Anfang)
Darlehen in €	9 380	9 708,30					2 996,48	3 131,32	0

Übergänge: · 1,035; −x; · 1,035; −x; · 1,045; −x; · 1,045; −3 131,32; zurück: : 1,045; +3 131,32

Zunächst wird die Tabelle gefüllt. Daraus ergibt sich die Gleichung:

$$((9\,708{,}30 - x)\cdot 1{,}035 - x)\cdot 1{,}045 - x = 2\,996{,}48$$ Auflösen der inneren Klammer.

$$(9\,708{,}30 \cdot 1{,}035 - 1{,}035 \cdot x - x)\cdot 1{,}045 - x = 2\,996{,}48$$

$$9\,708{,}30 \cdot 1{,}035 \cdot 1{,}045 - 1{,}035 \cdot 1{,}045 \cdot x - 1{,}045x - x = 2\,996{,}48$$

$$1{,}035 \cdot 1{,}045 \cdot x + 1{,}045x + x = 9\,708{,}30 \cdot 1{,}035 \cdot 1{,}045 - 2\,996{,}48$$ Ausklammern von x.

$$x(1{,}035 \cdot 1{,}045 + 1{,}045 + 1) = 9\,708{,}30 \cdot 1{,}035 \cdot 1{,}045 - 2\,996{,}48$$ Division durch die Klammer.

$$x \approx 2\,400{,}00$$

Eine Rate beträgt 2 400 €.

b) Bezahlt wurden drei Raten zu je 2 400 € und die Schlussrate von 3 131,32 €, also 10 331,32 €. Somit kostete das Darlehen: 951,32 € (10 331,32 € – 9 380 €)
In Prozent:
$$9\,380 \cdot x = 10\,331{,}32$$
$$x \approx 1{,}1014; \text{ also } 10{,}14\ \%$$

---

61 a) 2003 → 2004: $6\,613 \cdot x = 5\,842 \quad |:6\,613$
$$x \approx 0{,}883 = 88{,}3\ \%$$
$$\Rightarrow \text{ Abnahme um } 11{,}7\ \%$$

2004 → 2005: $5\,842 \cdot x = 5\,361 \quad |:5\,361$
$$x \approx 0{,}918 = 91{,}8\ \%$$
$$\Rightarrow \text{ Abnahme um } 8{,}2\ \%$$

Von 2003 auf 2004 nahm die Zahl der Verkehrstoten um 11,7 %, ab, von 2004 auf 2005 um 8,2 %.

Hinweise und Tipps

b) $5\,842 \cdot x = 3\,238 \qquad |:5\,842$

$x \approx 0{,}554 = 55{,}4\ \%$

Im Jahr 2004 waren 55,4 % der Verkehrstoten Autofahrer*innen.

c) $53{,}66\ \text{Mio.} \cdot x = 54{,}52\ \text{Mio.} \qquad |:53{,}66\ \text{Mio.}$

$x \approx 1{,}016 = 101{,}6\ \%$

$\Rightarrow$ Zunahme um 1,6 %

Von 2003 auf 2005 nahm der Kfz-Bestand um 1,6 % zu.

d) 5 842 Personen $\hat{=}$ 54 080 000 Fahrzeuge

$1\ \text{Person} \hat{=} \frac{54\,080\,000}{5\,842} \approx 9\,257\ \text{Fahrzeuge}$

Auf einen Verkehrstoten kamen im Jahr 2004 etwa 9 257 Fahrzeuge.

---

62 a) $x \cdot 0{,}857 = 162 \qquad |:0{,}857$

$x = 189$ evangelische Jungen

(85,7 % $\Rightarrow$ Faktor: 0,857)

189 Jungen sind evangelisch.

b) **Gesamtzahlen:**

Schüler: $453 \cdot 0{,}532 = 241$ Schüler

Schülerinnen: $453 - 241 = 212$ Schülerinnen

evangelisch:

Schüler: 189 Schüler

Schülerinnen: $212 \cdot 0{,}75 = 159$ Schülerinnen

evangelischer Religionsunterricht:

Schüler: 162 Schüler

Schülerinnen: $159 \cdot 0{,}812 = 129$ Schülerinnen

Diagramm:

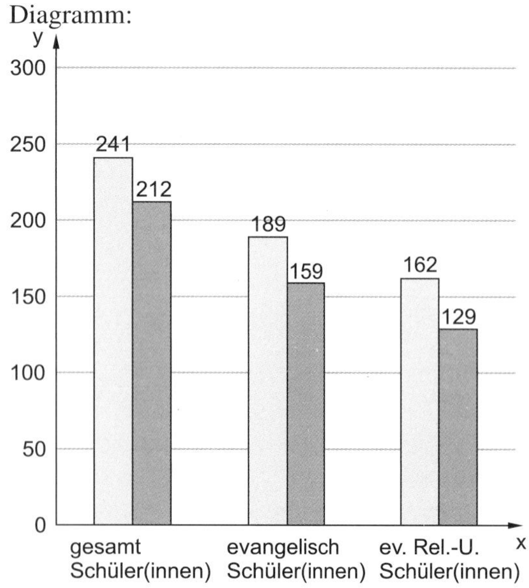

Hinweise und Tipps

63 Der Graphik entnimmt man, dass $15 \text{ mm} \mathrel{\hat{=}} 200 \text{ t}$, also

$$1 \text{ mm} \mathrel{\hat{=}} \frac{200 \text{ t}}{15} = \frac{40}{3} \text{ t}.$$

a) 1995: $73 \text{ mm} \mathrel{\hat{=}} 73 \cdot \frac{40}{3} \text{ t} \approx 973 \text{ t}$

b) 1987: $84 \text{ mm} \mathrel{\hat{=}} 84 \cdot \frac{40}{3} \text{ t} \approx 1120 \text{ t}$

1996: 1 000 t

Somit: $1120 \text{ t} \cdot x = 1\,000 \text{ t}$

$x \approx 0{,}893 = 89{,}3\ \%$

$\Rightarrow$ Abnahme um 10,7 %

c) 1987: $26 \text{ mm} \mathrel{\hat{=}} 26 \cdot \frac{40}{3} \text{ t} \approx 347 \text{ t}$

1999: $12 \text{ mm} \mathrel{\hat{=}} 12 \cdot \frac{40}{3} \text{ t} \approx 160 \text{ t}$

Somit: $347 \text{ t} \cdot x = 160 \text{ t}$

$x \approx 0{,}46 = 46\ \%$

$\Rightarrow$ Abnahme um 46 %

64

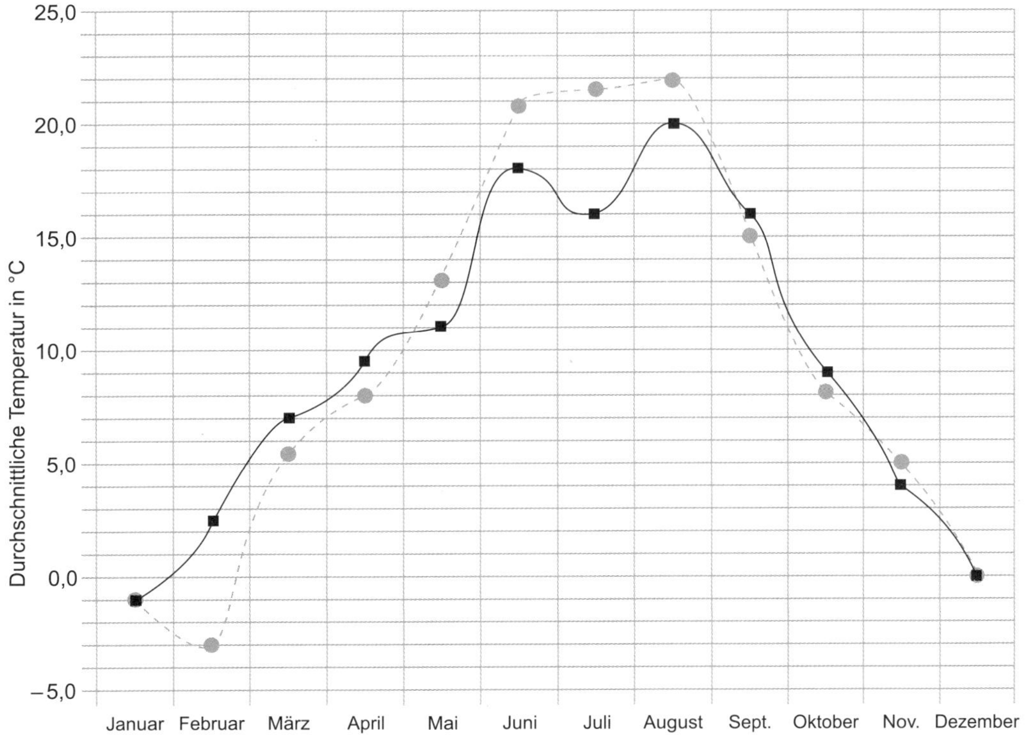

	Januar	Februar	März	April	Mai	Juni	Juli	August	Sept.	Oktober	Nov.	Dezember
■ 2005	–1,0	2,5	7,0	9,5	11,0	18,0	16,0	20,0	16,0	9,0	4,0	0,0
● 2006	–1,0	–3,0	5,4	8,0	13,0	20,8	21,5	21,9	15,0	8,1	5,0	0,0

5 Funktionen und Gleichungssysteme

65

p_1: $y = -x^2$
p_2: $y = 0{,}25x^2 + 2$

p_3: $y = 2x^2 - 1$
p_4: $y = -0{,}5x^2 + 4$

g_1: $y = 2x - 3$
g_2: $y = -0{,}75x + 7$

Hinweise und Tipps

Alle Werte für c sind direkt an der y-Achse ablesbar:
Nach unten geöffnet – nicht formverändert.
a = 0,25, da 1 (LE) nach rechts und 0,25 (LE) nach oben.
a = 2, da 1 (LE) nach rechts und 2 (LE) nach oben.
a = –0,5, da 1 (LE) nach rechts und 0,5 (LE) nach unten.
m = 2, da 1 (LE) nach rechts und 2 (LE) nach oben.
m = –0,75, da 4 (LE) nach rechts und 3 (LE) nach unten. Dies entspricht 1 (LE) nach rechts und $\frac{3}{4} =$ 0,75 (LE) nach unten.

---

66 Für x den Wert des Punktes P (x = 12) eingesetzt, ergibt für y den Wert y = 66. Daher verläuft die Parabel nicht durch P. Silke hat recht, man muss die Parabel um 3 (LE) nach oben verschieben, denn P liegt auf $y = 0{,}4x^2 + 11{,}4$.

---

67 Berechnung der Nullstellen:

$y = 0{,}5x^2 - 8$
$y = 0$

gleichsetzen: $0{,}5x^2 - 8 = 0$
$0{,}5x^2 = 8$
$x^2 = 16$

$x_1 = -4$ und $x_2 = 4 \Rightarrow N_1(-4\,|\,0)$ und $N_2(4\,|\,0)$

Berechnung von p_2:
$N_2(4\,|\,0)$ eingesetzt in $y = -0{,}25x^2 + c$:
$0 = -0{,}25 \cdot 4^2 + c \quad |-4$
$c = 4$
somit p_2: $y = -0{,}25x^2 + 4$

$4^2 = 16$; $-0{,}25 \cdot 16 = -4$

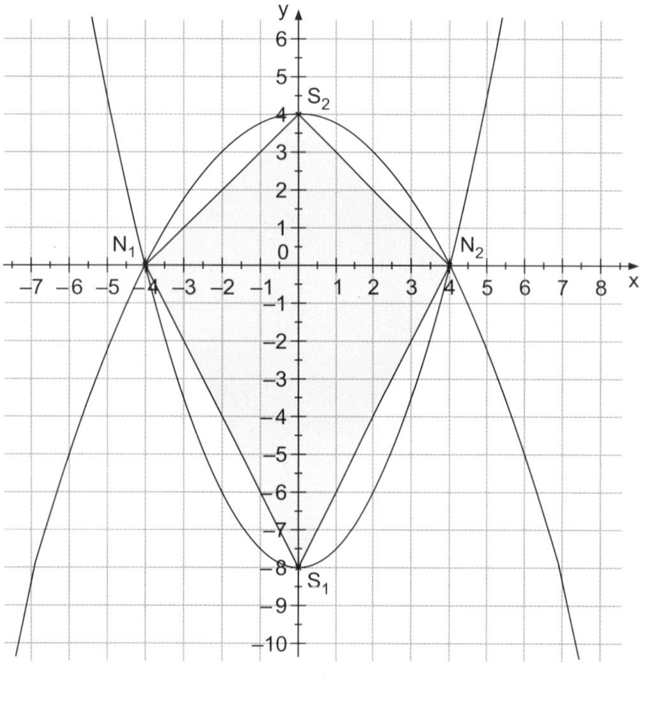

Die Scheitel werden aus den Gleichungen abgelesen.

Hinweise und Tipps

Berechnung der Seiten:

$\overline{N_1S_1}^2 = 8^2 + 4^2 \quad \Rightarrow \quad \overline{N_1S_1} \approx 8{,}94 \text{ LE}$

$\overline{N_2S_2}^2 = 4^2 + 4^2 \quad \Rightarrow \quad \overline{N_2S_2} \approx 5{,}66 \text{ LE}$

Jeweils mit dem Satz des Pythagoras.

Berechnung von u:

$u = 2 \cdot \overline{N_1S_1} + 2 \cdot \overline{N_2S_2} = 2 \cdot 8{,}94 + 2 \cdot 5{,}66 = 29{,}2 \text{ (LE)}$

Berechnung von A:

$A = A_1 + A_2 = \frac{1}{2} \cdot 8 \cdot 4 + \frac{1}{2} \cdot 8 \cdot 8 = 48 \text{ (FE)}$

Zwei Dreiecke oberhalb und unterhalb der x-Achse mit Grundseite 8 LE und Höhe 4 LE bzw. 8 LE.

68

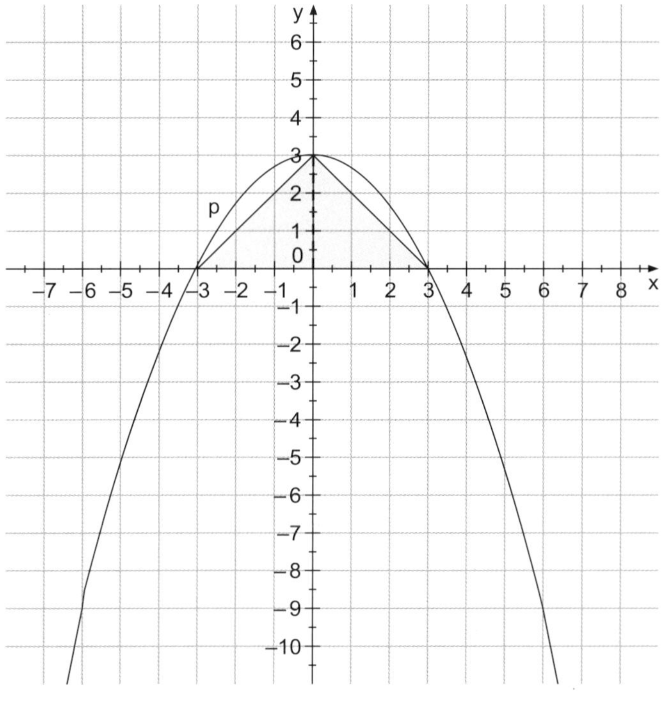

Berechnung der Höhe des Dreiecks bzw. von y_S:

$9 = \frac{1}{2} \cdot 6 \cdot y_S$

$y_S = 3 \text{ (LE)}$

6 (LE) als Grundseite; y_S als Höhe

Berechnung der Parabel:
Da die Parabel symmetrisch ist und die Nullstellen 6 (LE) auseinanderliegen, müssen es $N_1(-3\,|\,0)$ und $N_2(3\,|\,0)$ sein.
Da $y_S = 3$ (LE) ergibt sich zunächst: $y = ax^2 + 3$

Einsetzen von $N_2(3\,|\,0)$:

$0 = a \cdot 3^2 + 3$

$-3 = 9a$

$a = -\frac{1}{3}$

somit: p: $y = -\frac{1}{3}x^2 + 3$

Hinweise und Tipps

69

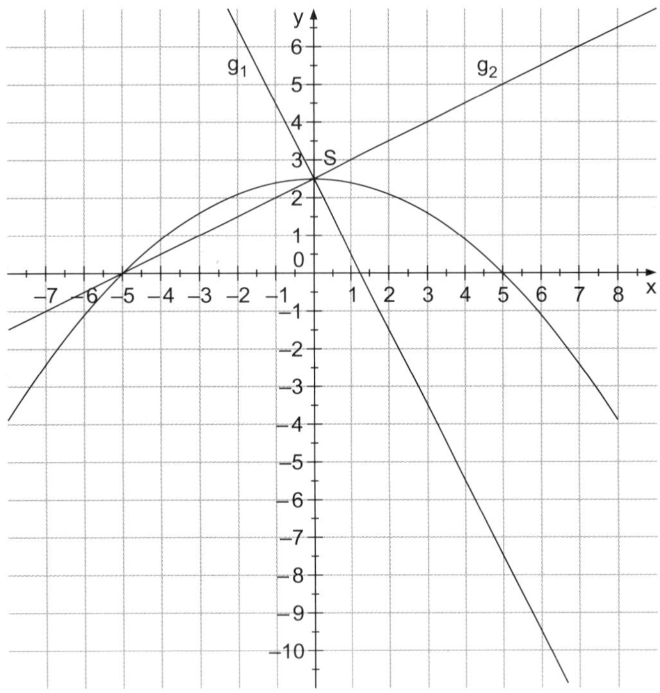

Berechnung von S:
S(0 | 2,5)

c kann aus der Gleichung direkt abgelesen werden.

Berechnung von g_2:
Da $m_1 = -2$ muss $m_2 = 0{,}5$ sein, daher: g_2: $y = 0{,}5x + 2{,}5$

Eine zu $y = m_1 \cdot x + c$ senkrechte Gerade hat die Steigung $m_2 = -\frac{1}{m_1}$.

Berechnung von N:

$$y = 0{,}5x + 2{,}5$$
$$\underline{y = 0}$$

eingesetzt: $0 = 0{,}5x + 2{,}5 \quad |:0{,}5$
$$0 = x + 5$$
$$x = -5 \quad \Rightarrow \quad N(-5|0)$$

Berechnung von p:
Da p durch S verläuft, folgt: p: $y = a \cdot x^2 + 2{,}5$

Einsetzen von N(–5 | 0):
$0 = a \cdot 5^2 + 2{,}5 \quad |:25$
$0 = a + 0{,}1$
$a = -0{,}1$ somit: p: $y = -0{,}1x^2 + 2{,}5$

70 Da S(–1,5 | –4) ergibt sich: $y = (x + 1{,}5)^2 - 4$ als Scheitelform und damit $y = x^2 + 3x - 1{,}75$ als Normalform.

Schnittpunkte mit der x-Achse:

$$y = x^2 + 3x - 1{,}75$$
$$\underline{y = 0}$$

gleichsetzen: $x^2 + 3x - 1{,}75 = 0$

$$x_{1,2} = \frac{-3 \pm \sqrt{9+7}}{2}$$

Auf den geordneten Term kann die Lösungsformel angewandt werden.

$$x_{1,2} = \frac{-3 \pm 4}{2}$$

Der Radikand wird zu 16 addiert, daraus die Wurzel 4 gezogen.

Hinweise und Tipps

$x_1 = -3{,}5;\ x_2 = 0{,}5 \Rightarrow N_1(-3{,}5\,|\,0)$ und $N_2(0{,}5\,|\,0)$

Je nach Verwendung des + oder – Zeichens ergeben sich die beiden Nullstellen.

Schnittpunkt mit der y-Achse:
Setze $x = 0$ in der Normalform:

$y = 0^2 + 3 \cdot 0 - 1{,}75 = -1{,}75 \quad \Rightarrow \quad S(0\,|\,-1{,}75)$

---

71 Aus $y = x^2 - 8x + 9$ folgt $y = (x-4)^2 - 7$ und somit $S_1(4\,|\,-7)$.
Nach der Verschiebung gilt: $S_2(1\,|\,-5{,}5)$ und somit:
p_2: $y = (x-1)^2 - 5{,}5$ bzw. $y = x^2 - 2x - 4{,}5$

72

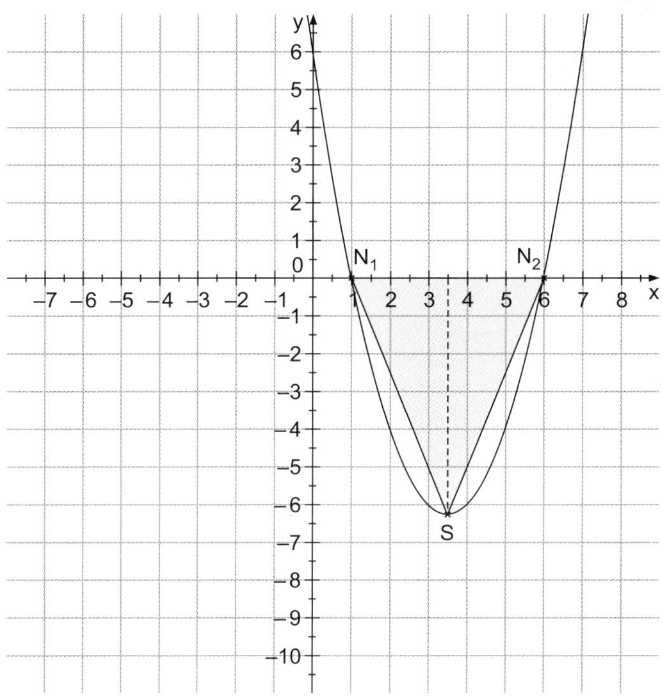

Berechnung des Scheitels:
Aus $y = x^2 - 7x + 6$ folgt $y = (x - 3{,}5)^2 - 6{,}25$ und $S(3{,}5\,|\,-6{,}25)$.
Berechnung der Nullstellen:

$$y = x^2 - 7x + 6$$
$$y = 0$$

gleichsetzen: $x^2 - 7x + 6 = 0$

$$x_{1,2} = \frac{7 \pm \sqrt{49 - 24}}{2}$$

Auf den geordneten Term kann die Lösungsformel angewandt werden.

$$x_{1,2} = \frac{7 \pm 5}{2}$$

Der Radikand wird zu 25 subtrahiert, daraus die Wurzel 5 gezogen.

$x_1 = 1;\ x_2 = 6 \Rightarrow N_1(1\,|\,0)$ und $N_2(6\,|\,0)$

Je nach Verwendung des + oder – Zeichens ergeben sich die beiden Nullstellen.

Berechnung der Fläche:

$$A = \frac{g \cdot h}{2} = \frac{5 \cdot 6{,}25}{2} = 15{,}625 \text{ (FE)}$$

$g = 5$, als Differenz der Nullstellenwerte.
$h = 6{,}25$, als y-Wert des Scheitels.

Hinweise und Tipps

73
p_1: $y=(x-2)^2+3$ $\quad y=x^2-4x+7$
p_2: $y=(x-5)^2-1$ $\quad y=x^2-10x+24$
p_3: $y=(x+0{,}5)^2-2{,}25$ $\quad y=x^2+x-2$

Alle Scheitel sind ablesbar. Anschließend Umrechnung in Normalform:
c kann häufig anhand der Zeichnung überprüft werden.

---

74 Berechnung der Parabel:
Einsetzen der beiden Punkte A und B in die Gleichung $y=x^2+bx+c$:

$$-4=25-5b+c$$
$$9{,}75=0{,}25+0{,}5b+c \quad |\cdot(-1)$$

$$-4=25-5b+c$$
$$-9{,}75=-0{,}25-0{,}5b-c$$

$$-13{,}75=24{,}75-5{,}5b \quad |+13{,}75$$
$$5{,}5b=38{,}5 \quad |:5{,}5$$
$$b=7$$

Setze $A(-5|-4)$ in $y=x^2+7x+c$:
$-4=25-7\cdot 5+c$
$c=6$
somit: p: $y=x^2+7x+6$

Berechnung der Geraden:
Einsetzen des Punktes C in die Gleichung $y=-4x+c$:
$2=-4\cdot(-1{,}5)+c \quad |-6$
$c=-4$
somit: g: $y=-4x-4$

Berechnung der Schnittpunkte:

$$y=x^2+7x+6$$
$$y=-4x-4$$

gleichsetzen: $x^2+7x+6=-4x-4$

$$x^2+11x+10=0$$
$$x_{1,2}=\frac{-11\pm\sqrt{121-40}}{2}$$
$$x_{1,2}=\frac{-11\pm 9}{2}$$
$$x_1=-10;\ x_2=-1$$

dazu: $y_1=36$; $y_2=0$
somit: $S_1(-10|36)$ und $S_2(-1|0)$

Auf den geordneten Term kann die Lösungsformel angewandt werden.

Der Radikand wird zu 81 subtrahiert, daraus die Wurzel 9 gezogen.

Je nach Verwendung des + oder – Zeichens ergeben sich die beiden Nullstellen.

---

75 Schnitt der Funktionen:

$$y=x^2+4x+6$$
$$y=-2x+c$$

gleichsetzen: $x^2+4x+6=-2x+c \quad |+2x \quad |-c$

$$x^2+6x+(6-c)=0$$

Klammer nur zur Übersicht.

Bestimmung der Diskriminante (b^2-4ac):
$D=36-4(6-c)=36-24+4c=12+4c$

Berechnung von c:
$D=0$ (1 Lösung, d. h. Berühren):
$12+4c=0$
$c=-3$
somit: g: $y=-2x-3$

Hinweise und Tipps

Berechnung des Berührpunktes:

$y = x^2 + 4x + 6$
$y = -2x - 3$

gleichsetzen: $x^2 + 4x + 6 = -2x - 3 \quad |+2x \quad |+3$

$x^2 + 6x + 9 = 0$

$x_{1,2} = \dfrac{-6 \pm \sqrt{36-36}}{2}$ — Die Diskriminante muss Null sein.

$x_1 = x_2 = -3$ — Nur eine Lösung.

dazu: $y_1 = y_2 = 3$ — Einsetzen z. B. in die Geradengleichung $y = -2x - 3$.

somit: B(–3 | 3)

---

76 Schnitt der Funktionen:

$y = (x-2)^2 + z$
$y = 2x + 1$

$y = x^2 - 4x + (4 + z)$ — Klammer nur zur Übersicht.
$y = 2x + 1$

gleichsetzen: $x^2 - 4x + (4 + z) = 2x + 1 \quad |-2x \quad |-1$

$x^2 - 6x + (3 + z) = 0$ — Klammer nur zur Übersicht.

Bestimmung der Diskriminante ($b^2 - 4ac$):
$D = 36 - 4(3 + z) = 36 - 12 - 4z = 24 - 4z$

Berechnung von z:
D = 0 (1 Lösung, d. h. Berühren):
$24 - 4z = 0$
$z = 6$

somit: p: $y = x^2 - 4x + 10$

Berechnung des Berührpunktes:

$y = x^2 - 4x + 10$
$y = 2x + 1$

gleichsetzen: $x^2 - 4x + 10 = 2x + 1 \quad |-2x \quad |-1$

$x^2 - 6x + 9 = 0$

$x_{1,2} = \dfrac{6 \pm \sqrt{36-36}}{2}$ — Die Diskriminante muss Null sein.

$x_1 = x_2 = 3$ — Nur eine Lösung.

dazu: $y_1 = y_2 = 7$ — Einsetzen z. B. in die Geradengleichung $y = 2x + 1$.

somit: B(3 | 7)

---

77 Wir bezeichnen die gesuchte Verschiebung mit v, somit wird die Geradengleichung zu: $y = 2x - 3 + v$

Schnitt der Funktionen:

$y = x^2 - 4x + 7$
$y = 2x - 3 + v$

gleichsetzen: $x^2 - 4x + 7 = 2x - 3 + v \quad |-2x \quad |+3 \quad |-v$

$x^2 - 6x + (10 - v) = 0$ — Klammer nur zur Übersicht.

Bestimmung der Diskriminante ($b^2 - 4ac$):
$D = 36 - 4(10 - v) = 36 - 40 + 4v = -4 + 4v$

Hinweise und Tipps

Berechnung von v:
D = 0 (1 Lösung, d. h. Berühren):

$-4 + 4v = 0$

$v = 1$

Also muss g um 1 (LE) nach oben verschoben werden.

78

$3x + 2y - 1 = 0$

$\frac{6}{5}x + \frac{1}{3}y = \frac{13}{15} \quad |\cdot 15$

Entfernen der Nenner.

$3x + 2y - 1 = 0 \quad |\cdot(-6)$

$18x + 5y = 13 \quad |-13$

Es könnte auch so multipliziert werden, dass die Vielfachen von y (bei unterschiedlichem Vorzeichen) übereinstimmen.

$-18x - 12y + 6 = 0$

$18x + 5y - 13 = 0$

$-7y - 7 = 0$

Addition der beiden Gleichungen.

$7y = -7$

$y = -1$

dazu: $3x + 2 \cdot (-1) - 1 = 0$

Einsetzen des y-Wertes in eine Gleichung.

$3x = 3$

$x = 1$

79

$y = 2x + 240 \quad |\cdot(-4)$

$4y = 5x + 3\,000$

$-4y = -8x - 960$

$4y = 5x + 3\,000$

$0 = -3x + 2\,040 \quad |+3x$

Addition der beiden Gleichungen.

$3x = 2\,040 \quad |:3$

$x = 680$

dazu: $y = 2 \cdot 680 + 240$

Einsetzen des x-Wertes in eine Gleichung.

$y = 1\,600$

Alternativ:

$4y = 5x + 3\,000 \quad |:4$

Umformen der zweiten Gleichung nach y.

$y = 1{,}25x + 750$

Gleichsetzen der beiden Gleichungen:

$2x + 240 = 1{,}25x + 750 \quad |-240 \quad |-1{,}25x$

$0{,}75x = 510 \quad |:0{,}75$

$x = 680$

80

$4y = x + 8$

$y = -0{,}75x + 6 \quad |\cdot(-4)$

$4y = x + 8$

$-4y = 3x - 24$

$0 = 4x - 16$

Addition der beiden Gleichungen.

$x = 4$ dazu: $y = -0{,}75 \cdot 4 + 6$

Einsetzen des x-Wertes in eine Gleichung.

$y = 3$

Hinweise und Tipps

Alternativ:
Einsetzen der zweiten Gleichung in die erste Gleichung:

$$4(-0{,}75x+6)=x+8$$
$$-3x+24=x+8 \quad |-24 \quad |-x$$
$$-4x=-16 \quad |:(-4)$$
$$x=4$$

81

$$y=\frac{5}{3}x+\frac{7}{3} \quad |\cdot 3$$

Entfernen der Nenner.

$$y=\frac{2}{7}x-\frac{3}{7} \quad |\cdot 7$$

Entfernen der Nenner.

$$3y=5x+7 \quad |\cdot 2$$
$$7y=2x-3 \quad |\cdot(-5)$$

$$6y=10x+14$$
$$-35y=-10x+15$$

$$-29y=29$$
$$y=-1$$

Addition der beiden Gleichungen.

dazu: $3\cdot(-1)=5x+7 \quad |-7$
$$-10=5x \quad |:5$$
$$x=-2$$

Einsetzen des y-Wertes in eine Gleichung.

82

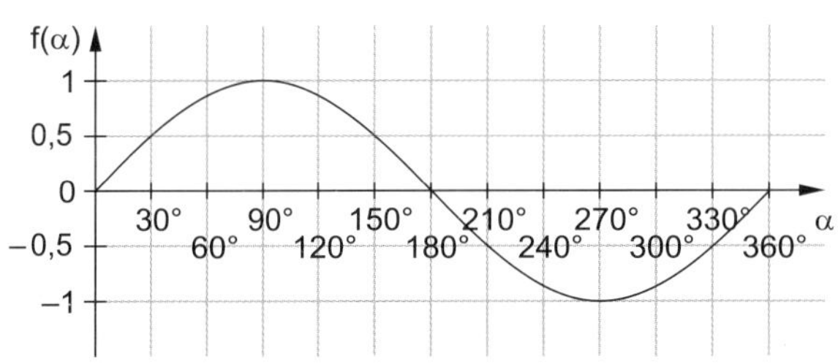

Vorgehensweise beim Skizzieren des Graphen:

- Skalierung der y-Achse: Die Funktionswerte liegen im Bereich von –1 bis 1. Es bietet sich an, folgende Skalierung zu verwenden: 1 cm ≙ 1
- Skalierung der x-Achse: Du benötigst eine Skalierung von 0° bis 360°. Es bietet sich an, folgende Skalierung zu verwenden: 1 cm ≙ 60°
- Zeichne zunächst zu folgenden Werten die zugehörigen Punkte in dein Koordinatensystem ein:
  $\sin(0°)=0$, $\sin(30°)=0{,}5$, $\sin(90°)=1$,
  $\sin(150°)=0{,}5$, $\sin(180°)=0$, $\sin(210°)=-0{,}5$,
  $\sin(270°)=-1$, $\sin(330°)=-0{,}5$, $\sin(360°)=0$

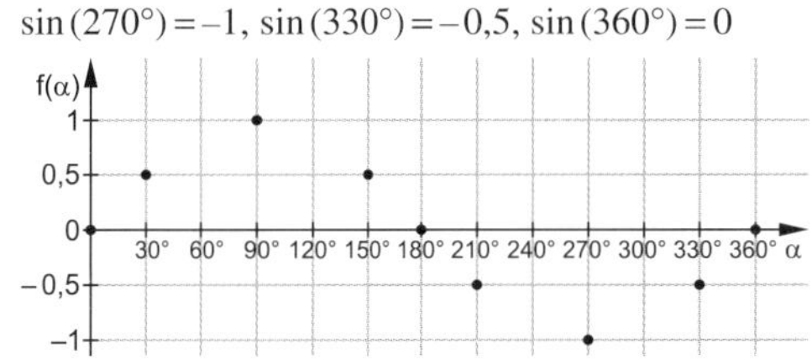

- Anschließend verbindest du die eingezeichneten Punkte frei Hand.

Hinweise und Tipps

83 $\sin(248°) = \sin(292°)$

Für die Begründung, gibt es verschiedene Möglichkeiten.

Begründung anhand des Funktionsgraphen:

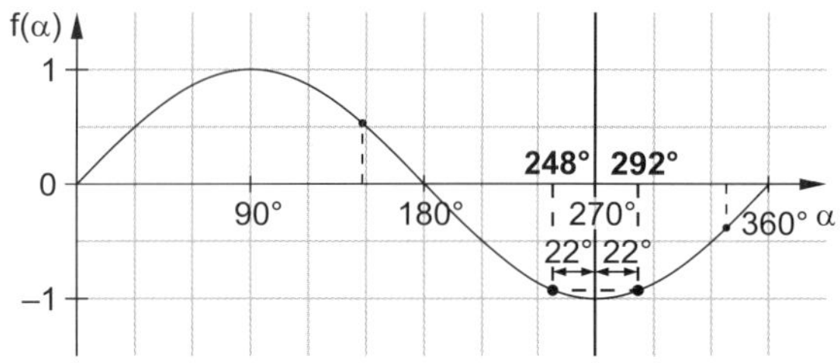

Da $\sin(148°)$ als einziger Wert positiv ist, fällt er aus der Betrachtung.

Die Funktion $f(\alpha) = \sin(\alpha)$ ist im Bereich von 180° bis 360° achsensymmetrisch zur Vertikalen durch 270°. Das bedeutet, dass Winkel, die gleich weit von 270° entfernt liegen, den gleichen Sinuswert haben. Wegen $270° - 248° = 22°$ und $292° - 270° = 22°$ liegen die Winkel 248° und 292° gleich weit entfernt von 270° und es gilt $\sin(248°) = \sin(292°)$, während der Winkel 338° einen abweichenden Sinuswert haben muss.

Rechnerische Begründung:

Da für $0° \leq \alpha \leq 90°$ die Beziehung $\sin(180° + \alpha) = \sin(360° - \alpha)$ gilt, folgt für $\alpha = 68°$:
$\sin(180° + 68°) = \sin(360° - 68°)$ und somit
$\sin(248°) = \sin(292°)$.

84 a) Gesucht sind die Nullstellen der Funktion $\sin(\alpha)$. Diese liegen bei 0°, 180° und 360°.

Alternativ können die Nullstellen auch grafisch bestimmt werden:

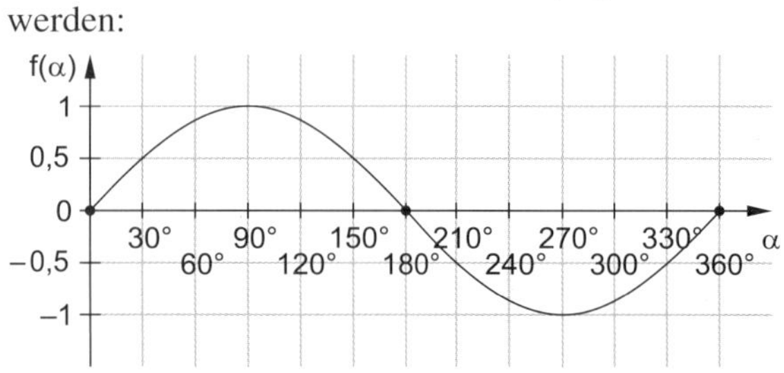

Die gesuchten Winkel lassen sich an der Rechtsachse an den Stellen ablesen, an denen der Graph die Rechtsachse schneidet.

Nur für $\alpha_1 = 0°$, $\alpha_2 = 180°$ und $\alpha_3 = 360°$ gilt $\sin(\alpha_1) = \sin(\alpha_2) = \sin(\alpha_3) = 0$.

b) Gesucht ist der Winkel bei dem die Funktion $\sin(\alpha)$ ihren maximalen Wert 1 annimmt. Dieser Winkel ist 90°.

Alternativ kann der Winkel auch grafisch bestimmt werden:

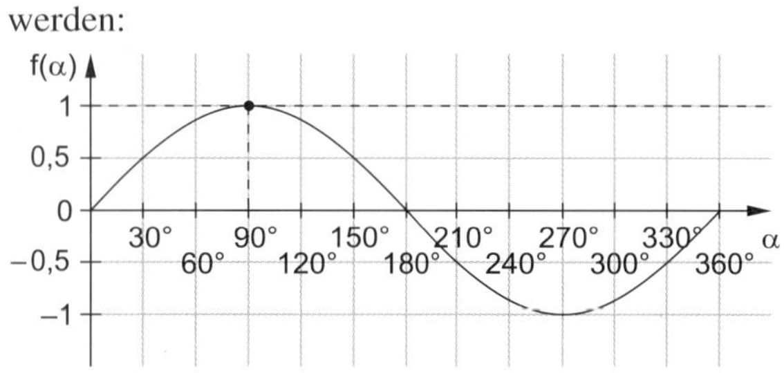

Zeichne eine Horizontale bei 1 ein. Lies an der Stelle, an der die Horizontale den Graphen schneidet, den zugehörigen Winkel ab.

Nur für $\alpha = 90°$ gilt $\sin(\alpha) = 1$.

Hinweise und Tipps

c) Gesucht ist der Winkel bei dem die Funktion sin(α) ihren minimalen Wert –1 annimmt. Dieser Winkel ist 270°.

Alternativ kann der Winkel auch grafisch bestimmt werden:

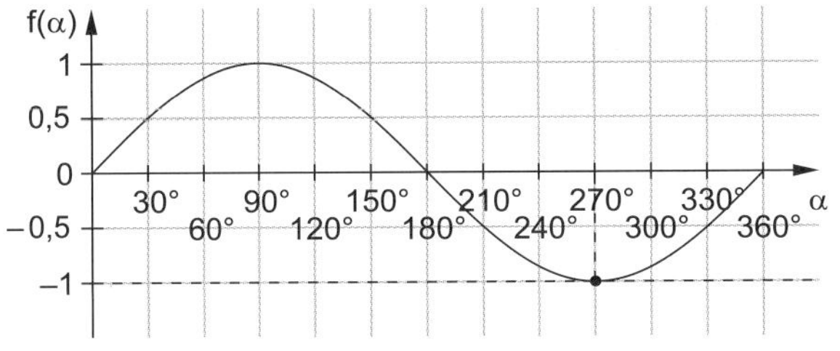

Nur für $\alpha = 270°$ gilt $\sin(\alpha) = -1$.

Zeichne eine Horizontale bei –1 ein. Lies an der Stelle, an der die Horizontale den Graphen schneidet, den zugehörigen Winkel ab.

6 Daten und Zufall

Hinweise und Tipps

85 a) Rangliste:

Rang	1	2	3	4	5	6	7	8	9	10
Wert	16,2	18,4	18,9	19,3	19,7	19,9	21,8	22,7	24,3	25,8

Mittelwert:

$$\frac{16,2+18,4+\ldots+25,8}{10}=\frac{207}{10}=20,7\text{ m}$$

Der Mittelwert ergibt sich aus der Summe der Weiten durch Division mit der Anzahl n = 10 der Werte.

Rang	1	2	3	4	5	6	7	8	9	10
Wert	16,2	18,4	18,9	19,3	**19,7**	**19,9**	21,8	22,7	24,3	25,8

19,8

Zentralwert: 19,8 m

Mittelwert von 19,7 und 19,9

bzw. errechneter Wert:

$$10\cdot 0,5=5\in\mathbb{Z}\quad\Rightarrow\quad z=\frac{x_5+x_6}{2}=\frac{19,7+19,9}{2}=19,8\text{ m}$$

b)

Rang	1	2	**3**	4	5	6	7	**8**	9	10
Wert	16,2	18,4	**18,9**	19,3	19,7	19,9	21,8	**22,7**	24,3	25,8

Minimum: 16,2 m; unteres Quartil: 18,9 m;
oberes Quartil: 22,7 m; Maximum: 25,8 m

bzw. errechnete Werte:

unteres Quartil: $10\cdot 0,25=2,5\notin\mathbb{Z}\quad\Rightarrow\quad q_u=x_3=18,9\text{ m}$

oberes Quartil: $10\cdot 0,75=7,5\notin\mathbb{Z}\quad\Rightarrow\quad q_o=x_8=22,7\text{ m}$

Boxplot:

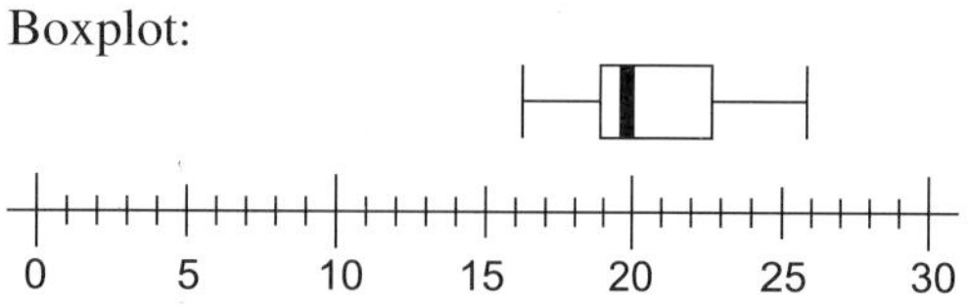

c) Neuer Mittelwert: 20,7 – 0,3 = 20,4 m

Neue Gesamtsumme: 20,4 · 11 = 224,4 m

Mittelwert · Anzahl = Gesamtsumme

Weite der Schülerin: 224,4 – 207 = 17,4 m

Gesamtsumme 11 Schüler – Gesamtsumme 10 Schüler

Die Schülerin hat eine Weite von 17,4 m erzielt.

Hinweise und Tipps

86 Durchschnittspreis:

$$\frac{159+149+154{,}99+169+164{,}91}{5}=\frac{796{,}90}{5}=159{,}38\ €$$

$159{,}38\cdot x=169 \quad |:159{,}38$

$x\approx 1{,}060=106{,}0\ \%$

Das teuerste Angebot liegt 6,0 % über dem Durchschnittspreis.

Hinweis: Der Durchschnittspreis ist der Mittelwert aller Preise.

---

87 a) absolute Häufigkeit: 21

Hinweis: 4 von 25 Noten sind Fünfer oder Sechser.

b) relative Häufigkeiten:

Note	1	2	3	4	5	6
%	8	24	28	24	12	4

Hinweis: Z. B. für Note 1: $\frac{2}{25}\cdot 100\ \%=8\ \%$

Kreisdiagramm:

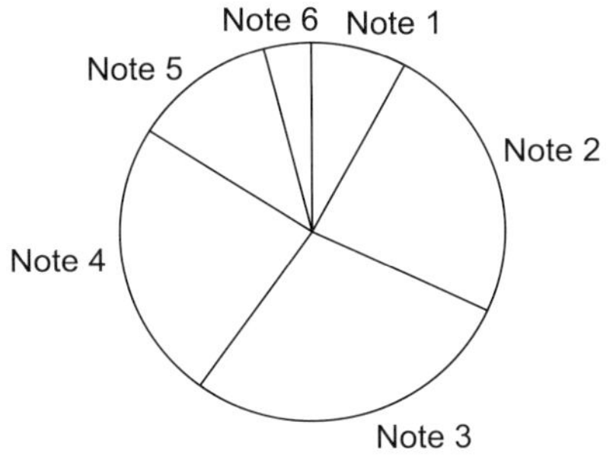

Hinweis: $100\ \% \mathrel{\hat{=}} 360° \Rightarrow 1\ \% \mathrel{\hat{=}} 3{,}6°$

Es folgt daher:

$8\ \% \mathrel{\hat{=}} 28{,}8°$
$24\ \% \mathrel{\hat{=}} 86{,}4°$
$28\ \% \mathrel{\hat{=}} 100{,}8°$
$12\ \% \mathrel{\hat{=}} 43{,}2°$
$4\ \% \mathrel{\hat{=}} 14{,}4°$

c) Mittelwert:

$$\frac{2\cdot 1+6\cdot 2+7\cdot 3+6\cdot 4+3\cdot 5+1\cdot 6}{25}=\frac{80}{25}=\frac{16}{5}=3{,}2$$

mittlere Abweichung:

$$\frac{2\cdot 2{,}2+6\cdot 1{,}2+7\cdot 0{,}2+6\cdot 0{,}8+3\cdot 1{,}8+1\cdot 2{,}8}{25}=\frac{26}{25}=1{,}04$$

Hinweis: Für jede Note muss die (betragsmäßige) Abweichung zum Mittelwert 3,2 mit der Anzahl dieser Note multipliziert werden. Diese Produkte werden aufsummiert und durch die Anzahl der Schüler*innen geteilt.

88

	richtig	falsch
a) 75 % der Flaschen enthalten mindestens einen halben Liter. Begründung: 0,5 ℓ = 500 mℓ ist das untere Quartil, daher liegen 75 % darüber.	☒	☐
b) Die durchschnittliche Füllmenge beträgt mit Sicherheit 502 mℓ. Begründung: Der Zentralwert liegt bei 502 mℓ, dieser muss aber nicht dem Mittelwert entsprechen.	☐	☒
c) Der Füllmengenunterschied ist höchstens 7 mℓ. Begründung: Er beträgt 17 mℓ (510 mℓ − 493 mℓ).	☐	☒
d) Keine Flasche enthält mehr als 510 mℓ. Begründung: 510 mℓ ist das Maximum.	☒	☐
e) Bei 50 % der Flaschen ist der Füllmengenunterschied höchstens 7 mℓ. Begründung: Stimmt. Zwischen unterem und oberem Quartil beträgt der Füllmengenunterschied nur 7 mℓ und dort liegen 50 % der Flaschen.	☒	☐
f) Bei 25 % der Flaschen ist der Füllmengenunterschied höchstens 2 mℓ. Begründung: Stimmt. Zwischen unterem Quartil und Median beträgt der Füllmengenunterschied nur 2 mℓ und dort liegen 20 % der Flaschen.	☒	☐

Hinweise und Tipps

89 a) Rangliste:

Rang	1	2	3	4	5	6	7	8	9	10	11	12	13	14	15
Wert	14	15	16	18	20	20	22	22	22	23	24	29	34	35	46

Mittelwert:

$$\frac{14+15+\ldots+46}{15}=\frac{360}{15}=24$$

Rang	1	2	3	4	5	6	7	**8**	9	10	11	12	13	14	15
Wert	14	15	16	18	20	20	22	**22**	22	23	24	29	34	35	46

Zentralwert: 22

bzw. errechneter Wert:
$15\cdot 0{,}5=7{,}5\notin \mathbb{Z} \quad\Rightarrow\quad z=x_8=22$

Mittelwert und Zentralwert unterscheiden sich also um $24-22=2$ Punkte.

b)

Rang	1	2	3	**4**	5	6	7	**8**	9	10	11	**12**	13	14	15
Wert	14	15	16	**18**	20	20	22	**22**	22	23	24	**29**	34	35	46

Minimum: 14; unteres Quartil: 18;
oberes Quartil: 29; Maximum: 46

bzw. errechnete Werte:
unteres Quartil: $15\cdot 0{,}25=3{,}75\notin \mathbb{Z} \quad\Rightarrow\quad q_u=x_4=18$
oberes Quartil: $15\cdot 0{,}75=11{,}25\notin \mathbb{Z} \quad\Rightarrow\quad q_o=x_{12}=29$

Boxplot:

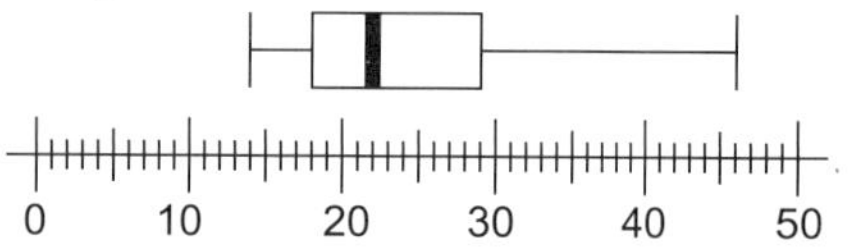

c) Höchstpunktzahl 50 ergibt Note 1,0. Somit:

Punkte		Note
40	$\Rightarrow$	2,0
30	$\Rightarrow$	3,0
20	$\Rightarrow$	4,0
10	$\Rightarrow$	5,0
0	$\Rightarrow$	6,0

Folglich entspricht 1 Punkt einer Notendifferenz von 0,1. Da die höchste erreichte Punktzahl (46 Punkte) um 4 Punkte unter der Höchstpunktzahl liegt, ist die damit erzielte Note eine 1,4.

90 $n=8$.
Die Anzahl der günstigen Ergebnisse für das Ereignis „grüne Kugel" ist 3. Somit ist die Wahrscheinlichkeit $\frac{3}{8}=37{,}5\ \%$.

91 Da bereits 8 Zahlen gezogen sind, gibt es noch 92 Möglichkeiten, somit: $n=92$
Da bereits 3 (der 50 geraden Zahlen) gezogen sind, gibt es noch 47 mögliche Ergebnisse für das gewünschte Ereignis, somit: $m=47$

Die Wahrscheinlichkeit ist daher $\frac{47}{92}\approx 51{,}1\ \%$.

Hinweise und Tipps

92 Ausgehend vom kleinsten Feld (rot) denkt man sich das Rad in gleich große Sektoren eingeteilt, daher ist $n = 360° : 30° = 12$.

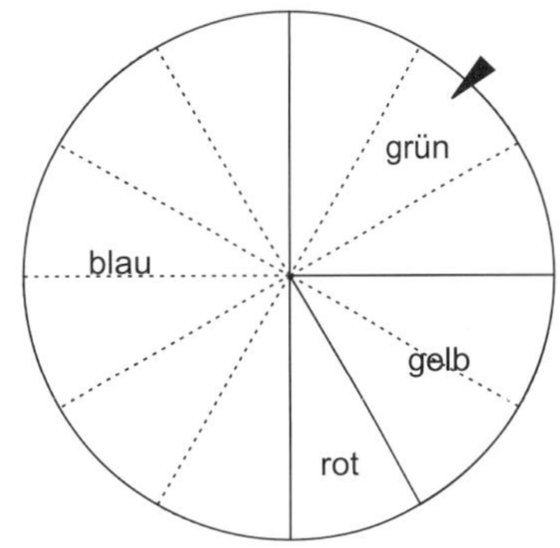

a) Die Anzahl der günstigen Ergebnisse für das Ereignis „gelb" ist folglich 2, somit die Wahrscheinlichkeit:

$\frac{2}{12} = \frac{1}{6} \approx 16{,}7\ \%$.

b) Nein, denn die Anzahl der günstigen Ergebnisse für das Ereignis „rot oder blau" ist 7 und somit die Wahrscheinlichkeit: $\frac{7}{12} \approx 58{,}3\ \%$, also kleiner als 60 %.

93

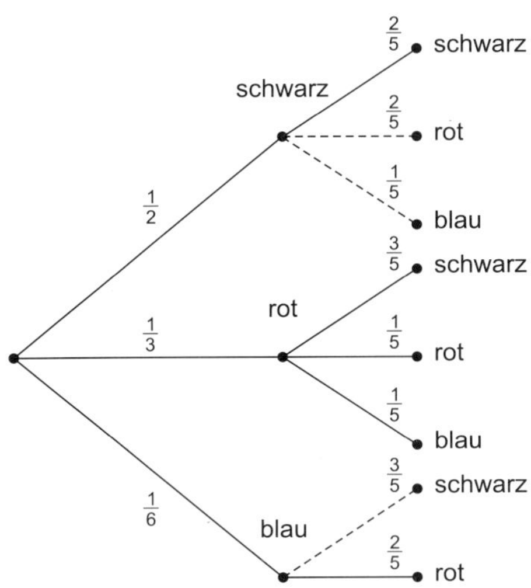

Bei der ersten Ziehung ist $n = 6$, bei der zweiten $n = 5$, da ohne Zurücklegen gezogen wird.

a) Zuerst blaue, dann rote Kugel: $\frac{1}{6} \cdot \frac{2}{5} = \frac{1}{15} \approx 6{,}7\ \%$

Die Wahrscheinlichkeiten entlang des Pfades sind zunächst $\frac{1}{6}$ (bis „blau") und dann noch $\frac{2}{5}$ (bis „rot"). Nach der Produktregel daher insgesamt $\frac{1}{6} \cdot \frac{2}{5}$.

b) Zwei schwarze Kugeln: $\frac{1}{2} \cdot \frac{2}{5} = \frac{1}{5} = 20\ \%$

c) Zwei gleichfarbige Kugeln: $\frac{1}{2} \cdot \frac{2}{5} + \frac{1}{3} \cdot \frac{1}{5} = \frac{4}{15} \approx 26{,}7\ \%$

Zwei Pfade führen zu dem gewünschten Ereignis. Nach der Summenregel müssen diese addiert werden.

d) Zuerst eine rote Kugel: $\frac{1}{3} \approx 33{,}3\ \%$

94 a) W_1: Es gibt zweimal die „1", daher ist die Wahrscheinlichkeit:

$\frac{2}{6} = \frac{1}{3}$

Beim zweimaligen Würfeln mit W_1 gilt daher:

$\frac{1}{3} \cdot \frac{1}{3} = \frac{1}{9} \approx 11{,}1\ \%$

Da nur ein Pfad gefragt ist, benötigt man kein Baumdiagramm.

Hinweise und Tipps

b)

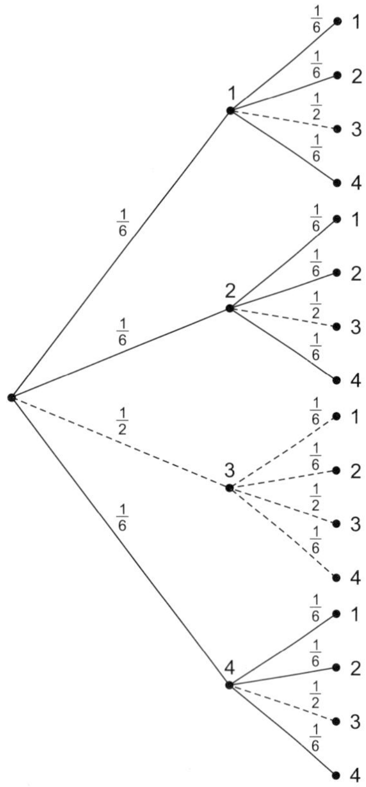

W_2: Die Wahrscheinlichkeit für „niemals die Augenzahl 3“ kommt auf 9 Pfaden vor, jedes Mal gilt:

$\frac{1}{6} \cdot \frac{1}{6} = \frac{1}{36}$

Somit insgesamt: $9 \cdot \frac{1}{36} = \frac{9}{36} = \frac{1}{4} = 25\ \%$

Da der Ausgang der zweiten Ziehung für das Ereignis unerheblich ist, braucht man den Pfad nicht weiterzugehen. Man würde (nach unnötiger Rechnung) zur gleichen Wahrscheinlichkeit kommen:

$\frac{1}{3} \cdot \frac{3}{5} + \frac{1}{3} \cdot \frac{1}{5} + \frac{1}{3} \cdot \frac{1}{5} = \frac{1}{3} \cdot \left(\frac{3}{5} + \frac{1}{5} + \frac{1}{5}\right) = \frac{1}{3}$

Alternative Lösung:

Anstelle eines Baumdiagramms können auch alle möglichen Wurfkombinationen notiert werden.

Jede ist gleichwahrscheinlich mit $\frac{1}{36}$.

1; 1	**1; 2**	1; 3	1; 3	1; 3	**1; 4**
2; 1	**2; 2**	2; 3	2; 3	2; 3	**2; 4**
3; 1	3; 2	3; 3	3; 3	3; 3	3; 4
3; 1	3; 2	3; 3	3; 3	3; 3	3; 4
3; 1	3; 2	3; 3	3; 3	3; 3	3; 4
4; 1	**4; 2**	4; 3	4; 3	4; 3	**4; 4**

In 9 Feldern kommt die „Augenzahl 3“ nicht vor, daher ist die Wahrscheinlichkeit:

$9 \cdot \frac{1}{36} = \frac{9}{36} = \frac{1}{4} = 25\ \%$

Diese 9 Felder sind fett gedruckt.

c) Für das Ereignis „Beim zweiten Wurf eine doppelt so hohe Augenzahl“ gibt es nur 2 Felder, daher beträgt die Wahrscheinlichkeit:

$2 \cdot \frac{1}{36} = \frac{2}{36} = \frac{1}{18} \approx 5,6\ \%$

Diese 2 Felder sind fett gedruckt.

Hinweise und Tipps

1; 1	**1; 2**	1; 3	1; 3	1; 3	1; 4
2; 1	2; 2	2; 3	2; 3	2; 3	**2; 4**
3; 1	3; 2	3; 3	3; 3	3; 3	3; 4
3; 1	3; 2	3; 3	3; 3	3; 3	3; 4
3; 1	3; 2	3; 3	3; 3	3; 3	3; 4
4; 1	4; 2	4; 3	4; 3	4; 3	4; 4

95 Sowohl das Baumdiagramm ($6 \cdot 6 = 36$ Pfade) als auch eine Tabelle (144 Felder) würde sehr groß werden – daher überlegt man sich nur die notwendigen Pfade (ohne zu zeichnen):

Es gibt 4-mal die „1", also Wahrscheinlichkeit: $\frac{4}{12} = \frac{1}{3}$

Es gibt 2-mal die „2", also Wahrscheinlichkeit: $\frac{2}{12} = \frac{1}{6}$

Es gibt 3-mal die „3", also Wahrscheinlichkeit: $\frac{3}{12} = \frac{1}{4}$

Es gibt 1-mal die „4", also Wahrscheinlichkeit: $\frac{1}{12}$

Es gibt 1-mal die „5", also Wahrscheinlichkeit: $\frac{1}{12}$

Es gibt 1-mal die „6", also Wahrscheinlichkeit: $\frac{1}{12}$

a) • Primzahlen sind: 2, 3 und 5. Somit beträgt die Wahrscheinlichkeit:

$$\frac{1}{6} + \frac{1}{4} + \frac{1}{12} = \frac{1}{2} = 50\,\%$$

Oder über die Umkehrung: 1, 4 und 6 sind keine Primzahlen, daher beträgt ihre Wahrscheinlichkeit $\frac{1}{3} + \frac{1}{12} + \frac{1}{12} = \frac{6}{12} = \frac{1}{2} = 50\,\%$.

• Durch 2 und 3 ist nur die „6" teilbar, daher: $\frac{1}{12} \approx 8{,}3\,\%$.

b) • Beide Zahlen sind gleich, bei „1 und 1", „2 und 2", …, „6 und 6". Daher beträgt die Wahrscheinlichkeit:

$$\frac{1}{3} \cdot \frac{1}{3} + \frac{1}{6} \cdot \frac{1}{6} + \frac{1}{4} \cdot \frac{1}{4} + 3 \cdot \frac{1}{12} \cdot \frac{1}{12} = \frac{32}{144} \approx 22{,}2\,\%$$

Zu „1 und 1" führen die Wahrscheinlichkeiten $\frac{1}{3} \cdot \frac{1}{3}$, zu „2 und 2" die Wahrscheinlichkeiten $\frac{1}{6} \cdot \frac{1}{6}$ usw.

• Das Ereignis „das Produkt ist kleiner als 30" ist *nicht* erfüllt bei $5 \cdot 6$, $6 \cdot 5$ und $6 \cdot 6$. Hierfür beträgt die Wahrscheinlichkeit:

Das Gegenereignis ist hier einfacher zu bestimmen.

$$3 \cdot \frac{1}{12} \cdot \frac{1}{12} = \frac{3}{144} \approx 2{,}1\,\%,$$

also für das gesuchte Ereignis: 97,9 %.

$100\,\% - 2{,}1\,\% = 97{,}9\,\%$

Hinweise und Tipps

96

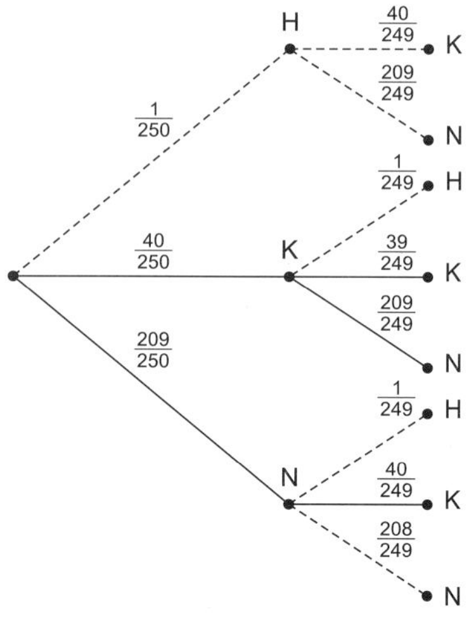

Zumindest einen Kleinpreis, aber nicht den Hauptpreis:

$$\frac{40}{250}\cdot\frac{39}{249}+\frac{40}{250}\cdot\frac{209}{249}+\frac{209}{250}\cdot\frac{40}{249}\approx 0,294\approx 29,4\ \%$$

Zumindest bedeutet, dass sie einen oder zwei Kleinpreise gewinnen kann. Somit gibt es 3 Pfade.

97

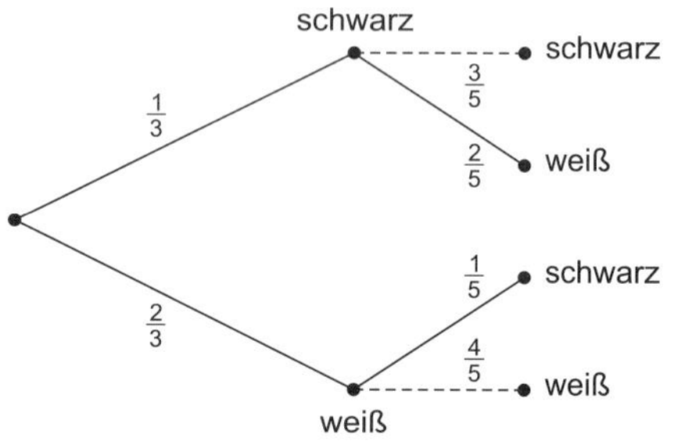

Durch das Zurücklegen und Hinzufügen erhöht sich die Anzahl der Kugeln bei der zweiten Ziehung von 3 auf 5.

- Zuerst schwarze, dann weiße Kugel: $\frac{1}{3}\cdot\frac{2}{5}=\frac{2}{15}\approx 13,3\ \%$
- Zuerst weiße, dann schwarze Kugel: $\frac{2}{3}\cdot\frac{1}{5}=\frac{2}{15}\approx 13,3\ \%$

98

a) 1° entspricht einer Wahrscheinlichkeit von $\frac{1}{360}$.
Folglich entsprechen:

190° einer Wahrscheinlichkeit von: $\frac{190}{360}\approx 52,8\ \%$

115° einer Wahrscheinlichkeit von: $\frac{115}{360}\approx 31,9\ \%$

55° einer Wahrscheinlichkeit von: $\frac{55}{360}\approx 15,3\ \%$

b) Näherungswert für Sektor 1: $\frac{114}{250}=45,6\ \%$

Näherungswert für Sektor 2: $\frac{81}{250}=32,4\ \%$

Näherungswert für Sektor 3: $\frac{55}{250}=22,0\ \%$

Da 100 % einem Winkel von 360° entspricht, hat das Glücksrad in etwa folgende Winkel: 164°, 117° und 79°

Hinweise und Tipps

99 Zunächst werden die Wahrscheinlichkeiten errechnet:

$P(\text{rot}) = \frac{1}{10}$

$P(\text{grau}) = \frac{2}{10}$

$P(\text{weiß}) = \frac{3}{10}$

$P(\text{schwarz}) = \frac{4}{10}$

Erwartungswert der Spielerin/des Spielers:

$$\frac{1}{10} \cdot 4 + \frac{2}{10} \cdot 2 + \frac{3}{10} \cdot 0 + \frac{4}{10} \cdot (-1) = \frac{4}{10} + \frac{4}{10} - \frac{4}{10} = 0{,}40 \text{ €} \ (> 0)$$

Aufgrund des Einsatzes von 1 € sind die den Wahrscheinlichkeiten zugeordnet Werte um 1 € geringer als im Farbplan angegeben.

Dieses Ergebnis (Erwartungswert > 0) bedeutet für Spieler*innen auf lange Sicht einen Gewinn, für Betreiber*innen somit einen Verlust.

Bei Erhöhung um 1 € gilt der folgende, aktualisierte Farbplan:

6 €	4 €	2 €	Kein Gewinn

Aufgrund des Einsatzes von 2 € sind die den Wahrscheinlichkeiten zugeordnet Werte nun um 2 € geringer als im Farbplan angegeben.

Erwartungswert der Spieler*innen nach dem aktualisierten Farbplan:

$$\frac{1}{10} \cdot 4 + \frac{2}{10} \cdot 2 + \frac{3}{10} \cdot 0 + \frac{4}{10} \cdot (-2) = \frac{4}{10} + \frac{4}{10} - \frac{8}{10} = 0 \text{ €}$$

Die Erhöhung wirkt sich rechnerisch nur auf das Ergebnis „schwarz" aus.

Dieses Ergebnis (Erwartungswert = 0) bedeutet, dass für beide (Spieler*in und Betreiber*in) auf lange Sicht weder ein Gewinn noch ein Verlust zu erwarten ist – das Spiel ist „fair".

100 Ergebnismenge:

Unabhängig von Einsatz und Gewinn werden zuerst die Wahrscheinlichkeiten errechnet. Dabei ist es hilfreich, die Ergebnismenge in Form einer Tabelle darzustellen.

	1	2	3	4	5	6
1	(1; 1)	(1; 2)	(1; 3)	(1; 4)	(1; 5)	(1; 6)
2	(2; 1)	(2; 2)	(2; 3)	(2; 4)	(2; 5)	(2; 6)
3	(3; 1)	(3; 2)	(3; 3)	(3; 4)	(3; 5)	(3; 6)
4	(4; 1)	(4; 2)	(4; 3)	(4; 4)	(4; 5)	(4; 6)
5	(5; 1)	(5; 2)	(5; 3)	(5; 4)	(5; 5)	(5; 6)
6	(6; 1)	(6; 2)	(6; 3)	(6; 4)	(6; 5)	(6; 6)

Die Wahrscheinlichkeit ist für jeden Wurf mit $\frac{1}{36}$ gleich groß.

Aus Sicht der Spielerin/des Spielers ergeben sich folgende Wahrscheinlichkeiten:

$$\begin{aligned} P(\text{Gewinn}) &= P(1;1) + P(2;2) + P(3;3) + P(4;4) + P(5;5) \\ &\quad + P(6;6) \\ &= 6 \cdot \frac{1}{36} \end{aligned}$$

$$P(\text{kein Gewinn}) = 1 - P(\text{Gewinn}) = 1 - \frac{6}{36} = \frac{30}{36}$$

a) Erwartungswert bei 1 € Einsatz:

$$\frac{1}{36}\cdot 1+\frac{1}{36}\cdot 3+\frac{1}{36}\cdot 5+\frac{1}{36}\cdot 7+\frac{1}{36}\cdot 9+\frac{1}{36}\cdot 11+\frac{30}{36}\cdot(-1)$$

$$=\frac{36}{36}-\frac{30}{36}=\frac{6}{36}=\frac{1}{6}\approx 0{,}17\ €\ (>0)$$

Bei einem Einsatz von 1 € ist das Spiel zu Gunsten der Spielerin/des Spielers.

Erwartungswert bei 1,50 € Einsatz:

$$\frac{1}{36}\cdot 0{,}50+\frac{1}{36}\cdot 2{,}50+\frac{1}{36}\cdot 4{,}50+\frac{1}{36}\cdot 6{,}50+\frac{1}{36}\cdot 8{,}50$$

$$+\frac{1}{36}\cdot 10{,}50+\frac{30}{36}\cdot(-1{,}50)$$

$$=\frac{33}{36}-\frac{45}{36}=-\frac{12}{36}=-\frac{1}{3}\approx -0{,}33\ €\ (<0)$$

Bei einem Einsatz von 1,50 € ist das Spiel zu Ungunsten der Spielerin/des Spielers.

b) Um eine Erwartungswert von 0 zu erreichen, muss mit einem zunächst unbekanntem Spieleinsatz x gerechnet werden. Dies führt zu folgender Gleichung:

$$\frac{1}{36}\cdot(2-x)+\frac{1}{36}\cdot(4-x)+\frac{1}{36}\cdot(6-x)+\frac{1}{36}\cdot(8-x)$$

$$+\frac{1}{36}\cdot(10-x)+\frac{1}{36}\cdot(12-x)+\frac{30}{36}\cdot(-x)=0 \quad |\cdot 36$$ Multiplikation mit dem Hauptennner

$$(2-x)+(4-x)+(6-x)+(8-x)+(10-x)+(12-x)+30\cdot(-x)=0$$ Klammern auflösen

$$2-x+4-x+6-x+8-x+10-x+12-x-30x=0$$ Zusammenfassen

$$42-36x=0 \quad |+36$$ Umformen

$$36x=42 \quad |:36$$ Dividieren

$$x\approx 1{,}17$$

Bei einem Einsatz von ca. 1,17 € ist das Spiel ausgeglichen, d. h. weder Spieler*in noch Veranstalter*in machen auf lange Sicht einen Gewinn oder Verlust.

Hinweise und Tipps

Da den Päschen jeweils *verschiedene* Größen zugeordnet werden (abhängig von der Augenzahl), kann bei der Berechnung des Erwartungswertes nicht mit der Wahrscheinlichkeit für das Ereignis „Gewinn" von $\frac{6}{36}$ gerechnet werden.

Aufgrund des Einsatzes von 1 € bzw. 1,50 € sind die Gewinne für die Spielerin/den Spieler jeweils um 1 € bzw. 1,50 € geringer als die Augenzahl und bei keinem Gewinn sind die Einsätze ganz „verloren".

(Beispiel: 1er-Pasch bedeutet 2 Augen, also 2 € Gewinn, abzüglich des Einsatzes von 1 € bzw. 1,50 € bleibt somit ein **realer Gewinn** von 1 € bzw. 0,50 €)

Aufgrund des Einsatzes ist der Gewinn jeweils um x geringer, also (2 – x); (4 – x) usw. und bei keinem Gewinn ist der Einsatz x „verloren", daher (–x).

101 a) Zunächst werden die Wahrscheinlichkeiten errechnet:

$$P(1)=\frac{4}{10}$$

$$P(2)=\frac{3}{10}$$

$$P(3)=\frac{2}{10}$$

$$P(4)=\frac{1}{10}$$

Erwartungswert der Spielerin/des Spielers:

$$\frac{4}{10}\cdot(-1)+\frac{3}{10}\cdot 0+\frac{2}{10}\cdot 1+\frac{1}{10}\cdot 2=\frac{2}{10}+\frac{2}{10}-\frac{4}{10}=0\ €$$

Dieses Ergebnis (Erwartungswert = 0 €) bedeutet, dass für beide, Spieler*in und Betreiber*in, auf lange Sicht weder ein Gewinn noch ein Verlust zu erwarten ist.

Aufgrund des Einsatzes von 2 € sind die den Wahrscheinlichkeiten zugeordnet Werte um 2 € geringer als die Aufschriften auf den Kugeln.

Es ist von Vorteil die hier berechneten Wahrscheinlichkeiten nicht zu kürzen, da bei der Berechnung des Erwartungswerts eine Summe berechnet wird und so alle Summanden den gleichen Nenner haben.

b) Zunächst werden wieder die Wahrscheinlichkeiten mithilfe eines Baumdiagramms berechnet:

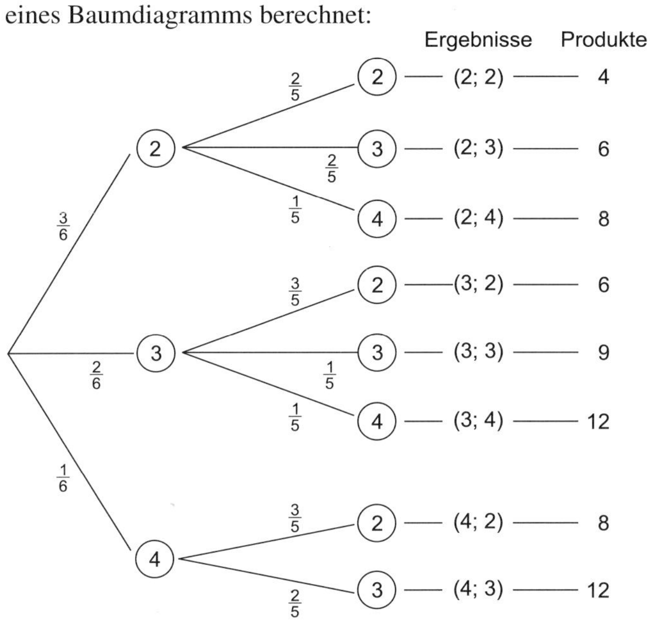

Zu den Produkten gehören folgende Wahrscheinlichkeiten:

$P(4) = P(2; 2) = \frac{3}{6} \cdot \frac{2}{5} = \frac{6}{30}$

$P(6) = P(2; 3) + P(3; 2) = \frac{3}{6} \cdot \frac{2}{5} + \frac{2}{6} \cdot \frac{3}{5} = \frac{12}{30}$

$P(8) = P(2; 4) + P(4; 2) = \frac{3}{6} \cdot \frac{1}{5} + \frac{1}{6} \cdot \frac{3}{5} = \frac{6}{30}$

$P(9) = P(3; 3) = \frac{2}{6} \cdot \frac{1}{5} = \frac{2}{30}$

$P(12) = P(3; 4) + P(4; 3) = \frac{2}{6} \cdot \frac{1}{5} + \frac{1}{6} \cdot \frac{2}{5} = \frac{4}{30}$

Erwartungswert der Spielerin/des Spielers:

$$\frac{6}{30} \cdot (-3) + \frac{12}{30} \cdot (-1) + \frac{6}{30} \cdot 1 + \frac{2}{30} \cdot 2 + \frac{4}{30} \cdot 5$$
$$= -\frac{18}{30} - \frac{12}{30} + \frac{6}{30} + \frac{4}{30} + \frac{20}{30}$$
$$= 0\ €$$

Diese Änderung der „Spielregeln“ hat keinen Einfluss auf den Erwartungswert, der Erwartungswert bleibt unverändert bei 0 €.

Hinweise und Tipps

2 Kugeln gleichzeitig zu ziehen entspricht einem zweimaligem Ziehen ohne Zurücklegen. Die Wahrscheinlichkeiten der Ergebnisse in diesem mehrstufigen Zufallsexperiment lassen sich am besten mithilfe eines Baumdiagramms bestimmen.

Da die Aufschriften auf den Kugeln multipliziert werden, sind nur folgende Gewinne möglich: 4 €, 6 €, 8 €, 9 € und 12 €.

Aufgrund des Einsatzes von 7 € sind die den Wahrscheinlichkeiten zugeordnet Werte um 7 € geringer als die errechneten Produkte.

Komplexe Aufgaben und Modellierungsaufgaben

Hinweise und Tipps

102 Du fertigst dir am besten eine Skizze:

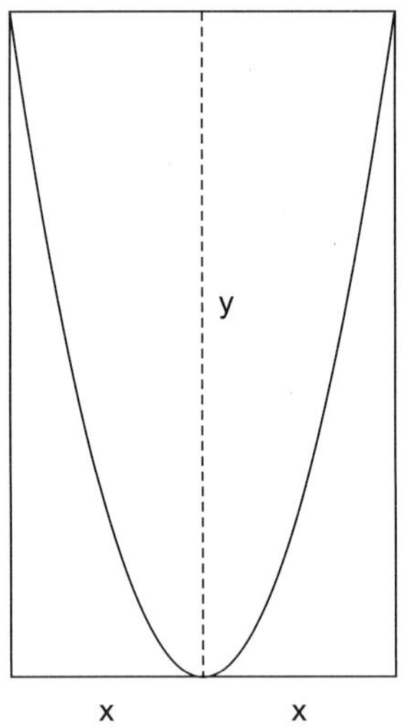

a) Da die Breite 7 cm beträgt, sind es links und rechts von der Symmetrieachse $x = 3{,}5$.
Folglich beträgt die Höhe $y = x^2 = 3{,}5^2$
Die Höhe beträgt 12,25 cm

b) Die Breite beträgt 2x, die Höhe $y = x^2$. Somit gilt:

$$A = 2x \cdot x^2 = 2x^3 = 128$$
$$x^3 = 64$$
$$x = 4 \qquad \text{somit: } y = x^2 = 4^2 = 16$$

Die Breite beträgt 8 cm, die Höhe 16 cm.

---

103 Berechnung von g: — Betrachte Dreieck BCD.

$$A_3 = \frac{b \cdot g}{2}$$
$$2 \cdot A_3 = b \cdot g$$
$$g = \frac{2 \cdot A_3}{b} = \frac{2 \cdot 13{,}5}{3{,}6} = 7{,}50\text{ cm}$$

Berechnung von f: — Betrachte Dreieck BDE.

$$\cos\beta_2 = \frac{f}{g}$$
$$f = g \cdot \cos\beta_2 = 7{,}50 \cdot \cos 35{,}4° \approx 6{,}11\text{ cm}$$

Berechnung von d: — Betrachte Dreieck BDE.

$$\sin\beta_2 = \frac{d}{g}$$
$$d = g \cdot \sin\beta_2 = 7{,}50 \cdot \sin 35{,}4° \approx 4{,}34\text{ cm}$$

Berechnung von a: — Betrachte Dreieck ABE.

$$\cos\beta_1 = \frac{a}{f}$$
$$a = f \cdot \cos\beta_1 = 6{,}11 \cdot \cos 17{,}7° \approx 5{,}82\text{ cm}$$

Hinweise und Tipps

Berechnung von e:

Betrachte Dreieck ABE.

$\sin \beta_1 = \frac{e}{f}$

$e = f \cdot \sin \beta_1 = 6{,}11 \cdot \sin 17{,}7° \approx 1{,}86\ \text{cm}$

Berechnung von A:

$A = A_1 + A_2 + A_3 = \frac{1}{2} \cdot a \cdot e + \frac{1}{2} \cdot f \cdot d + A_3$

$A = \frac{1}{2} \cdot 5{,}82 \cdot 1{,}86 + \frac{1}{2} \cdot 6{,}11 \cdot 4{,}34 + 13{,}5 \approx 32{,}2\ \text{cm}^2$

---

104 Berechnung von V:

$V = \frac{1}{3}\pi r^2 h = \frac{1}{3}\pi \cdot 3{,}00^2 \cdot 12{,}00 \approx 113{,}10\ \text{cm}^3$

Durch die Halbierung entstehen ein Kegelstumpf und ein kleinerer Kegel, beide mit einem Volumen von $V' = 56{,}55\ \text{cm}^3$. Bei diesem kleineren Kegel bezeichnen wir den Radius mit r' und die Höhe mit h' – allerdings sind diese beide Größen voneinander abhängig:

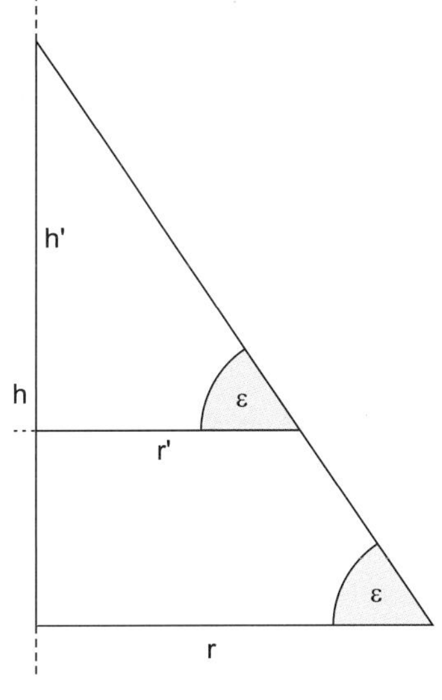

Für die beiden Größen r und h bzw. r' und h' gilt:

$\tan \varepsilon = \frac{h}{r} = \frac{12{,}00}{3{,}00}$ bzw. $\tan \varepsilon = \frac{h'}{r'}$

$\Rightarrow\ \varepsilon \approx 76{,}0°$ oder umgeformt: $h' = r' \cdot \tan \varepsilon$

Berechnung von r':

$V' = \frac{1}{3}\pi r'^2 h' = \frac{1}{3}\pi r'^2 \cdot r' \cdot \tan \varepsilon$

Einsetzen von: $h' = r' \cdot \tan \varepsilon$.

$V' = \frac{1}{3}\pi r'^3 \cdot \tan \varepsilon \qquad |\cdot 3$

$3V' = \pi r'^3 \cdot \tan \varepsilon \qquad |:(\pi \cdot \tan \varepsilon)$

$r'^3 = \frac{3V'}{\pi \cdot \tan \varepsilon} = \frac{3 \cdot 56{,}55}{\pi \cdot \tan 76{,}0°}$

$\Rightarrow\ r' \approx 2{,}38\ \text{cm}$

Hinweise und Tipps

Berechnung von h':
$h' = r' \cdot \tan\varepsilon = 2{,}38 \cdot \tan 76{,}0° \approx 9{,}55$ cm; somit muss man den Schnitt $12{,}00 - 9{,}55 = 2{,}45$ cm über der Grundfläche ausführen.

1. Alternative:
Für die beiden Größen r und h bzw. r' und h' gilt:

$\tan\varepsilon = \frac{h}{r} = \frac{12{,}00}{3{,}00}$ bzw. $\tan\varepsilon = \frac{h'}{r'}$

$\Rightarrow \varepsilon \approx 76{,}0°$ oder umgeformt: $r' = \frac{h'}{\tan\varepsilon}$

Berechnung von h':

$$V' = \frac{1}{3}\pi r'^2 h' = \frac{1}{3}\pi\left(\frac{h'}{\tan\varepsilon}\right)^2 h'$$

Einsetzen von: $r' = \frac{h'}{\tan\varepsilon}$.

$$V' = \frac{1}{3}\pi\frac{h'^3}{(\tan\varepsilon)^2} \qquad |\cdot 3 \quad |:\pi \quad |\cdot(\tan\varepsilon)^2$$

$$h'^3 = \frac{3V' \cdot (\tan\varepsilon)^2}{\pi} = \frac{3 \cdot 56{,}55 \cdot (\tan 76{,}0°)^2}{\pi}$$

$$h' \approx 9{,}54 \text{ cm}$$

Somit muss man den Schnitt $12 - 9{,}54 = 2{,}46$ cm über der Grundfläche ausführen.

2. Alternative:
Berechnung von r': Die Beziehung zwischen den Größen r und h bzw. r' und h' kann auch mit dem Strahlensatz hergestellt werden, dann gilt:

$\frac{h'}{r'} = \frac{h}{r}$ bzw. $h' = r' \cdot \frac{h}{r}$

$$V' = \frac{1}{3}\pi r'^2 h' = \frac{1}{3}\pi r'^2 \cdot r' \cdot \frac{h}{r}$$

Einsetzen von: $h' = r' \cdot \frac{h}{r}$.

$$V' = \frac{1}{3}\pi r'^3 \cdot \frac{h}{r} \qquad |\cdot 3$$

$$3V' = \pi r'^3 \cdot \frac{h}{r} \qquad \left|:\left(\pi \cdot \frac{h}{r}\right)\right.$$

$$r'^3 = \frac{3V'}{\pi \cdot \frac{h}{r}} = \frac{3 \cdot 56{,}55}{\pi \cdot \frac{12}{3}}$$

$\Rightarrow r' \approx 2{,}38$ cm

Berechnung von h': siehe 1. Alternative

---

105 a) Berechnung von T:

$y = x^2 + 4x + 1$
$\underline{y = x^2 - 4x + 9}$

gleichsetzen: $x^2 + 4x + 1 = x^2 - 4x + 9 \quad |-x^2 \quad |+4x \quad |-1$

$$8x = 8$$
$$x = 1$$

damit: $y = 1^2 + 4 \cdot 1 + 1 = 6$, somit $T(1\,|\,6)$

Hinweise und Tipps

Berechnung von g:

Einsetzen von T in g: $y = 2x + c$

$6 = 2 \cdot 1 + c$

$c = 4$

somit: g: $y = 2x + 4$

b) Berechnung von S_1:

$y = x^2 + 4x + 1$

$y = 2x + 4$

gleichsetzen: $x^2 + 4x + 1 = 2x + 4 \quad | -2x \quad | -4$

$x^2 + 2x - 3 = 0$

$x_{1,2} = \frac{-2 \pm \sqrt{4+12}}{2}$

Auf den geordneten Term kann die Lösungsformel angewandt werden.

$x_{1,2} = \frac{-2 \pm 4}{2}$

Der Radikand wird zu 16 addiert, daraus die Wurzel 4 gezogen.

$x_1 = -3$ dazu: $y_1 = 2 \cdot (-3) + 4 = -2$; somit: $S_1(-3 \mid -2)$

($x_2 = 1$ dazu: $y_2 = 2 \cdot 1 + 4 = 6$; dies entspricht Punkt T.)

Berechnung von S_2:

$y = x^2 - 4x + 9$

$y = 2x + 4$

gleichsetzen: $x^2 - 4x + 9 = 2x + 4 \quad | -2x \quad | -4$

$x^2 - 6x + 5 = 0$

$x_{1,2} = \frac{6 \pm \sqrt{36-20}}{2}$

Auf den geordneten Term kann die Lösungsformel angewandt werden.

$x_{1,2} = \frac{6 \pm 4}{2}$

Der Radikand wird zu 16 subtrahiert, daraus die Wurzel 4 gezogen.

($x_1 = 1$ dazu: $y_1 = 2 \cdot 1 + 4 = 6$; dies entspricht Punkt T.)

$x_2 = 5$ dazu: $y_2 = 2 \cdot 5 + 4 = 14$; somit: $S_2(5 \mid 14)$

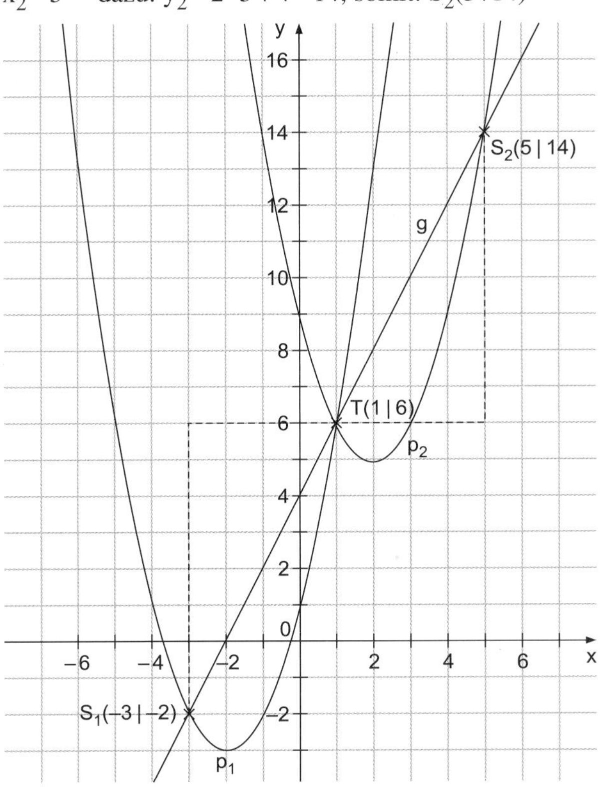

Hinweise und Tipps

Beweis der Streckengleichheit:
Sowohl zwischen S_1 und T als auch zwischen S_2 und T beträgt die Differenz der x-Werte 4 (LE) und die Differenz der y-Werte 8 (LE); somit ergibt sich zur Berechnung der Länge derselbe „Pythagoras“:
$(\overline{S_1T})^2 = (\overline{S_2T})^2 = 4^2 + 8^2$

---

106 Berechnung von b:

$b = \frac{1}{4} \cdot 2\pi a = \frac{1}{2} \cdot \pi \cdot 12{,}0 \approx 18{,}85 \text{ cm}$

Der Radius zum Bogen ist die Quadratseite a.

Berechnung von r:

$2\pi r = b$

$r = \frac{b}{2\pi} = \frac{18{,}85}{2\pi} \approx 3{,}0 \text{ cm}$

Der Umfang der Grundfläche des Kegels entspricht dem obigen Bogen.

Berechnung von h:

$s^2 = h^2 + r^2$

$h^2 = s^2 - r^2 = 12{,}0^2 - 3{,}0^2$

$\Rightarrow \quad h \approx 11{,}62 \text{ cm}$

Die Quadratseite entspricht der Mantellinie s des Kegels.

Berechnung von V:

$V = \frac{1}{3}\pi r^2 h = \frac{1}{3}\pi \cdot 3{,}0^2 \cdot 11{,}62 \approx 109{,}5 \text{ cm}^3$

---

107 a) Berechnung von S_1:
Da S_1 auf g_1 liegt, gilt, dass zu jedem denkbaren x-Wert von S der y-Wert $y = \frac{3}{4}x$ gehört. Daher kann der Scheitel mit dem Pythagoras errechnet werden:

$$5^2 = x_S^2 + \left(\frac{3}{4}x_S\right)^2$$

$$25 = x_S^2 + \frac{9}{16}x_S^2 \quad | \cdot 16$$

$$400 = 16x_S^2 + 9x_S^2$$

$$25x_S^2 = 400 \quad | : 25$$

$$x_S^2 = 16$$

$$\Rightarrow \quad x_S = 4$$

Nur eine Lösung, da $x_S > 0$ sein soll.

dazu: $y_S = \frac{3}{4} \cdot 4 = 3$; somit $S_1(4\,|\,3)$

Berechnung von p_1:

$y = (x-4)^2 + 3$

$y = x^2 - 8x + 19$

Auflösen der binomischen Formel und zusammenfassen.

b) Berechnung von S:

$y = x^2 - 8x + 19$

$\underline{y = x^2 - 18x + 79}$

gleichsetzen: $x^2 - 8x + 19 = x^2 - 18x + 79 \quad | -x^2 \;| +18x \;| -19$

$10x = 60$

$x = 6$

dazu: $y = 6^2 - 8 \cdot 6 + 19 = 7$; somit $S(6\,|\,7)$

Hinweise und Tipps

c) Berechnung von S_2:
$y = x^2 - 18x + 79 = (x-9)^2 - 2 \Rightarrow S_2(9|-2)$
Berechnung von g_2:
Einsetzen von S_2 in $y = mx$
$-2 = m \cdot 9$
$m = -\frac{2}{9}$; somit: $g_2: y = -\frac{2}{9}x$

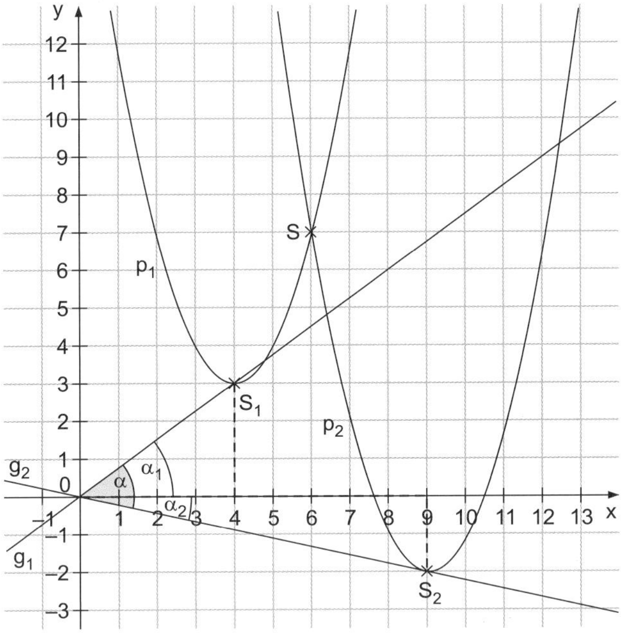

Berechnung von α:
$\tan\alpha_1 = \frac{3}{4} \Rightarrow \alpha_1 \approx 36{,}9°$
bzw.
$\tan\alpha_2 = \frac{2}{9} \Rightarrow \alpha_2 \approx 12{,}5°$
somit: $\alpha = \alpha_1 + \alpha_2 = 49{,}4°$

---

108 a) Berechnung von Y:
Aus der Geradengleichung $y = 0{,}5x + 4$ folgt: $Y(0|4)$

Setze $x = 0$.

Scheitel der Parabel:
$y = x^2 - 9{,}5x + 20 = (x - 4{,}75)^2 - 2{,}5625$
$\Rightarrow S(-4{,}75|-2{,}5625)$

Dieser Punkt ist so genau wie möglich einzuzeichnen.

Berechnung der Schnittpunkte:

$$y = x^2 - 9{,}5x + 20$$
$$y = 0{,}5x + 4$$

gleichsetzen: $x^2 - 9{,}5x + 20 = 0{,}5x + 4 \quad |-0{,}5x \quad |-4$
$$x^2 - 10x + 16 = 0$$

$$x_{1,2} = \frac{10 \pm \sqrt{100-64}}{2}$$
$$x_{1,2} = \frac{10 \pm 6}{2}$$

Auf den geordneten Term kann die Lösungsformel angewandt werden.

Der Radikand wird zu 36 subtrahiert, daraus die Wurzel 6 gezogen.

$x_1 = 2$ dazu: $y_1 = 0{,}5 \cdot 2 + 4 = 5$; somit: $S_1(2|5)$
$x_2 = 8$ dazu: $y_2 = 0{,}5 \cdot 8 + 4 = 8$; somit: $S_2(8|8)$

Hinweise und Tipps

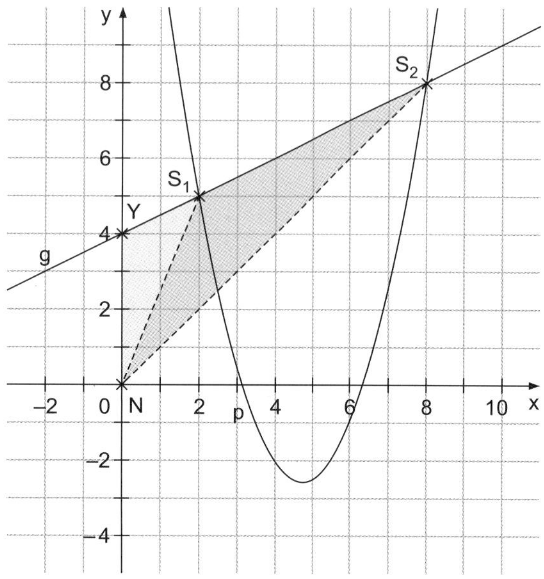

b) Berechnung der Flächeninhalte:
Bei beiden Dreiecken kann NY als Grundseite und der x-Wert von S_1 bzw. S_2 als (außenliegende) Höhe angesehen werden, daher gilt:

$A_1 = \frac{1}{2} \cdot 4 \cdot 2 = 4$ (FE)

$A_2 = \frac{1}{2} \cdot 4 \cdot 8 = 16$ (FE)

somit: $A_1 : A_2 = 1 : 4$

109 a) Bezeichnet man die Anzahl der Schüler*innen, die ohne öffentliches Verkehrsmittel zur Schule kommen, mit x, so beträgt die Anzahl der Schüler*innen die mit einem öffentlichen Verkehrsmittel zur Schule kommen 2x. Es gilt also $3x = 24$ bzw. $x = 8$; somit
mit öffentlichem Verkehrsmittel: 16 Schüler*innen
ohne öffentliche Verkehrsmittel: 8 Schüler*innen

Säulendiagramm:

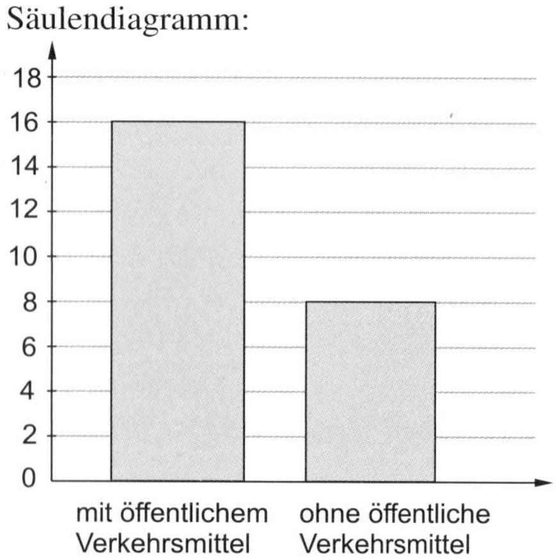

Hinweise und Tipps

Balkendiagramm:

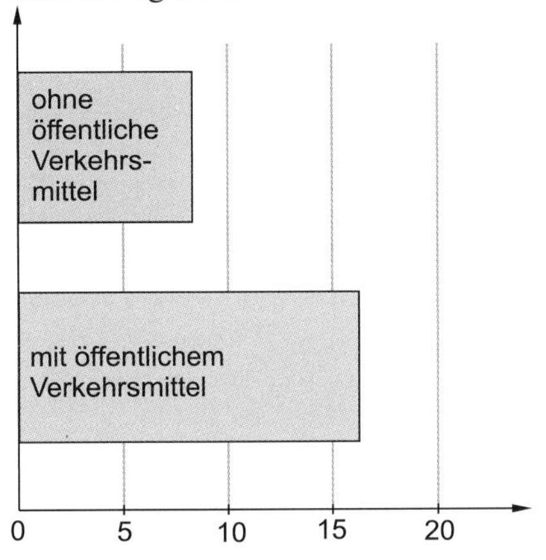

Kreisdiagramm:

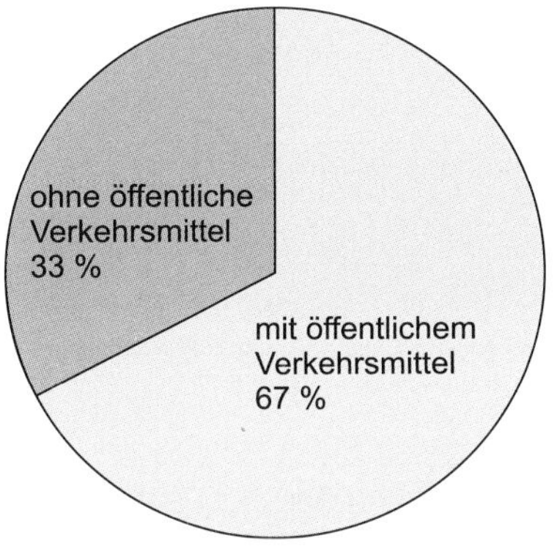

$\frac{8}{24} \approx 33{,}3\ \% \mathrel{\hat{=}} 120°$
$\frac{16}{24} \approx 66{,}7\ \% \mathrel{\hat{=}} 240°$

b) Aus der Strichtabelle ist ablesbar, dass 10 von 25 Schülern (m/w) ohne öffentliche Verkehrsmittel kommen, dies sind $\frac{10}{25}$ bzw. 40 %. Die Wahrscheinlichkeit, dass die beiden Befragten ohne öffentliche Verkehrsmittel kommen, beträgt daher (nach der Pfadregel): $0{,}4 \cdot 0{,}4 = 0{,}16 = 16\ \%$

---

110 Berechnung von $\overline{AD}$:

$$\overline{AD} = \frac{\overline{AC}}{2} = \frac{a \cdot \sqrt{2}}{2} = \frac{6{,}0 \cdot \sqrt{2}}{2} \approx 4{,}24 \text{ cm}$$

Berechnung von α:

$$\tan\alpha = \frac{\overline{DE}}{\overline{AD}} = \frac{6{,}0}{4{,}24} \quad \Rightarrow \quad \alpha \approx 54{,}8°$$

$\overline{DE} = a$ (da Würfel)

Berechnung von $\overline{AE'}$:

$$\cos\frac{\alpha}{2} = \frac{\overline{AD}}{\overline{AE'}}$$

$\frac{\alpha}{2} = \frac{54{,}8°}{2}$

$$\overline{AE'} \cdot \cos\frac{\alpha}{2} = \overline{AD}$$

$$\overline{AE'} = \frac{\overline{AD}}{\cos\frac{\alpha}{2}} = \frac{4{,}24}{\cos 27{,}4°} \approx 4{,}8 \text{ cm}$$

Berechnung von $\overline{DE'}$:

$$\overline{AE'}^2 = \overline{AD}^2 + \overline{DE'}^2$$

$$\overline{DE'}^2 = \overline{AE'}^2 - \overline{AD}^2 = 4{,}8^2 - 4{,}24^2 \quad \Rightarrow \quad \overline{DE'} \approx 2{,}25 \text{ cm}$$

Hinweise und Tipps

Berechnung von A:

$A = A_{ADE} - A_{ADE'}$

$= \frac{1}{2} \cdot \overline{AD} \cdot \overline{DE} - \frac{1}{2} \cdot \overline{AD} \cdot \overline{DE'}$

$= \frac{1}{2} \cdot 4{,}24 \cdot 6{,}0 - \frac{1}{2} \cdot 4{,}24 \cdot 2{,}25$

$\approx 8{,}0\ cm^2$

111

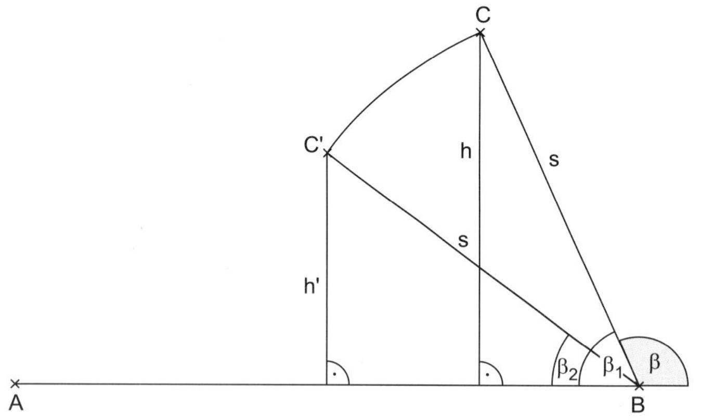

a) Berechnung der Höhe:

$\sin\beta_1 = \frac{h}{s}$

$h = s \cdot \sin\beta_1 = 2{,}36 \cdot \sin 69° \approx 2{,}20\ m$

β_1 ist der Nebenwinkel zu β $(180° - 111°)$.

b) Berechnung von h':

$h' = h \cdot 0{,}6 = 2{,}20 \cdot 0{,}6 = 1{,}32\ m$

−40 % bedeutet, dass die neue Höhe noch 60 % beträgt.

Berechnung von β_2:

$\sin\beta_2 = \frac{h'}{s} = \frac{1{,}32}{2{,}36} \Rightarrow \beta_2 \approx 34{,}0°$

C wird um 35° gedreht.

$69° - 34°$

c) Berechnung von $\overline{AB}$:

$\tan\beta_2 = \frac{h'}{\frac{\overline{AB}}{2}}$

$\frac{\overline{AB}}{2} \cdot \tan\beta_2 = h'$

$\frac{\overline{AB}}{2} = \frac{h'}{\tan\beta_2} = \frac{1{,}32}{\tan 34{,}0°} \approx 1{,}96\ m$

$\Rightarrow \overline{AB} \approx 3{,}92\ m$

---

112 Überlegungen im Dreieck DBC:

$\overline{DB} = e$ und $\overline{DC} = e\sqrt{2}$

Gleichschenklig-rechtwinkliges Dreieck.

Überlegungen im Dreieck ABC:

$\overline{AC} = 2e$ und $\overline{AB} = e\sqrt{3}$

„Halbes" gleichseitiges Dreieck. (Bei $\overline{AB}$ halbiert.)

Überlegungen im Dreieck ADE:

$\overline{AD} = \overline{AB} - \overline{DB} = e\sqrt{3} - e = e(\sqrt{3} - 1)$

„Halbes" gleichseitiges Dreieck. (Bei $\overline{AE}$ halbiert.)

Hinweise und Tipps

$\overline{DE} = \frac{\overline{AD}}{2} = \frac{e(\sqrt{3}-1)}{2}$

$\overline{AE} = \overline{DE} \cdot \sqrt{3} = \frac{e(\sqrt{3}-1)}{2} \cdot \sqrt{3} = \frac{e\sqrt{3}-e}{2} \cdot \sqrt{3} = \frac{3e-e\sqrt{3}}{2}$

Seitenbeziehungen im gleichseitigen Dreieck.

Berechnung von $\overline{EC}$:

$$\begin{aligned}\overline{EC} &= \overline{AC} - \overline{AE}\\ &= 2e - \frac{3e-e\sqrt{3}}{2}\\ &= 2e - \left(\frac{3e}{2} - \frac{e\sqrt{3}}{2}\right)\\ &= \frac{4e}{2} - \frac{3e}{2} + \frac{e\sqrt{3}}{2}\\ &= \frac{e}{2} + \frac{e\sqrt{3}}{2}\\ &= \frac{e}{2}(1+\sqrt{3})\end{aligned}$$

Hinweis: Anstelle der Überlegungen können die Strecken auch mit trigonometrischen Funktionen unter Verwendung der exakten Werte für 30°, 45° bzw. 60° errechnet werden.

---

113 Berechnung von V:

$$\begin{aligned}V &= V_1 - V_2\\ &= \frac{1}{3}A \cdot h - \frac{1}{3}A \cdot h'\\ &= \frac{1}{3}e^2 \cdot e - \frac{1}{3}e^2 \cdot 0{,}1e\\ &= \frac{1}{3}e^3 - \frac{1}{30}e^3\\ &= \frac{10}{30}e^3 - \frac{1}{30}e^3\\ &= \frac{9}{30}e^3\\ &= \frac{3}{10}e^3 \text{ (VE)}\end{aligned}$$

10 % von h: $h' = 0{,}1e$

Berechnung von e:

$$\begin{aligned}\frac{3}{10}e^3 &= 19{,}2 \quad &&|\cdot 10\\ 3e^3 &= 192 &&|:3\\ e^3 &= 64\\ \Rightarrow \quad e &= 4{,}0 \text{ cm}\end{aligned}$$

Gleichsetzen der Voluminainformationen.

---

114 Berechnung der Schnittpunkte:

$y = x^2 - \frac{3}{4}x - \frac{1}{2}$

$y = -\frac{3}{4}x + \frac{7}{2}$

gleichsetzen: $x^2 - \frac{3}{4}x - \frac{1}{2} = -\frac{3}{4}x + \frac{7}{2} \quad \left| +\frac{3}{4}x \quad \right| -\frac{7}{2}$

$x^2 - 4 = 0$

$x^2 = 4$

Reinquadratische Gleichung.

Hinweise und Tipps

$x_1 = -2$ dazu: $y_1 = -\frac{3}{4} \cdot (-2) + \frac{7}{2} = 5$; somit: A(–2 | 5)

$x_2 = 2$ dazu: $y_2 = -\frac{3}{4} \cdot 2 + \frac{7}{2} = 2$; somit: B(2 | 2)

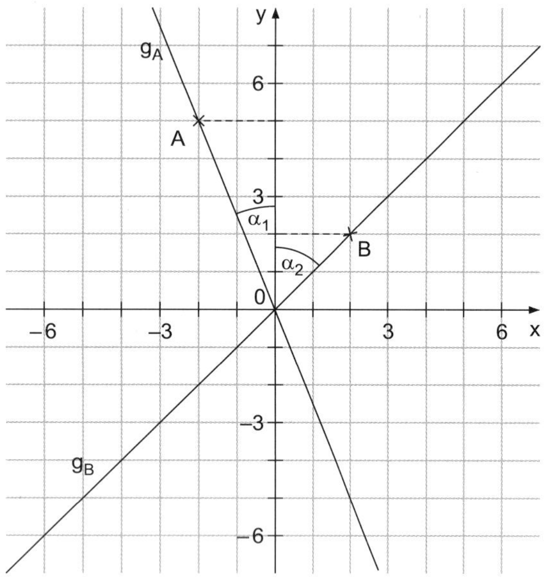

Berechnung von α_1 und α_2:

$\tan \alpha_1 = \frac{2}{5}$ $\qquad$ $\tan \alpha_2 = \frac{2}{2}$

$\Rightarrow \alpha_1 \approx 21{,}8°$ $\qquad$ $\Rightarrow \alpha_2 = 45°$

somit: $\alpha = \alpha_1 + \alpha_2 = 21{,}8° + 45° = 66{,}8°$

115 a)

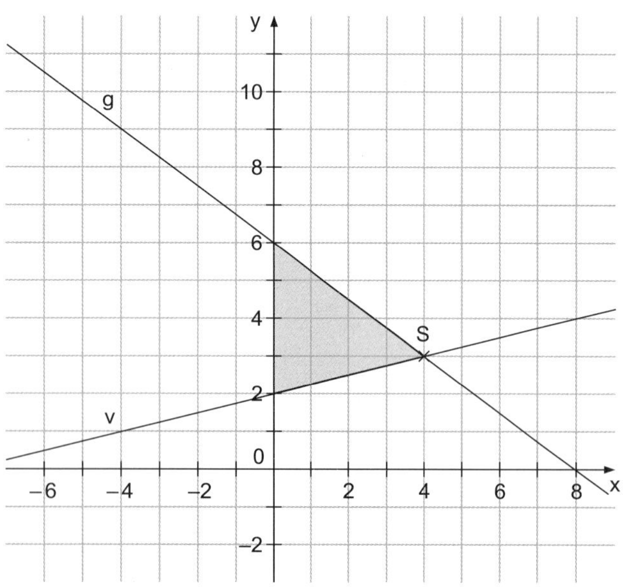

b) Berechnung von S:

$y = -\frac{3}{4}x + 6$

$y = \frac{1}{4}x + 2$

Hinweise und Tipps

gleichsetzen: $-\frac{3}{4}x+6=\frac{1}{4}x+2 \quad \left|-\frac{1}{4}x \quad \right|-6$

$-x=-4$

$x=4$

Einsetzen in v ergibt $y=\frac{1}{4}\cdot 4+2=3$, somit S(4 | 3).

Berechnung von A:
Die beiden Geraden haben den y-Achsenabschnitt 6 bzw. 2, daher ist die Strecke auf der y-Achse 4 (LE) lang. Diese Strecke kann wiederum als Grundseite des Dreiecks aufgefasst werden. Die Höhe entspricht dem x-Wert von S.

$A=\frac{1}{2}\cdot 4\cdot 4=8$ (FE)

c) Es gibt zwei Lösungen:
1. rechter Winkel an der y-Achse:
v_1 muss dann waagrecht verlaufen, somit: v_1: $y=3$

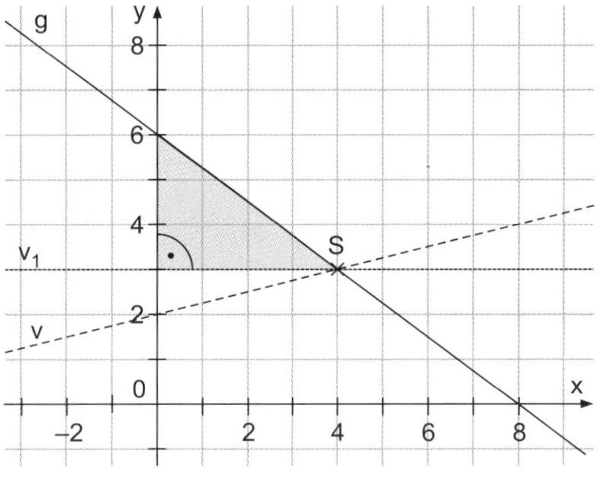

2. rechter Winkel bei S:
g hat die Steigung $m=-\frac{3}{4}$,
somit wird die Steigung von v_2: $m=\frac{4}{3}$

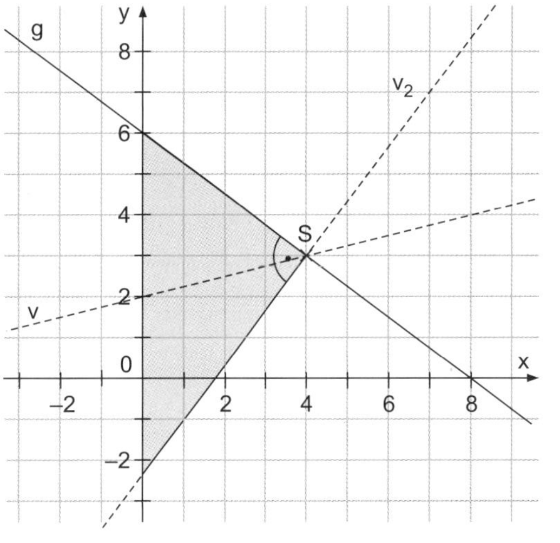

Einsetzen von S in $y=\frac{4}{3}x+c$:

$3=\frac{4}{3}\cdot 4+c$

$\frac{9}{3}=\frac{16}{3}+c$

$c=-\frac{7}{3}$,

somit v_2: $y=\frac{4}{3}x-\frac{7}{3}$

Hinweise und Tipps

d) Da sich an S nichts ändert bleibt die Höhe erhalten. Daher muss sich zur Verdopplung des Flächeninhaltes die Grundseite verdoppeln. Es gibt 2 Lösungen:
Die „neue“ Grundseite muss $2 \cdot 4$ (LE) $= 8$ (LE) lang werden. Abgetragen nach unten ergibt sich für v_3 der y-Achsenabschnitt –2 und abgetragen nach oben ergibt sich für v_4 der y-Achsenabschnitt 14.

Berechnung von v_3:
Einsetzen von S in $y = mx - 2$:

$3 = 4m - 2$

$4m = 5$

$m = 1{,}25$ somit: v_3: $y = 1{,}25x - 2$

Berechnung von v_4:
Einsetzen von S in $y = mx + 14$:

$3 = 4m + 14$

$4m = -11$

$m = -2{,}75$ somit: v_4: $y = -2{,}75x + 14$

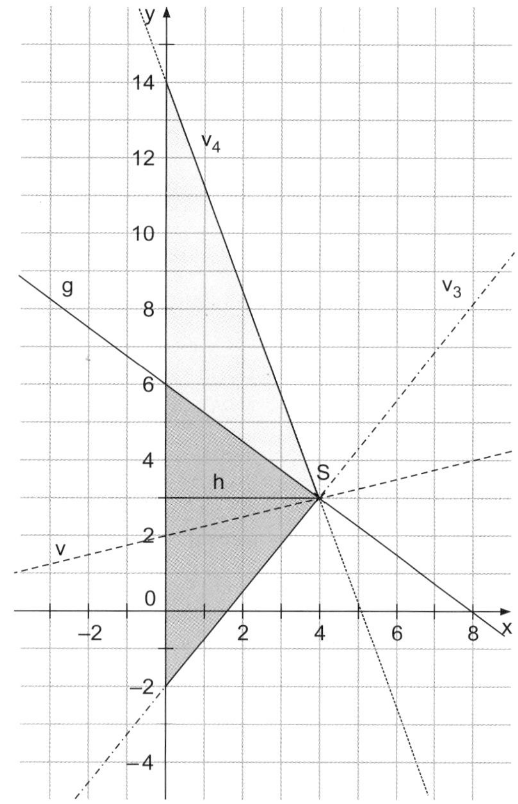

116 a) Berechnung von h_1:

$\tan 30° = \frac{h_1}{3e}$

$h_1 = 3e \cdot \tan 30° = 3e \cdot \frac{\sqrt{3}}{3} = e\sqrt{3}$

Oder über die Beziehungen zwischen Seiten in einem „halben“ gleichseitigen Dreieck, d. h.: $h_1 = 3e : \sqrt{3}$

Nenner rational machen durch Erweitern mit $\sqrt{3}$.

Berechnung von h_2:

$\tan 60° = \frac{h_2}{3e}$

$h_2 = 3e \cdot \tan 60° = 3e \cdot \sqrt{3} = 3e\sqrt{3}$

Oder über die Beziehungen zwischen den Seiten in einem „halben“ gleichseitigen Dreieck, d. h.: $h_2 = 3e \cdot \sqrt{3}$

Berechnung von V_1:

$V_1 = \frac{1}{3}\pi r^2 h_1 = \frac{1}{3}\pi(3e)^2 \cdot e\sqrt{3} = \frac{1}{3}\pi \cdot 9e^2 \cdot e\sqrt{3} = 3\pi e^3\sqrt{3}$

Berechnung von V_2:

$V_2 = \frac{1}{3}\pi r^2 h_2 = \frac{1}{3}\pi(3e)^2 \cdot 3e\sqrt{3} = \frac{1}{3}\pi \cdot 9e^2 \cdot 3e\sqrt{3} = 9\pi e^3\sqrt{3}$

somit: $V_1 : V_2 = 3\pi e^3\sqrt{3} : 9\pi e^3\sqrt{3} = 1 : 3$

b) Berechnung von s_2:

$s_2{}^2 = h_2{}^2 + r^2$

$s_2{}^2 = (3e\sqrt{3})^2 + (3e)^2$

$s_2{}^2 = 9e^2 \cdot 3 + 9e^2$

$s_2{}^2 = 27e^2 + 9e^2$

$s_2{}^2 = 36e^2$

$\Rightarrow \; s_2 = 6e$

Hinweise und Tipps

Berechnung von O_2:

$$\begin{aligned} O_2 &= A + M_2 \\ &= \pi r^2 + \pi r s_2 \\ &= \pi(3e)^2 + \pi \cdot 3e \cdot 6e \\ &= 9\pi e^2 + 18\pi e^2 \\ &= 27\pi e^2 \end{aligned}$$

---

117 Berechnung von a:

$$\begin{aligned} V &= 2 \cdot V_1 + V_2 \\ &= 2 \cdot \frac{1}{2}\pi r^2 h + A \cdot h \\ &= \pi\left(\frac{a}{2}\right)^2 \cdot b + a \cdot c \cdot b \\ &= \frac{a^2}{4}\pi \cdot b + a \cdot c \cdot b \end{aligned}$$

$r = \frac{a}{2}$

Da es sich um eine gemischt-quadratische Gleichung handelt, werden die Zahlen gleich eingesetzt (4 000 Liter $\hat{=}$ 4 m^3):

$$4 = \frac{a^2}{4}\pi \cdot 2{,}5 + a \cdot 0{,}8 \cdot 2{,}5 \quad |\cdot 4$$

$$16 = 2{,}5\pi a^2 + 8a \quad |-16$$

$$2{,}5\pi a^2 + 8a - 16 = 0 \quad |:(2{,}5\pi)$$

$$a^2 + 1{,}02a - 2{,}04 = 0$$

$$a = \frac{-1{,}02 \pm \sqrt{1{,}04 + 8{,}16}}{2}$$

Auf den geordneten Term kann die Lösungsformel angewandt werden.

$$a = \frac{-1{,}02 + 3{,}03}{2} \approx 1{,}0 \text{ m}$$

Die negative Lösung scheidet aus.

118

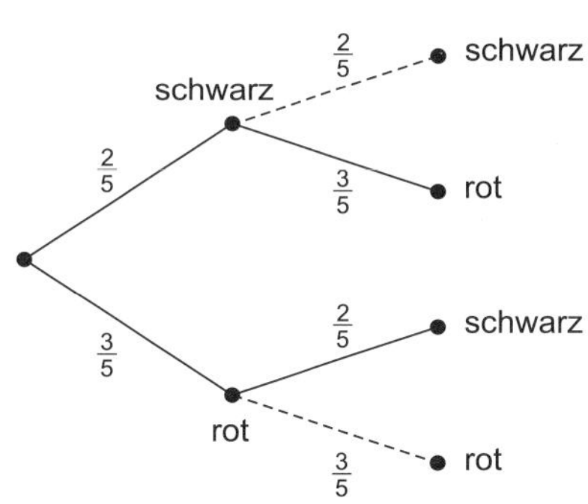

Kein einzelner Pfad führt zu einer Wahrscheinlichkeit von 48 %; jedoch haben die Pfade „zuerst schwarz, dann rot“, und „zuerst rot, dann schwarz“ jeweils eine Wahrscheinlichkeit von $\frac{3}{5} \cdot \frac{2}{5} = \frac{6}{25} = 24\,\%$, nach der Summenregel zusammen 48 %. Das gesuchte Ereignis ist demnach: „Eine schwarze und eine rote Kugel“

---

119 Wandhöhe 6 m $\Rightarrow$ S(0|6)
Wandbreite am Boden 10 m $\Rightarrow$ $N_1(-5|0)$; $N_2(5|0)$

Bette die Wand bzw. die entsprechende Parabel geschickt in ein Koordinatensystem ein.

Hinweise und Tipps

Einbettung der zur Wand gehörigen Parabel p der Form $y = ax^2 + c$ in Koordinatensystem:

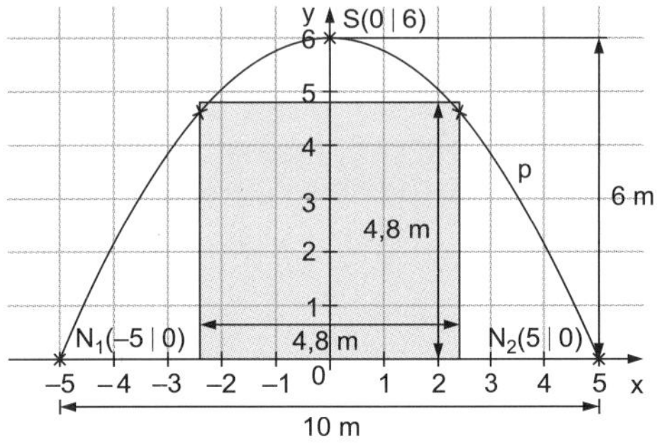

Die Zeichnung legt nahe, dass das Fenster nicht in die Wand passt. Es ist jedoch noch ein rechnerischer Nachweis zu erbringen.

Nur wenn der Funktionswert von p für $x = 2{,}4$ größer-gleich 4,8 ist, passt das Fenster in die Wand.

Berechnung von a:

$$y = ax^2 + c \qquad | \; S(0|6) \Rightarrow c = 6; \; N_2(5|0)$$
$$0 = a \cdot 5^2 + 6$$
$$0 = 25a + 6 \qquad | -6$$
$$25a = -6 \qquad | :25$$
$$a = -0{,}24$$

Aufstellen der Funktionsgleichung:

$$y = ax^2 + c \qquad | \; a = -0{,}24; \; c = 6$$
$$p: y = -0{,}24x^2 + 6$$

Einsetzen in die Funktionsgleichung:

$$y = -0{,}24x^2 + 6 \qquad | \; x = 2{,}4$$
$$y = -0{,}24 \cdot 2{,}4^2 + 6$$
$$y = 4{,}62 < 4{,}8$$

Da der Funktionswert für $x = 2{,}4$ kleiner als die erforderlichen 4,8 ist, passt das Fenster nicht in die Wand.

120

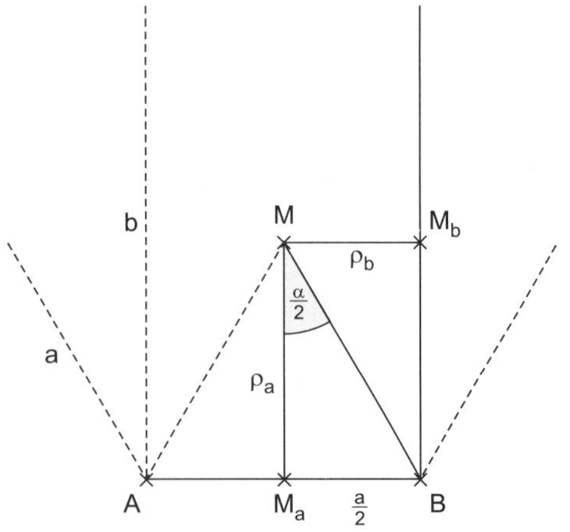

Berechnung von $\frac{\alpha}{2}$:

Im Sechseck gilt: $\alpha = 360° : 6 = 60°$, somit: $\frac{\alpha}{2} = 30°$

Berechnung von $\rho_a = \frac{b}{2}$:

$$\rho_a = \frac{a}{2}\sqrt{3} = 2{,}4\sqrt{3} \approx 4{,}16 \text{ cm}$$

Eigenschaften des „halben“ gleichseitigen Dreiecks oder über $\tan \frac{\alpha}{2}$.

Hinweise und Tipps

Berechnung von h_{S_a} und h_{S_b}:

$$h_{S_a}{}^2 = h^2 + \rho_a{}^2 = 7{,}5^2 + 4{,}16^2$$

$$\Rightarrow \quad h_{S_a} \approx 8{,}58 \text{ cm}$$

$$h_{S_b}{}^2 = h^2 + \rho_b{}^2 = 7{,}5^2 + 2{,}4^2$$

$$\Rightarrow \quad h_{S_b} \approx 7{,}87 \text{ cm}$$

Berechnung von O_1:

Sechsseitige Pyramide.

$$O_1 = A_1 + M_1 = \frac{3a^2}{2}\sqrt{3} + 6 \cdot \frac{1}{2} \cdot a \cdot h_{S_a}$$

$$= 3 \cdot \frac{4{,}8^2}{2} \cdot \sqrt{3} + 3 \cdot 4{,}8 \cdot 8{,}58 \approx 183{,}41 \text{ cm}^2$$

Berechnung von O_2:

Rechteckige Pyramide.

$$O_2 = A_2 + M_2 = a \cdot b + 2 \cdot \frac{1}{2} \cdot a \cdot h_{S_a} + 2 \cdot \frac{1}{2} \cdot b \cdot h_{S_b}$$

$$= 4{,}8 \cdot 8{,}32 + 4{,}8 \cdot 8{,}58 + 8{,}32 \cdot 7{,}87 \approx 146{,}60 \text{ cm}^2$$

Die Oberflächen unterscheiden sich um $36{,}8 \text{ cm}^2$.

---

121 Berechnung von a:

$$O = 2A + M = 2a^2 + 4ah$$

Da quadratische Gleichung: Einsetzen der Zahlen.

$$148{,}5 = 2a^2 + 4a \cdot 6{,}0 \qquad |-148{,}5$$

Vertauschung der Seiten.

$$2a^2 + 24a - 148{,}5 = 0 \qquad |:2$$

$$a^2 + 12a - 74{,}25 = 0$$

Einsetzen in Lösungsformel.

$$a_{1,2} = \frac{-12 \pm \sqrt{144 + 297}}{2}$$

$$a = \frac{-12 + 21}{2} = 4{,}5 \text{ cm}$$

Negativer Wert scheidet aus.

Überlegung der Flächenänderung:
Wegfall:

$2 \cdot \frac{1}{2}$ Seitenfläche: $A_1 = a \cdot h = 4{,}5 \cdot 6{,}0 = 27 \text{ cm}^2$

$2 \cdot \frac{1}{8}$ Grundfläche: $A_2 = \frac{1}{4}a^2 = \frac{1}{4} \cdot 4{,}5^2 \approx 5{,}06 \text{ cm}^2$

Hinzu kommt:
Seitenfläche: $A_3 = \frac{a}{2}\sqrt{2} \cdot h = 2{,}25\sqrt{2} \cdot 6{,}0 \approx 19{,}09 \text{ cm}^2$

Die Hälfte von einem Viertel, also ein Achtel, wird je Grundfläche entfernt.

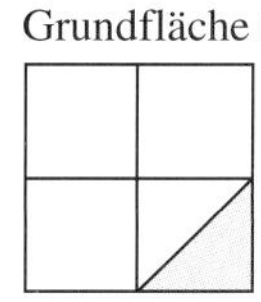

Somit neue Oberfläche:
$O = 148{,}5 - 27 - 5{,}06 + 19{,}09 = 135{,}53 \text{ cm}^2$

Berechnung der Veränderung:
$148{,}5 \cdot x = 135{,}53$
$x \approx 0{,}913 = 91{,}3\,\%$, also Minderung um 8,7 %

---

122 Berechnung von O (in Abhängigkeit von a):
Der Körper besteht aus folgenden Teilflächen:
A_1: Oberseite (Deckel)
A_2: Seitenfläche (links bzw. rechts)
A_3: Seitenfläche (vorne bzw. hinten)
(bestehend aus Quadrat – 2 Viertelkreisen)
M: Mantel des Viertelzylinders (links bzw. rechts)

Hinweise und Tipps

$$O = A_1 + 2A_2 + 2A_3 + 2M$$
$$= a^2 + 2\cdot\frac{a}{2}\cdot a + 2\left(a^2 - 2\cdot\frac{1}{4}\pi r^2\right) + 2\cdot\frac{1}{4}\cdot 2\pi rh$$
$$= a^2 + 2\cdot\frac{a}{2}\cdot a + 2\left(a^2 - \frac{1}{2}\pi\left(\frac{a}{2}\right)^2\right) + \pi\cdot\frac{a}{2}\cdot a$$

Berechnen der Klammern.

$$= a^2 + a^2 + 2a^2 - \pi\cdot\frac{a^2}{4} + \pi\cdot\frac{a^2}{2}$$
$$= 4a^2 + \pi\cdot\frac{a^2}{4}$$
$$= a^2\left(4 + \frac{\pi}{4}\right)\text{(FE)}$$

Berechnung von a:

$$a^2\left(4+\frac{\pi}{4}\right) = 69{,}1 \qquad \left|:\left(4+\frac{\pi}{4}\right)\right.$$

Gleichsetzen der beiden Oberflächeninformationen.

$$a^2 = \frac{69{,}1}{4+\frac{\pi}{4}}$$
$$\Rightarrow \quad a \approx 3{,}8\text{ cm}$$

---

123 Zunächst werden die Seiten bezeichnet, die Hypotenuse mit x und folglich die kürzere Kathete mit $\frac{x}{2}$ und die längere mit $\frac{x}{2}\sqrt{3}$.

„Halbes" gleichseitiges Dreieck.

Der Flächeninhalt beträgt somit:

$$A = \frac{1}{2}\cdot\frac{x}{2}\cdot\frac{x}{2}\sqrt{3} = \frac{x^2}{8}\sqrt{3}$$

Berechnung von x durch Gleichsetzen der beiden Flächeninhalte:

$$\frac{x^2}{8}\sqrt{3} = 2e^2\sqrt{3} \qquad |\cdot 8 \;|:\sqrt{3}$$
$$x^2 = 16e^2$$

$\Rightarrow$ $x = 4e$ und somit die weiteren Seiten: 2e bzw. $2e\sqrt{3}$

Berechnung des Umfangs:

$$u = 4e + 2e + 2e\sqrt{3} = 6e + 2e\sqrt{3} = 2e(3+\sqrt{3})$$

---

124 Berechnung von O:

$$O = 2A + M = 2\pi r^2 + 2\pi rh = 2\pi\cdot 4{,}2^2 + 2\pi\cdot 4{,}2\cdot 7{,}6$$
$$\approx 311{,}39\text{ cm}^2$$

Berechnung von O':

$$O' = 0{,}7\cdot O = 0{,}7\cdot 311{,}39 \approx 217{,}97\text{ cm}^2$$

–30 %; d. h. 70 % bleiben übrig.

Berechnung von α:

A_R: rechteckförmige Schnittfläche.

$$O' = 2A' + M' + 2A_R$$
$$O' = 2\pi r^2\cdot\frac{\alpha}{360°} + 2\pi rh\cdot\frac{\alpha}{360°} + 2\cdot rh \qquad |\cdot 360°$$
$$360°\cdot O' = 2\pi r^2\cdot\alpha + 2\pi rh\cdot\alpha + 2\cdot rh\cdot 360° \qquad |-(2\cdot rh\cdot 360°)$$

Hinweise und Tipps

$$360° \cdot O' - 2 \cdot rh \cdot 360° = 2\pi r^2 \cdot \alpha + 2\pi rh \cdot \alpha$$

Ausklammern.

$$360° \cdot O' - 2 \cdot rh \cdot 360° = \alpha(2\pi r^2 + 2\pi rh) \quad |:(2\pi r^2 + 2\pi rh)$$

$$\alpha = \frac{360° \cdot O' - 2 \cdot rh \cdot 360°}{2\pi r^2 + 2\pi rh}$$

$$\alpha = \frac{360° \cdot 217{,}97 - 2 \cdot 4{,}2 \cdot 7{,}6 \cdot 360°}{2\pi \cdot 4{,}2^2 + 2\pi \cdot 4{,}2 \cdot 7{,}6}$$

$$\alpha \approx 178{,}2°$$

---

125 Die Höhe des Würfels ist ebenfalls b. Wir zeichnen einen halben Achsenschnitt parallel zur Grundkante:

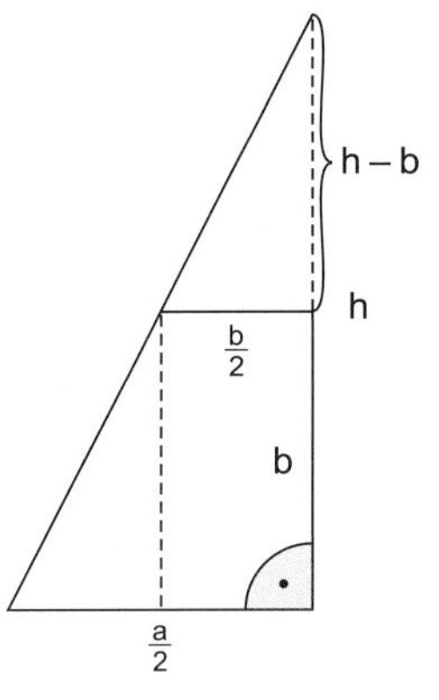

Streckenverhältnisse aus Strahlensatz zur Berechnung von b:

Zentrum: Pyramidenspitze

$$\frac{h-b}{h} = \frac{\frac{b}{2}}{\frac{a}{2}} \quad |\cdot h \quad |\cdot \frac{a}{2}$$

Entfernen der Nenner.

$$\frac{a}{2}(h-b) = \frac{b}{2} \cdot h \quad |\cdot 2$$

Multiplikation mit Nenner 2 und Entfernen der Klammer.

$$ah - ab = bh \quad |+ab$$

Umformen und Vertauschen der Seiten.

$$bh + ab = ah$$

Ausklammern von b.

$$b(h+a) = ah \quad |:(h+a)$$

$$b = \frac{ah}{h+a}$$

$$b = \frac{6 \cdot 9}{9+6}$$

$$b = 3{,}6 \text{ cm}$$

Berechnung des Volumens:
$V = A \cdot h = b^2 \cdot b = b^3 = 3{,}6^3 \approx 46{,}7 \text{ cm}^3$

---

126 Lösung durch ein Gleichungssystem mit folgenden Vorgaben:
Alter des Vaters: x
Alter des Sohnes: y

$$x + y = 62$$
$$x - 6 = 4(y-6)$$

Summe der aktuellen Alter
Vergleich der Alter vor 6 Jahren

$$x + y = 62$$
$$x - 6 = 4y - 24 \quad |-4y \quad |+6$$

Hinweise und Tipps

$$\begin{aligned} x+y&=62 \quad |\cdot 4\\ x-4y&=-18 \end{aligned}$$

$$\begin{aligned} 4x+4y&=248\\ x-4y&=-18 \end{aligned}$$

Addition: $5x = 230 \quad |:5$

$x = 46$ (Jahre)

dazu: $y = 62-46 = 16$ (Jahre)

Der Vater ist 46 und sein Sohn 16 Jahre alt.

---

127 a) Berechnung von V:

$$V = A\cdot h = \frac{a^2}{4}\sqrt{3}\cdot h = \frac{a^2}{4}\sqrt{3}\cdot 4a = a^3\sqrt{3}\text{ (VE)}$$

Flächeninhalt des gleichseitigen Dreiecks: $A = \frac{a^2}{4}\sqrt{3}$

b) Berechnung des zusätzlichen Volumens durch die beiden Kegelhälften:

Es gilt für den Kegel: $r = \frac{a}{2}$ und $h' = \frac{a}{2}\sqrt{3}$

Höhe h' im gleichseitigen Dreieck.

$$V = 2\cdot\frac{1}{2}\cdot\frac{1}{3}\cdot\pi r^2 h' = \frac{1}{3}\pi\left(\frac{a}{2}\right)^2\cdot\frac{a}{2}\sqrt{3} = \frac{\pi}{24}a^3\sqrt{3}\text{ (VE)}$$

Berechnung des Prozentsatzes:

$$a^3\sqrt{3} \;\hat{=}\; 100\,\%$$

$$1 \;\hat{=}\; \frac{100}{a^3\sqrt{3}}\,\%$$

$$\frac{\pi}{24}a^3\sqrt{3} \;\hat{=}\; \frac{100}{a^3\sqrt{3}}\,\% \cdot \frac{\pi}{24}a^3\sqrt{3} = \frac{25}{6}\cdot\pi\,\% \approx 13{,}1\,\%$$

Kürze mit a^3 und $\sqrt{3}$ sowie mit 4.

---

128 Berechnung von $\overline{M_1M_2}$:

$$\overline{M_1M_2} = \frac{\overline{BC}}{2} = \frac{e}{2}$$

Da M_1 und M_2 Mittelpunkte der Seiten.

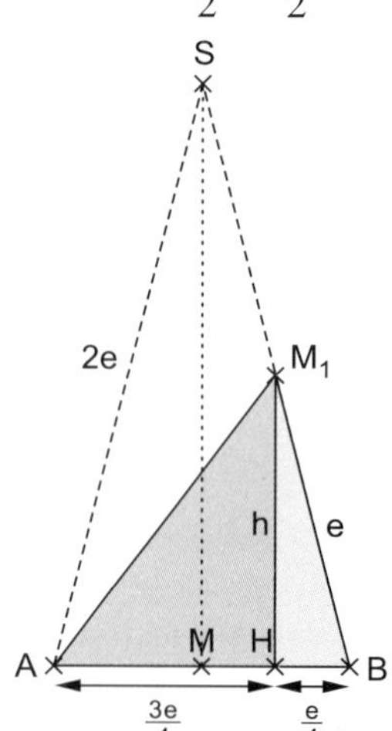

Berechnung von $\overline{AM_1}$ ($= \overline{M_2D}$):
Im Dreieck HBM_1 gilt:

$$e^2 = h^2 + \left(\frac{e}{4}\right)^2 \quad \Big| -\left(\frac{e}{4}\right)^2$$

$$h^2 = e^2 - \left(\frac{e}{4}\right)^2$$

$$h^2 = e^2 - \frac{e^2}{16}$$

$$h^2 = \frac{16}{16}e^2 - \frac{1}{16}e^2$$

$$h^2 = \frac{15}{16}e^2$$

$$\Rightarrow \quad h = \frac{e}{4}\sqrt{15}$$

Im Dreieck AHM_1 gilt:

$$\overline{AM_1}^2 = h^2 + \left(\frac{3e}{4}\right)^2$$

$$\overline{AM_1}^2 = \left(\frac{e}{4}\sqrt{15}\right)^2 + \left(\frac{3e}{4}\right)^2$$

$$\overline{AM_1}^2 = \frac{15e^2}{16} + \frac{9e^2}{16}$$

$$\overline{AM_1}^2 = \frac{24e^2}{16}$$

$$\Rightarrow \quad \overline{AM_1} = \frac{e}{4}\sqrt{24} = \frac{e}{4}2\cdot\sqrt{6} = \frac{e}{2}\sqrt{6}$$

Berechnung von u:

$$u = \overline{AM_1} + \overline{M_1M_2} + \overline{M_2D} + \overline{DA}$$

$$= \frac{e}{2}\sqrt{6} + \frac{e}{2} + \frac{e}{2}\sqrt{6} + e$$

$$= \frac{3e}{2} + \frac{2e}{2}\sqrt{6}$$

$$= \frac{e}{2}(3 + 2\sqrt{6}) \text{ (LE)}$$

Hinweise und Tipps

Da M_1 Mittelpunkt von $\overline{BS}$ ist, muss auch H Mittelpunkt von $\overline{BM}$ sein.

M ist Mittelpunkt von $\overline{AB}$.

$\sqrt{24} = \sqrt{4\cdot 6} = 2\sqrt{6}$

$e = \frac{2e}{2}$

---

129 a) Vorschlag 1:
$n = 6$; $m = 1$, somit: Wahrscheinlichkeit $\frac{1}{6} \approx 16,7\ \%$

Vorschlag 2:
$n = 36$; $m = 8$
(Erster Wurf / Zweiter Wurf)
(1/4); (2/3); (3/2); (4/1); (3/6); (4/5); (5/4); (6/3)
somit: Wahrscheinlichkeit $\frac{8}{36} = \frac{2}{9} \approx 22,2\ \%$

Vorschlag 3:
Pfadregel für ww:
$\frac{3}{6}\cdot\frac{2}{5} = \frac{1}{5} = 20\ \%$
Bei Vorschlag 2 hat der Spieler die größte Gewinnchance.

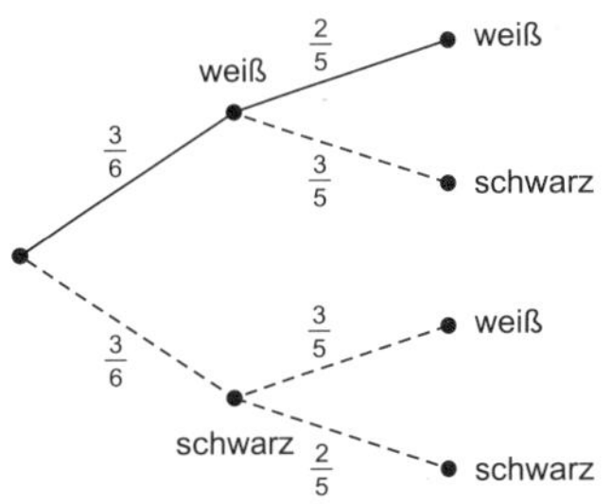

Hinweise und Tipps

b) Bei einer Gewinnwahrscheinlichkeit von 20 % für Vorschlag 3 gewinnt die Klasse bei 80 % der Spiele 1 € (den Einsatz) und verliert bei 20 % der Spiele 4 € (5 € Auszahlung abzüglich 1 € Einsatz).
Damit sind der Gewinn $0{,}8 \cdot 1\ € = 0{,}8\ €$ und der Verlust $0{,}2 \cdot 4\ € = 0{,}8\ €$ (statistisch) gleich.
Die Klasse macht weder Gewinn noch Verlust.

130 Zur Berechnung werden die 3 Würfelseiten „aufgeklappt" und die Nebenwinkel α' bzw. β' verwendet:

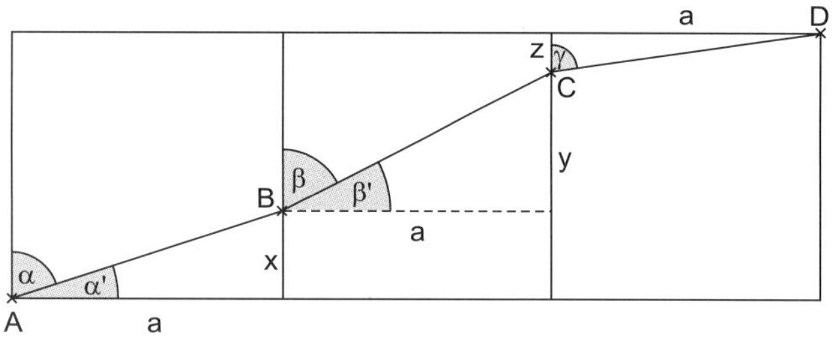

Berechnung von x:

$\tan\alpha' = \frac{x}{a}$

$x = a \cdot \tan\alpha' = 5{,}0 \cdot \tan 18{,}0° \approx 1{,}62\ \text{cm}$

Berechnung von $\overline{AB}$:

$\cos\alpha' = \frac{a}{\overline{AB}}$

$\overline{AB} \cdot \cos\alpha' = a$

$\overline{AB} = \frac{a}{\cos\alpha'} = \frac{5{,}0}{\cos 18{,}0°} \approx 5{,}26\ \text{cm}$

Berechnung von y:

$\tan\beta' = \frac{y}{a}$

$y = a \cdot \tan\beta' = 5{,}0 \cdot \tan 29{,}0° \approx 2{,}77\ \text{cm}$

Berechnung von $\overline{BC}$:

$\cos\beta' = \frac{a}{\overline{BC}}$

$\overline{BC} \cdot \cos\beta' = a$

$\overline{BC} = \frac{a}{\cos\beta'} = \frac{5{,}0}{\cos 29{,}0°} \approx 5{,}72\ \text{cm}$

Berechnung von z:

$z = a - x - y = 5{,}0 - 1{,}62 - 2{,}77 = 0{,}61\ \text{cm}$

Berechnung von γ:

$\tan\gamma = \frac{a}{z} = \frac{5{,}0}{0{,}61} \quad \Rightarrow \quad \gamma \approx 83{,}0°$

Berechnung von $\overline{CD}$:

$\overline{CD}^2 = a^2 + z^2 = 5{,}0^2 + 0{,}61^2 \quad \Rightarrow \quad \overline{CD} \approx 5{,}04\ \text{cm}$

Berechnung der Länge ℓ des Streckenzuges:

$\ell = \overline{AB} + \overline{BC} + \overline{CD} = 5{,}26 + 5{,}72 + 5{,}04 \approx 16{,}0\ \text{cm}$

131 Überprüfung des Neigungswinkels

Im halben Parallelschnitt gilt:

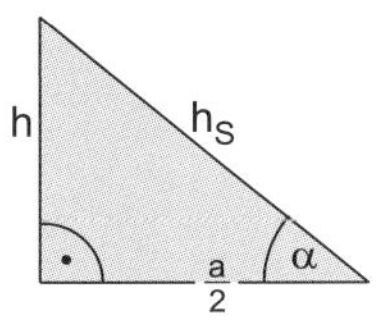

$$\tan\alpha = \frac{h}{\frac{a}{2}} = \frac{21,65}{17,71} \quad \Rightarrow \quad \alpha = 50,7^\circ \neq 41^\circ$$

Im halben Diagonalschnitt gilt:

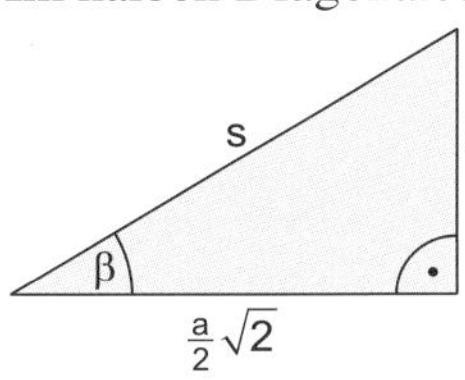

$$\tan\beta = \frac{h}{\frac{a}{2}\sqrt{2}} = \frac{21,65}{17,71\cdot\sqrt{2}} \quad \Rightarrow \quad \beta = 40,8^\circ \approx 41^\circ$$

Sofern sich das angegebene Winkelmaß auf den Neigungswinkel der Seitenkanten zur Grundfläche bezieht, ist es richtig.

Überprüfung der Proportionen

Verhältnis der Pyramidenhöhen:

heute:

$$\frac{h_{Cheops}}{h_{Louvre}} = \frac{138,8}{21,65} \approx 6,4$$

ursprünglich:

$$\frac{h_{Cheops}}{h_{Louvre}} = \frac{146,6}{21,65} \approx 6,8$$

Verhältnis der Pyramidengrundseiten:

$$\frac{g_{Cheops}}{g_{Louvre}} = \frac{230,3}{35,42} \approx 6,5$$

Da der Wert für die Pyramidengrundseiten zwischen den beiden Werten für die Pyramidenhöhen liegt, kann man die Verhältnisse und damit die Proportionen als (näherungsweise) übereinstimmend bezeichnen.

Berechnung des Materialbedarfs

Das Modell erhält Grundkanten von $35,42\text{ m} : 200 = 0,177\text{ m} = 17,7\text{ cm}$, die Höhe wäre $21,65\text{ m} : 200 = 0,108\text{ m} = 10,8\text{ cm}$ groß.

Die Seitenkanten errechnen sich über den Satz des Pythagoras im halben Diagonalschnitt zu:

$$s^2 = h^2 + \left(\frac{a}{2}\cdot\sqrt{2}\right)^2$$

$$s^2 = 10,8^2 + \left(\frac{17,7}{2}\cdot\sqrt{2}\right)^2$$

$$s^2 = 116,64 + 156,645$$

$$\Rightarrow \quad s \approx 16,5\text{ cm}$$

Der Materialbedarf beträgt also $4\cdot 17,7\text{ cm} + 4\cdot 16,5\text{ cm} = 136,8\text{ cm}$ Draht.

Hinweise und Tipps

Der Aufgabenstellung ist nicht zu entnehmen, welcher Neigungswinkel 41° beträgt. Es kommt sowohl der Neigungswinkel α der Seitenflächen zur Grundfläche, als auch der Neigungswinkel β der Seitenkanten zur Grundfläche infrage.

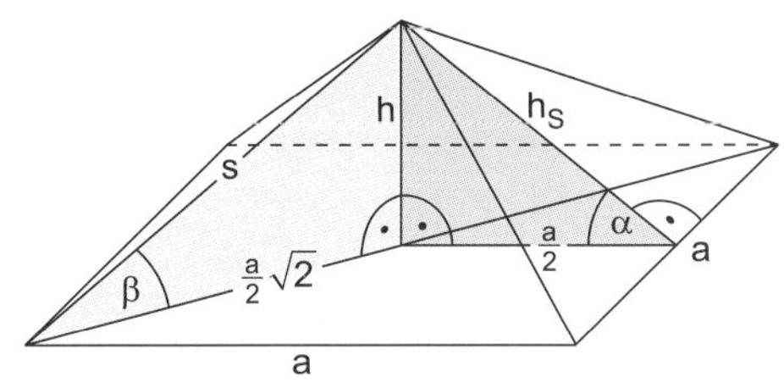

Original-Abschlussprüfung

Realschulabschluss Mathematik 2020

P 1 **Skizze:**

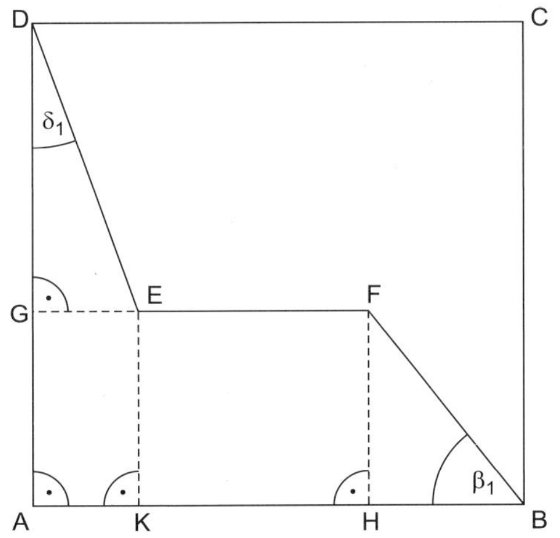

Berechnung von $\overline{DG}$:

$\overline{DG} = \overline{DA} - \overline{GA}$ | $\overline{DA} = \overline{AB}$; Eigenschaften des Quadrats ABCD

$\overline{DG} = 16{,}7 - 6{,}7$

$\overline{DG} = \underline{10{,}0\text{ cm}}$

NR: **Berechnung von $\overline{GA}$ über $\overline{FH}$:**

$\sin\beta_1 = \frac{\overline{FH}}{\overline{BF}}$ | $\cdot\overline{BF}$

$\overline{FH} = \overline{BF}\cdot\sin\beta_1$

$\overline{FH} = 8{,}5\cdot\sin 52{,}0°$

$\overline{FH} = \underline{6{,}7\text{ cm}}$ | $\overline{GA} = \overline{FH}$; Eigenschaften des Rechtecks AHFG

$\overline{GA} = \underline{6{,}7\text{ cm}}$

Berechnung von $\overline{GE}$ über $\overline{AK}$:

$\overline{AK} = \overline{AB} - (\overline{KH} + \overline{HB})$ | $\overline{KH} = \overline{EF}$; Eigenschaften des Rechtecks KHFE

$\overline{AK} = 16{,}7 - (8{,}3 + 5{,}23)$

$\overline{AK} = \underline{3{,}17\text{ cm}}$ | $\overline{GE} = \overline{AK}$; Eigenschaften des Rechtecks AKEG

$\overline{GE} = \underline{3{,}17\text{ cm}}$

Hinweise und Tipps

Die Berechnung der gesuchten Größe von Winkel δ_1 gelingt in Dreieck GED. Dreieck GED entsteht durch das Fällen des Lots von Punkt E auf Strecke DA.

Um Winkel δ_1 in Dreieck GED berechnen zu können, benötigen wir entweder die Größe der beiden anderen Winkel oder die Längen zweier Seiten des Dreiecks.

Die bekannten Größen legen den zweiten Lösungsansatz über die Längen zweier Seiten des Dreiecks nahe.

Die Länge von Seite $\overline{DG}$ erhalten wir über die Differenz aus $\overline{DA}$ und $\overline{GA}$. $\overline{DA}$ bestimmen wir mit den Eigenschaften von Quadrat ABCD; $\overline{GA}$ erhalten wir über $\overline{FH}$.

Die Länge von Seite $\overline{GE}$ gewinnen wir über die Berechnung von $\overline{AK}$. $\overline{AK}$ lässt sich über die Differenz aus $\overline{AB}$ einerseits und der Summe aus $\overline{KH}$ und $\overline{HB}$ andererseits berechnen. Dazu sind zunächst $\overline{KH}$ und $\overline{HB}$ zu ermitteln.

Hinweise und Tipps

NR: **Berechnung von $\overline{HB}$:**

$$\cos\beta_1 = \frac{\overline{HB}}{\overline{BF}} \qquad | \cdot \overline{BF}$$

$$\overline{HB} = \overline{BF} \cdot \cos\beta_1$$

$$\overline{HB} = 8{,}5 \cdot \cos 52{,}0°$$

$$\overline{HB} = \underline{5{,}23\text{ cm}}$$

Berechnung von Winkel δ_1:

$$\tan\delta_1 = \frac{\overline{GE}}{\overline{DG}}$$

$$\tan\delta_1 = \frac{3{,}17}{10{,}0}$$

$$\delta_1 = 17{,}59°$$

$$\delta_1 = \underline{\underline{17{,}6°}}$$

P 2 **Skizze:**

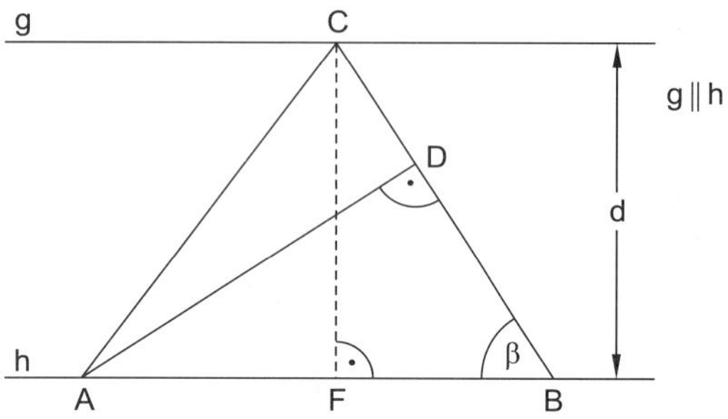

Berechnung von $\overline{AD}$:

$$\sin\beta = \frac{\overline{AD}}{\overline{AB}} \qquad | \cdot \overline{AB}$$

$$\overline{AD} = \overline{AB} \cdot \sin\beta$$

$$\overline{AD} = 9{,}4 \cdot \sin 57{,}0°$$

$$\overline{AD} = \underline{7{,}88\text{ cm}}$$

Berechnung von $\overline{DC}$:

$$\overline{DC} = \overline{BC} - \overline{BD}$$

$$\overline{DC} = 7{,}99 - 5{,}12$$

$$\overline{DC} = \underline{2{,}87\text{ cm}}$$

NR: **Berechnung von $\overline{BC}$:**

$$\sin\beta = \frac{\overline{CF}}{\overline{BC}} \qquad | \cdot \overline{BC}$$

$$\overline{BC} \cdot \sin\beta = \overline{CF} \qquad | : \sin\beta$$

$$\overline{BC} = \frac{\overline{CF}}{\sin\beta} \qquad | \overline{CF} = d$$

$$\overline{BC} = \frac{6{,}7}{\sin 57{,}0°}$$

$$\overline{BC} = \underline{7{,}99\text{ cm}}$$

Der gesuchte Umfang von Dreieck ADC ist die Summe aus $\overline{AD}$, $\overline{DC}$ und $\overline{CA}$.

Für die Reihenfolge der Berechnung der drei Streckenlängen stehen zwei Alternativen zur Verfügung. Zum einen können die Streckenlängen in der oben genannten Reihenfolge ermittelt werden. Zum anderen kann, wieder beginnend mit der Berechnung von $\overline{AD}$, zunächst $\overline{CA}$ und anschließend $\overline{DC}$ ermittelt werden. Die Musterlösung folgt der erstgenannten Vorgehensweise. Die Alternative wird anschließend kurz skizziert.

$\overline{AD}$ lässt sich mit den bekannten Größen in Dreieck ABD ermitteln.

$\overline{DC}$ gewinnen wir über die Differenz aus $\overline{BC}$ und $\overline{BD}$. Dazu sind zunächst $\overline{BC}$ und $\overline{BD}$ zu berechnen. Für die Berechnung von $\overline{BC}$ nutzen wir das rechtwinklige Dreieck FBC. Dreieck FBC entsteht durch das Fällen des Lots von Punkt C auf Strecke AB. Die Berechnung von $\overline{BD}$ erfolgt in Dreieck ABD.

$\overline{CA}$ erhalten wir in Dreieck ADC.

Alternative:

Wie bei der Musterlösung wird zunächst $\overline{AD}$ berechnet.

Es folgt die Berechnung von $\overline{CA}$ in Dreieck AFC. Dazu ist neben der bekannten $\overline{CF}$ zunächst noch $\overline{AF}$ zu ermitteln. Wir erhalten $\overline{AF}$ über die Differenz aus $\overline{AB}$ und $\overline{FB}$. $\overline{AB}$ ist bekannt, $\overline{FB}$ ist noch zu berechnen.

Angesichts der bei diesem Lösungsweg inzwischen vorliegenden Größen empfiehlt es sich, $\overline{DC}$ nicht wie in der Musterlösung, sondern rascher in Dreieck ADC zu berechnen.

Das Endergebnis weicht in diesem Fall mit $u = 19{,}15$ cm bzw. auf Zehntel gerundet $u = 19{,}2$ cm leicht von dem der Musterlösung ab.

✎ Hinweise und Tipps

NR: **Berechnung von $\overline{BD}$:**

$$\cos\beta = \frac{\overline{BD}}{\overline{AB}} \quad |\cdot \overline{AB}$$

$$\overline{BD} = \overline{AB}\cdot\cos\beta$$

$$\overline{BD} = 9{,}4\cdot\cos 57{,}0°$$

$$\overline{BD} = \underline{5{,}12\text{ cm}}$$

Berechnung von $\overline{CA}$:

$$\overline{CA}^2 = \overline{AD}^2 + \overline{DC}^2$$

$$\overline{CA}^2 = 7{,}88^2 + 2{,}87^2 \quad |\sqrt{\ }$$

$$\overline{CA} = \underline{8{,}39\text{ cm}}$$

Berechnung des Umfangs u von Dreieck ADC:

$$u = \overline{AD} + \overline{DC} + \overline{CA}$$

$$u = 7{,}88 + 2{,}87 + 8{,}39$$

$$u = 19{,}14\text{ cm}$$

$$u = \underline{\underline{19{,}1\text{ cm}}}$$

P 3 **Skizze:**

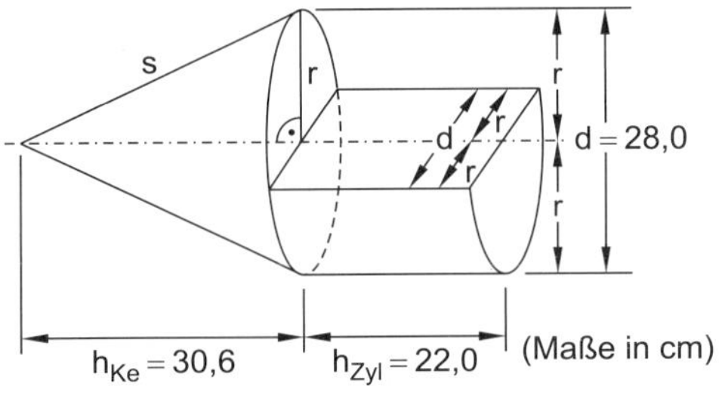

Die Oberfläche des Werkstücks besteht (von links nach rechts) aus dem Mantel des Kegels, der halben Grundfläche des Kegels, dem halben Mantel des ursprünglichen Zylinders, der Schnittfläche durch die Drehachse des ursprünglichen Zylinders und der halben Grundfläche des ursprünglichen Zylinders.

Für die Berechnung des Oberflächeninhalts empfiehlt es sich, einen Term aufzustellen, in dem die Berechnung der einzelnen Teilflächen zusammengefasst wird. Alternativ können die einzelnen Teilflächen separat ermittelt werden und die ermittelten Werte anschließend addiert werden. Dieses Vorgehen ist allerdings arbeitsaufwendiger als der erstgenannte Lösungsansatz. Die Musterlösung folgt dem erstgenannten Ansatz.

Da die halbe Grundfläche des Kegels und die halbe Grundfläche des ursprünglichen Zylinders deckungsgleich sind und sich zu einem Vollkreis ergänzen, empfiehlt es sich zur Vereinfachung der Berechnungen, diese in oben genanntem Term zu einer Fläche zusammenzufassen.

Für die Berechnung des Oberflächeninhalts sind zunächst noch Radius r zu bestimmen und die Mantellinie s des Kegels zu berechnen. Die weiteren notwendigen Größen können der Zeichnung in der Aufgabenstellung entnommen werden.

Berechnung des Oberflächeninhalts des Werkstücks:

$$O = M_{Kegel} + \frac{1}{2}A_{Grundfl.\,Kegel} + \frac{1}{2}M_{Zyl.} + A_{Schnittfl.\,Zyl.} + \frac{1}{2}A_{Grundfl.\,Zyl.} \quad \Big|\ A_{Grundfl.\,Kegel} = A_{Grundfl.\,Zyl.}$$

$$O = M_{Kegel} + A_{Grundfläche\,Kegel/Zyl.} + \frac{1}{2}M_{Zyl.} + A_{Schnittfläche\,Zyl.}$$

$$O = \pi rs + \pi r^2 + \frac{1}{\cancel{2}_1}\cancel{2}^1\pi r h_{Zyl} + d\cdot h_{Zyl}$$

$$O = \pi\cdot 14{,}0\cdot 33{,}65 + \pi\cdot 14{,}0^2 + \pi\cdot 14{,}0\cdot 22{,}0 + 28{,}0\cdot 22{,}0$$

$$O = 3\,679{,}37\text{ cm}^2$$

$$O = \underline{\underline{3\,679\text{ cm}^2}}$$

NR: **Bestimmung von Radius r:**

$$r = \frac{d}{2} = \frac{28{,}0}{2} = \underline{14{,}0\text{ cm}}$$

NR: **Berechnung von Mantellinie s des Kegels:**

$$s^2 = h_{Ke}^2 + r^2$$

$$s^2 = 30{,}6^2 + 14{,}0^2 \quad |\sqrt{\ }$$

$$s = \underline{33{,}65\text{ cm}}$$

P 4 Lösung der Gleichung:

$$(2x+1)^2-3(x+4)=(x-1)(2x+1)+2 \qquad \text{| Klammern auflösen}$$

$$4x^2+4x+1-3x-12=2x^2+x-2x-1+2 \qquad \text{| Zusammenfassen}$$

$$4x^2+x-11=2x^2-x+1 \qquad |-2x^2;\ +x;\ -1$$

$$2x^2+2x-12=0 \qquad |:2$$

$$x^2+x-6=0$$

$$x_{1/2}=-\frac{p}{2}\pm\sqrt{\left(\frac{p}{2}\right)^2-q}$$

$$x_{1/2}=-\frac{1}{2}\pm\sqrt{\left(\frac{1}{2}\right)^2+6}$$

$$x_{1/2}=-\frac{1}{2}\pm\sqrt{0,25+6}$$

$$x_{1/2}=-\frac{1}{2}\pm\sqrt{6,25}$$

$$x_{1/2}=-\frac{1}{2}\pm 2,5$$

$$\underline{\underline{x_1=2}}$$

$$\underline{\underline{x_2=-3}}$$

Bzw. optional: $\underline{\underline{L=\{-3;\ 2\}}}$

✎ Hinweise und Tipps

Die Lösung der Gleichung erfolgt mittels einer der beiden Lösungsformeln für gemischtquadratische Gleichungen.

Dazu muss die Gleichung zunächst entweder in die allgemeine Form oder in die Normalform der gemischtquadratischen Gleichung umgeformt werden. Die allgemeine Form ist Grundlage für die a-b-c-Formel, die Normalform für die p-q-Formel. In der Musterlösung wird der Weg über die p-q-Formel dargestellt.

Die Aufgabe verlangt lediglich die Lösung der Gleichung, sodass die Lösung nicht in Form einer Lösungsmenge angegeben werden muss. Ungeachtet dessen wird in der Musterlösung diese für die Mathematik übliche Darstellung als Alternative aufgeführt.

P 5 Skizze:

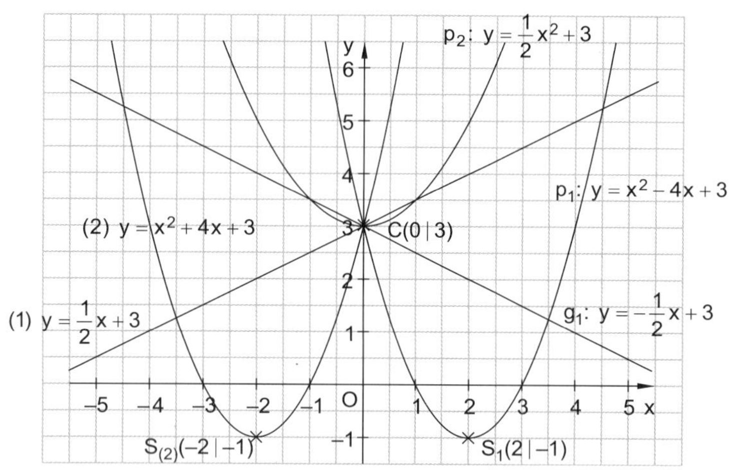

1. Zuordnung der den drei Graphen jeweils zugehörigen Funktionsgleichung

Die Aufgabenstellung impliziert, dass jeweils genau eine der zur Auswahl stehenden Funktionsgleichungen zu einem der drei Graphen g_1, p_1 und p_2 gehört.

1.1 Feststellung, welche der Funktionsgleichungen für welchen der drei Graphen in Betracht kommen können

Graph g_1 ist eine Gerade. Die zugehörige Gleichung muss folglich eine lineare Gleichung sein.

⇒ <u>Als Funktionsgleichung für Graph g_1 kommen nur die linearen Funktionsgleichungen (1) und (5) in Betracht.</u>

1. Zuordnung der den drei Graphen jeweils zugehörigen Funktionsgleichung

Die Aufgabenstellung impliziert, dass jeweils genau eine der zur Auswahl stehenden Funktionsgleichungen zu einem der drei Graphen g_1, p_1 und p_2 gehört.

1.1 Feststellung, welche der Funktionsgleichungen für welchen der drei Graphen in Betracht kommen können

Zunächst stellen wir fest, welche der fünf Funktionsgleichungen für welchen Graphen in Betracht kommen können. Dazu gleichen wir die Form der drei Graphen mit den Merkmalen der fünf Funktionsgleichungen ab.

1.2 Ermittlung der zu Graph g_1 gehörenden Funktionsgleichung

Es empfiehlt sich ein Vorgehen in zwei Schritten:

Schritt 1: Feststellung der Merkmale von Graph g_1

Schritt 2: Vergleich der Merkmale der in Betracht kommenden Funktionsgleichungen mit den Merkmalen von Graph g_1 und Erarbeitung, welche Gleichung zu Graph g_1 gehört

1.3 Ermittlung der zu den Graphen p_1 und p_2 gehörenden Funktionsgleichungen

Für die Ermittlung der zu den Graphen p_1 und p_2 gehörenden Funktionsgleichungen stehen zwei alternative Lösungsansätze zur Verfügung.

Zum einen können die Funktionsgleichungen der beiden Graphen p_1 und p_2 ermittelt werden und mit den für die Graphen p_1 und p_2 in Betracht kommenden Funktionsgleichungen aus der Auswahlliste verglichen werden. Die Ermittlung der Funktionsgleichungen der beiden Graphen gelingt mithilfe der

Die Graphen p_1 und p_2 sind Parabeln. Die zugehörigen Gleichungen müssen folglich quadratische Gleichungen sein.
$\Rightarrow$ Als Funktionsgleichungen für die Graphen p_1 und p_2 kommen nur die quadratischen Funktionsgleichungen (2), (3) und (4) in Betracht.

1.2 Ermittlung der zu Graph g_1 gehörenden Funktionsgleichung

Graph g_1 ist eine fallende Gerade. Der Grafik lassen sich entnehmen:
- Schnittpunkt mit der y-Achse: $C(0\,|\,3)$
- Steigungsfaktor: $m = -\frac{1}{2}$

Beide Gleichungen (1) und (5) erfüllen die aus $C(0\,|\,3)$ folgende Bedingung $c = 3$.

Unterschiede zeigen sich bei den Steigungsfaktoren der beiden Gleichungen. Gleichung (1) besitzt den Steigungsfaktor $m_1 = \frac{1}{2}$; Gleichung (5) besitzt den Steigungsfaktor $m_5 = -\frac{1}{2}$. Damit besitzt Gleichung (1) einen anderen Steigungsfaktor als Graph g_1, während Gleichung (5) den gleichen Steigungsfaktor besitzt wie Graph g_1.

Folglich erfüllt ausschließlich Gleichung (5) $y = -\frac{1}{2}x + 3$ alle Bedingungen, um zu Graph g_1 gehören zu können:
Zu Graph g_1 gehört Funktionsgleichung (5).

1.3 Ermittlung der zu den Graphen p_1 und p_2 gehörenden Funktionsgleichungen

Feststellung der Scheitelpunktkoordinaten der Graphen p_1 und p_2:

1) Graph p_1: $S_1(2\,|\,-1)$

2) Graph p_2: $S_2(0\,|\,3)$

Ermittlung der Scheitelpunktkoordinaten der zu den Funktionsgleichungen (2), (3) und (4) gehörenden Parabeln mit Zuordnung der Funktionsgleichungen zu den Graphen:

Funktionsgleichung (2):

$y = x^2 + 4x + 3$ | quadratisch ergänzen
$y = x^2 + 4x + 2^2 + 3 - 2^2$
$y = (x+2)^2 - 1$ $\Rightarrow$ $S_{(2)}(-2\,|\,-1)$

Feststellung:
Scheitelpunkt $S_{(2)}$ der zu Funktionsgleichung (2) gehörenden Parabel stimmt weder mit Scheitelpunkt S_1 von Graph p_1 noch mit Scheitelpunkt S_2 von Graph p_2 überein.
$\Rightarrow$ Der Graph zu Funktionsgleichung (2) ist noch in das Koordinatensystem zu zeichnen.

Funktionsgleichung (3):

$y = \frac{1}{2}x^2 + 3$ $\Rightarrow$ $S_{(3)}(0\,|\,3)$

Hinweise und Tipps

Merkmale der Graphen und mithilfe von auf den Graphen liegenden Punkten. Der Vergleich der Funktionsgleichungen zeigt, welche Funktionsgleichung aus der Auswahlliste zum jeweiligen Graphen gehört.

Alternativ können die Scheitelpunktkoordinaten der beiden Graphen p_1 und p_2 mit den Scheitelpunktkoordinaten der zu den Funktionsgleichungen gehörenden Parabeln verglichen werden.
In einem ersten Schritt stellen wir die Scheitelpunktkoordinaten der beiden in Betracht kommenden Graphen im Schaubild fest. In einem zweiten Schritt werden die Scheitelpunktkoordinaten der zu den Funktionsgleichungen gehörenden Parabeln ermittelt. Der Vergleich der Scheitelpunktkoordinaten zeigt, welche der Funktionsgleichungen zu Graph p_1 und welche zu Graph p_2 gehört und zu welcher Funktionsgleichung der Graph noch einzuzeichnen ist.

In der Musterlösung wird der zweite Ansatz dargestellt.

2. Einzeichnen der beiden fehlenden Graphen in das Koordinatensystem

Einzuzeichnen sind die Graphen der Funktionsgleichungen (1) und (2).

Da Funktionsgleichung (1) eine in Hauptform angegebene lineare Gleichung ist, lässt sich der Graph von Gleichung (1) ohne Vorarbeiten in das Koordinatensystem einzeichnen.

Wurde wie in der Musterlösung vorgegangen, liegen die Scheitelpunktkoordinaten der zu Gleichung (2) zugehörigen Parabel bereits vor, sodass auch diese direkt in das Koordinatensystem eingezeichnet werden kann.
Wurde der alternative erstgenannte Lösungsansatz gewählt, sind zunächst noch die Scheitelpunktkoordinaten von $S_{(2)}$ zu ermitteln.

Hinweise und Tipps

Feststellung:
Scheitelpunkt $S_{(3)}$ der zu Funktionsgleichung (3) gehörenden Parabel stimmt mit Scheitelpunkt S_2 von Graph p_2 überein.
$\Rightarrow$ Zu Graph p_2 gehört Funktionsgleichung (3).

Funktionsgleichung (4):

$y = x^2 - 4x + 3$ | quadratisch ergänzen
$y = x^2 - 4x + 2^2 + 3 - 2^2$
$y = (x-2)^2 - 1$ $\Rightarrow$ $S_{(4)}(2\,|\,-1)$

Feststellung:
Scheitelpunkt $S_{(4)}$ der zu Funktionsgleichung (4) gehörenden Parabel stimmt mit Scheitelpunkt S_1 von Graph p_1 überein.
$\Rightarrow$ Zu Graph p_1 gehört Funktionsgleichung (4).

Alternativer Lösungsansatz zur Zuordnung von Funktionsgleichung (4)

Für Graph p_1 kommt genau eine der Funktionsgleichungen (2), (3) und (4) in Betracht.
Für Funktionsgleichung (2) wurde bereits gezeigt, dass sie als Funktionsgleichung für Graph p_1 ausscheidet. Funktionsgleichung (3) wurde bereits Graph p_2 zugeordnet. Daraus folgt:
Zu Graph p_1 gehört Funktionsgleichung (4).

2. Einzeichnen der beiden fehlenden Graphen in das Koordinatensystem

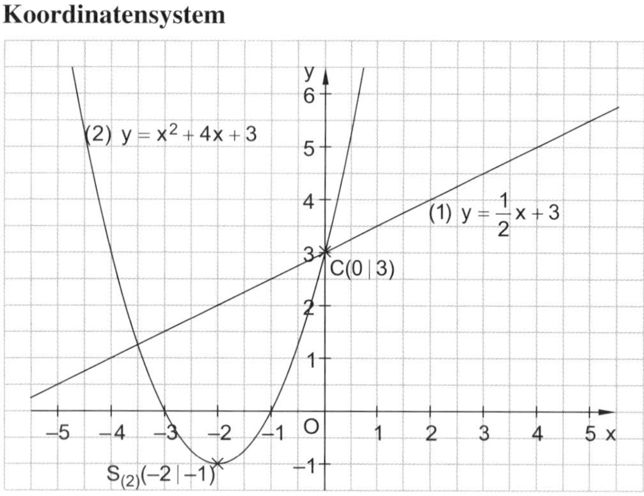

Hinweis:
Die Aufgabenstellung fordert, die beiden fehlenden Graphen in das Koordinatensystem in der Aufgabenstellung einzuzeichnen. Aus Gründen der Übersichtlichkeit wurde in der Musterlösung eine separate Darstellung gewählt.

P 6 **Skizze:**

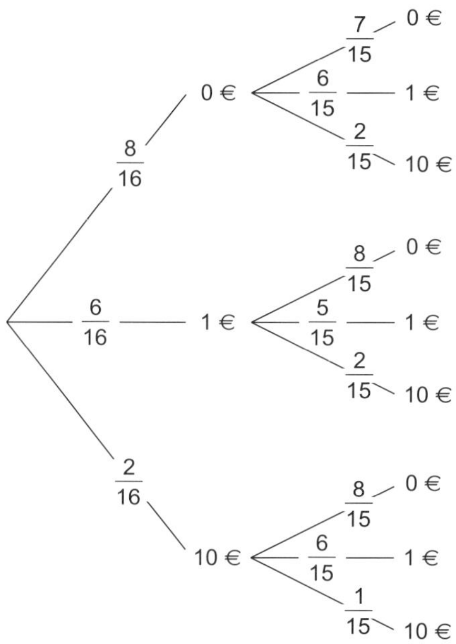

Berechnung der Wahrscheinlichkeit für das Ereignis „Gewinn 10 €“:

$P(\text{Gewinn } 10\,€) = P(0\,€; 10\,€) + P(10\,€; 0\,€)$

$P(\text{Gewinn } 10\,€) = \frac{8}{16} \cdot \frac{2}{15} + \frac{2}{16} \cdot \frac{8}{15}$

$P(\text{Gewinn } 10\,€) = \frac{\cancel{16}^{1}}{{}_{1}\cancel{16} \cdot 15} + \frac{\cancel{16}^{1}}{{}_{1}\cancel{16} \cdot 15}$

$P(\text{Gewinn } 10\,€) = \underline{\underline{\frac{2}{15}}}$

$P(\text{Gewinn } 10\,€) = 13{,}33\,\%$

$P(\text{Gewinn } 10\,€) = \underline{\underline{13{,}3\,\%}}$

A: Die Wahrscheinlichkeit für das Ereignis „Gewinn 10 €“ beträgt $\frac{2}{15}$ bzw. 13,3 %.

Berechnung der Wahrscheinlichkeit, den Hauptgewinn von 20 € zu erhalten:

$P(\text{Hauptgewinn } 20\,€) = P(10\,€; 10\,€)$

$P(\text{Hauptgewinn } 20\,€) = \frac{\cancel{2}^{1}}{\cancel{16}_{8}} \cdot \frac{1}{15}$

$P(\text{Hauptgewinn } 20\,€) = \underline{\underline{\frac{1}{120}}}$

$P(\text{Hauptgewinn } 20\,€) = 0{,}83\,\%$

$P(\text{Hauptgewinn } 20\,€) = \underline{\underline{0{,}8\,\%}}$

A: Die Wahrscheinlichkeit, den Hauptgewinn von 20 € zu erhalten, beträgt $\frac{1}{120}$ bzw. 0,8 %.

Hinweise und Tipps

Zur besseren Übersicht empfiehlt es sich, den Sachverhalt in einem Baumdiagramm zu visualisieren.

Bei der Ermittlung der Wahrscheinlichkeiten ist zu beachten, dass es sich bei der Situation im Prinzip um einen zweistufigen Zufallsversuch ohne Zurücklegen handelt.

Berechnung der Wahrscheinlichkeit für das Ereignis „Gewinn 10 €“
Für die Berechnung der Wahrscheinlichkeit für das Ereignis „Gewinn 10 €“ kombinieren wir die Produkt- und die Summenregel.

Berechnung der Wahrscheinlichkeit, den Hauptgewinn von 20 € zu erhalten
Für die Berechnung der Wahrscheinlichkeit, den Hauptgewinn von 20 € zu erhalten, nutzen wir die Produktregel.

Berechnung der Wahrscheinlichkeit, mehr als 10 € zu gewinnen
Das Ereignis „mehr als 10 €“ umfasst alle Summen, deren Wert größer als 10 € ist.
Für das Aufstellen des Terms zur Berechnung der gesuchten Wahrscheinlichkeit kombinieren wir die Produkt- und die Summenregel.

Hinweise und Tipps

Berechnung der Wahrscheinlichkeit, mehr als 10 € zu gewinnen:

$P(\text{Gewinn} > 10\,€) = P(11\,€) + P(20\,€)$

$P(\text{Gewinn} > 10\,€) = P(1\,€; 10\,€) + P(10\,€; 1\,€) + P(10\,€; 10\,€)$

$P(\text{Gewinn} > 10\,€) = \frac{6}{16} \cdot \frac{2}{15} + \frac{2}{16} \cdot \frac{6}{15} + \frac{1}{120}$

$P(\text{Gewinn} > 10\,€) = \frac{12}{240} + \frac{12}{240} + \frac{1}{120}$

$P(\text{Gewinn} > 10\,€) = \frac{6}{120} + \frac{6}{120} + \frac{1}{120}$

$P(\text{Gewinn} > 10\,€) = \underline{\underline{\frac{13}{120}}}$

$P(\text{Gewinn} > 10\,€) = 10{,}83\,\%$

$P(\text{Gewinn} > 10\,€) = \underline{\underline{10{,}8\,\%}}$

A: Die Wahrscheinlichkeit, mehr als 10 € zu gewinnen, beträgt $\frac{13}{120}$ bzw. 10,8 %.

P 7

1. Berechnung, um wie viel Prozent der Verbrauch der Einweg-Getränkeverpackungen von 2004 bis 2014 insgesamt gestiegen ist

$465\,000\text{ t} \mathrel{\hat{=}} 100\,\% \quad |:465\,000$

$1\text{ t} \mathrel{\hat{=}} \frac{100}{465\,000}\,\% \quad |\cdot 135\,000$

$135\,000\text{ t} \mathrel{\hat{=}} \frac{100 \cdot 135\,\not{0}\not{0}\not{0}}{465\,\not{0}\not{0}\not{0}}\,\%$

$135\,000\text{ t} \mathrel{\hat{=}} 29{,}03\,\%$

$135\,000\text{ t} \mathrel{\hat{=}} \underline{\underline{29{,}0\,\%}}$

NR: **Berechnung des Anstiegs des Verbrauchs an Einweg-Getränkeverpackungen in Tonnen:**

$\text{Anstieg} = \text{Verbrauch 2014} - \text{Verbrauch 2004}$

$\text{Anstieg} = 600\,000 - 465\,000$

$\text{Anstieg} = \underline{135\,000\text{ t}}$

A: Der Verbrauch von Einweg-Getränkeverpackungen ist von 2004 bis 2014 um 29,0 % gestiegen.

2. Berechnung, wie viele Tonnen Getränkeverpackungen im Jahr 2014 insgesamt verbraucht wurden

$54\,\% \mathrel{\hat{=}} 600\,000\text{ t} \quad |:54$

$1\,\% \mathrel{\hat{=}} \frac{600\,000}{54}\text{ t} \quad |\cdot 100$

$100\,\% \mathrel{\hat{=}} \frac{600\,000 \cdot 100}{54}\text{ t}$

$100\,\% \mathrel{\hat{=}} 1\,111\,111{,}11\text{ t}$

$100\,\% \mathrel{\hat{=}} \underline{\underline{1\,111\,000\text{ t}}}$

alternativ: $100\,\% \mathrel{\hat{=}} \underline{\underline{1{,}1\text{ Mio. t}}}$

A: Im Jahr 2014 wurden insgesamt 1 111 000 t bzw. 1,1 Mio. t Getränkeverpackungen verbraucht.

1. Berechnung, um wie viel Prozent der Verbrauch der Einweg-Getränkeverpackungen von 2004 bis 2014 insgesamt gestiegen ist

Für die Berechnung des gesuchten Prozentsatzes stehen alternativ der in der Musterlösung verwendete Dreisatz oder die Grundformel der Prozentrechnung zur Verfügung. Ein dritter, eher unüblicher Lösungsansatz führt über die Wachstumsformel mit Faktor q.

Bei den beiden erstgenannten Verfahren stehen jeweils wieder zwei Varianten zur Auswahl.

Zum einen kann in einem ersten Schritt der absolute Anstieg des Verbrauchs in Tonnen ermittelt werden. Anschließend wird dann der gesuchte prozentuale Anstieg berechnet.

Zum anderen kann in einem ersten Schritt der Prozentsatz zum vermehrten Grundwert (im vorliegenden Fall der Verbrauch von 2014) ermittelt werden. Den Wert des prozentualen Anstiegs erhält man anschließend über die Differenz aus dem ermittelten Prozentsatz zum vermehrten Grundwert und dem Prozentsatz zum Grundwert (100 %).

2. Berechnung, wie viele Tonnen Getränkeverpackungen im Jahr 2014 insgesamt verbraucht wurden

Auch für die Klärung der Frage, wie viele Tonnen Getränkeverpackungen im Jahr 2014 insgesamt verbraucht wurden, stehen alternativ der in der Musterlösung verwendete Dreisatz oder die Grundformel der Prozentrechnung zur Auswahl.

Es empfiehlt sich, direkt den Gesamtverbrauch (100 %) zu ermitteln.

Wird zunächst der Verbrauch an Mehrweg-Getränkeverpackungen ermittelt, muss anschließend noch der Gesamtverbrauch an Mehrweg-Getränkeverpackungen und Einweg-Getränkeverpackungen ermittelt werden.

Die Menge der 2014 verbrauchten Einweg-Getränkeverpackungen in Tonnen wird dem Liniendiagramm (Kurvendiagramm) entnommen, der prozentuale Anteil der 2014 verbrauchten Einweg-Getränkeverpackungen dem Kreisdiagramm.

3. Ermittlung, wie viele Tonnen Einweg-Getränkeverpackungen 2024 verbraucht werden, wenn der Verbrauch von 2014 bis 2024 jährlich um 5 % sinkt

$W_{2024} = W_{2014} \cdot q^n$ | n: Anzahl der Jahre von 2014 bis 2024 = $\underline{10}$

$W_{2024} = 600\,000 \cdot 0{,}95^{10}$

$W_{2024} = 359\,242{,}16$ t

$W_{2024} = \underline{\underline{359\,000\text{ t}}}$

NR: **Berechnung von q:**

$q = 1 - \frac{p}{100}$

$q = 1 - \frac{5}{100}$

$q = \underline{0{,}95}$

A: Wenn der Verbrauch von Einweg-Getränkeverpackungen von 2014 bis 2024 jährlich um 5 % sinkt, ist für 2024 mit einem Verbrauch von 359 000 t Einweg-Getränkeverpackungen zu rechnen.

Hinweis: In der Aufgabenstellung wird die Menge der 2004 verbrauchten Einweg-Getränkeverpackungen auf Tausender gerundet angegeben. Daran anknüpfend werden die 2014 verbrauchte Gesamtmenge an Getränkeverpackungen und der 2024 zu erwartende Verbrauch von Einweg-Getränkeverpackungen ebenfalls auf Tausender gerundet angegeben.

Hinweise und Tipps

3. Ermittlung, wie viele Tonnen Einweg-Getränkeverpackungen 2024 verbraucht werden, wenn der Verbrauch von 2014 bis 2024 jährlich um 5 % sinkt
Die Frage, wie viele Tonnen Einweg-Getränkeverpackungen 2024 verbraucht werden, wenn der Verbrauch von 2014 bis 2024 jährlich um 5 % sinkt, lässt sich mit der Formel für exponentielles Wachstum klären. Bei der Ermittlung von Faktor q ist darauf zu achten, dass (statt eines Wachstums) eine Abnahme vorliegt.

P 8

1. Klärung der Frage, welcher der beiden Boxplots die Verteilung der Wartezeiten aus dem Diagramm der Hotline QUICK-TEL darstellt
Der Vergleich der beiden Boxplots zeigt, dass ihre Kennwerte – bis auf die unteren Quartile – jeweils identisch sind. Folglich reduziert sich die Untersuchung, welcher der beiden Boxplots die Verteilung der Wartezeiten aus dem Diagramm der Hotline QUICK-TEL darstellt, auf den Vergleich des unteren Quartils der QUICK-TEL-Wartezeiten mit den unteren Quartilen der beiden Boxplots.

Ermittlung des unteren Quartils $q_{u(Q)}$ der Wartezeiten der Hotline QUICK-TEL:

$q_{u(Q)} = n_Q \cdot 0{,}25 = 41 \cdot 0{,}25 = 10{,}25 \notin \mathbb{Z}$

$\Rightarrow \quad q_{u(Q)} = x_{11} = \underline{7\text{ min}}$

Feststellung, welcher Boxplot die Verteilung der Wartezeiten aus dem Diagramm der Hotline QUICK-TEL darstellt:

$q_{u(Q)} = 7$ min und $q_{u(A)} = 8$ min und $q_{u(B)} = 7$ min

$\Rightarrow$ <u>Boxplot (B) stellt die Verteilung der Wartezeiten aus dem Diagramm dar.</u>

1. Klärung der Frage, welcher der beiden Boxplots die Verteilung der Wartezeiten aus dem Diagramm der Hotline QUICK-TEL darstellt
Der Vergleich der beiden Boxplots zeigt, dass ihre Kennwerte – bis auf die unteren Quartile – jeweils identisch sind. Dadurch reduziert sich die Untersuchung, welcher Boxplot die Verteilung der Wartezeiten aus dem Diagramm der Hotline QUICK-TEL darstellt, auf den Vergleich des unteren Quartils der QUICK-TEL-Wartezeiten mit den unteren Quartilen der beiden Boxplots.

2. Ergänzung der drei offenen Felder in der Strichliste mit möglichen Werten
Bei der Ergänzung der drei offenen Felder der Strichliste mit möglichen Werten sind die Kennwerte des zur Strichliste zugehörigen Boxplots zu beachten. Ohne dass es ausdrücklich festgestellt wird, impliziert die Aufgabenstellung, dass die Strichliste zu dem Boxplot gehört, der die Verteilung der Wartezeiten von FAST-PHONE zeigt. Zunächst stellen wir daher fest, welcher der beiden Boxplots dies ist. Außerdem benötigen wir die Anzahl der in der Strichliste noch fehlenden Striche.

Zur Vorbereitung auf das Ergänzen der Strichliste ermitteln wir in einem ersten Schritt die Kennwerte des Boxplots. In einem zweiten Schritt stellen wir die Rangplätze der Kennwerte fest.

2. Ergänzung der drei offenen Felder in der Strichliste mit möglichen Werten

Feststellung, welcher Boxplot die Verteilung der Wartezeiten der Hotline FAST-PHONE zeigt:

Da Boxplot (B) die Verteilung der Wartezeiten von QUICK-TEL darstellt, folgt laut Aufgabenstellung:

Boxplot (A) zeigt die Verteilung der Wartezeiten von FAST-PHONE.

Ermittlung der Anzahl der in der Strichliste fehlenden Striche:

Anzahl fehlender Striche

= Anzahl erfasster Wartezeiten – Anzahl eingetragener Striche

$= 41 - 23 = \underline{18}$

Feststellung der Kennwerte von Boxplot (A), Bestimmung ihrer Rangplätze und Überprüfung, ob die Kennwerte bereits in der Strichliste enthalten sind:

Kennwert	Kennwerte von Boxplot (A)	Rangplätze der Kennwerte	Kennwert des Boxplots in Strichliste enthalten?
Minimum	5 min	Rangplatz $x_{min} = \underline{1}$	ja
Unteres Quartil	8 min	$n \cdot 0{,}25 = 41 \cdot 0{,}25 = 10{,}25 \notin \mathbb{Z}$ $\Rightarrow$ Rangplatz $q_u = \underline{11}$	nein
Zentralwert	9 min	$n \cdot 0{,}5 = 41 \cdot 0{,}5 = 20{,}5 \notin \mathbb{Z}$ $\Rightarrow$ Rangplatz $z = \underline{21}$	nein
Oberes Quartil	11 min	$n \cdot 0{,}75 = 41 \cdot 0{,}75 = 30{,}75 \notin \mathbb{Z}$ $\Rightarrow$ Rangplatz $q_o = \underline{31}$	nein
Maximum	16 min	Rangplatz $x_{max} = \underline{41}$	ja

Schlussfolgerung für das Eintragen der fehlenden 18 Striche:

1) Der insgesamt 11. Strich der Strichliste ist in das Feld „8 Minuten" einzutragen.
2) Der insgesamt 21. Strich der Strichliste ist in das Feld „9 Minuten" einzutragen.
3) Der insgesamt 31. Strich der Strichliste ist in das Feld „11 Minuten" einzutragen.

Eine mögliche Lösung für die Ergänzung der Strichliste:

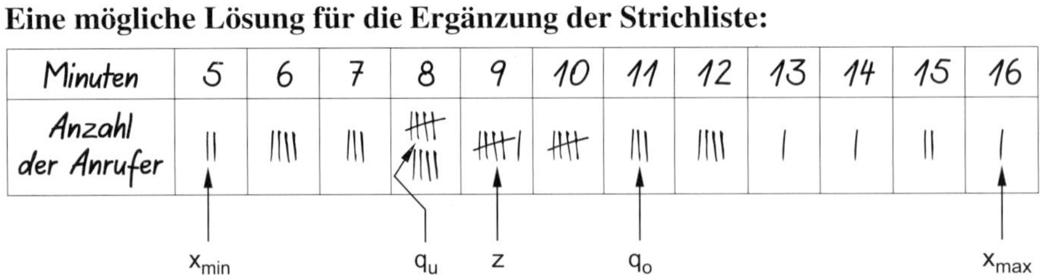

Hinweis: Für das korrekte Ergänzen der Strichliste gibt es mehrere Möglichkeiten. In der Musterlösung wird (lediglich) eine dieser Möglichkeiten dargestellt.

✎ Hinweise und Tipps

Ein Blick auf die Strichliste zeigt, dass das Minimum und das Maximum bereits in der Strichliste eingetragen sind. Das untere Quartil, der Zentralwert und das obere Quartil fehlen in der Strichliste noch.

Die Rangplätze und die Werte der drei noch nicht in der Strichliste enthaltenen Kennwerte zeigen, der wievielte Strich (Rangplatz) in welchem Feld (Kennwert) einzutragen ist. Dementsprechend sind die fehlenden Striche in den drei leeren Feldern zu ergänzen. (Zum Beispiel muss der 11. Strich der Liste im Feld „8 Minuten" liegen.)

W 1

a) **Skizze:**

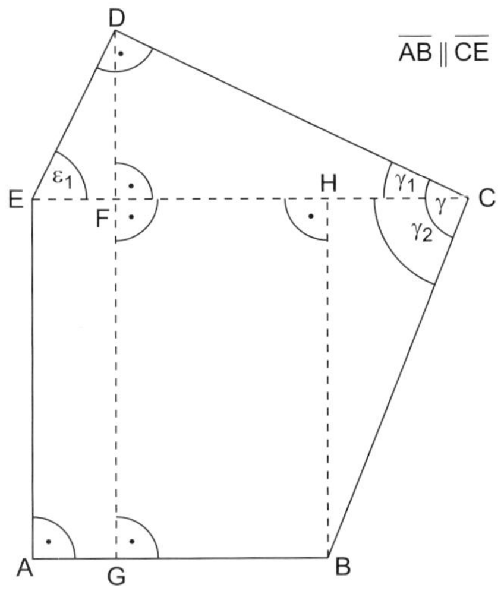

Berechnung von $\overline{CE}$:

$$\sin\varepsilon_1 = \frac{\overline{CD}}{\overline{CE}} \quad |\cdot\overline{CE}$$
$$\overline{CE}\cdot\sin\varepsilon_1 = \overline{CD} \quad |:\sin\varepsilon_1$$
$$\overline{CE} = \frac{\overline{CD}}{\sin\varepsilon_1}$$
$$\overline{CE} = \frac{9{,}5}{\sin 64{,}0°}$$
$$\overline{CE} = \underline{10{,}57\ \text{cm}}$$

Berechnung von $\overline{FG}$:

$$\overline{FG} = \overline{DG} - \overline{DF}$$
$$\overline{FG} = 12{,}9 - 4{,}16$$
$$\overline{FG} = \underline{8{,}74\ \text{cm}}$$

NR: **Berechnung von Winkel γ_1:**

$$\gamma_1 + ∢EDC + \varepsilon_1 = 180° \quad |-(∢EDC + \varepsilon_1)$$
$$\gamma_1 = 180° - (∢EDC + \varepsilon_1)$$
$$\gamma_1 = 180° - (90{,}0° + 64{,}0°)$$
$$\gamma_1 = \underline{26{,}0°}$$

NR: **Berechnung von $\overline{DF}$:**

$$\sin\gamma_1 = \frac{\overline{DF}}{\overline{CD}} \quad |\cdot\overline{CD}$$
$$\overline{DF} = \overline{CD}\cdot\sin\gamma_1$$
$$\overline{DF} = 9{,}5\cdot\sin 26{,}0°$$
$$\overline{DF} = \underline{4{,}16\ \text{cm}}$$

Hinweise und Tipps

Da die beiden Seiten AB und CE des Vierecks ABCE parallel zueinander liegen, ist Viereck ABCE ein Trapez. Sein Flächeninhalt lässt sich mit der Flächeninhaltsformel für Trapeze ermitteln. Alternativ kann Viereck ABCE in berechenbare Teilfiguren zerlegt werden. Den Flächeninhalt von Viereck ABCE erhält man bei diesem Vorgehen über die Summe der Flächeninhalte der Teilfiguren.
In der Musterlösung wird der ins Auge springende Lösungsansatz über die Flächeninhaltsformel für Trapeze gewählt. Die alternativen Lösungsansätze werden unten kurz genannt.

Für die Nutzung der Flächeninhaltsformel für Trapeze werden $\overline{AB}$, $\overline{CE}$ und der Abstand $\overline{FG}$ zwischen den beiden Parallelen benötigt.
$\overline{CE}$ lässt sich mit den bekannten Größen ohne Vorarbeiten in Dreieck ECD berechnen.
$\overline{FG}$ gewinnen wir über die Differenz aus dem Abstand $\overline{DG}$ des Punkts D zu Strecke AB einerseits und $\overline{DF}$ andererseits. $\overline{DG}$ ist bekannt und $\overline{DF}$ lässt sich in Dreieck FCD berechnen, nachdem die Größe von Winkel γ_1 ermittelt worden ist.
Fällen wir von Punkt B aus das Lot auf Strecke CE, entstehen auf Strecke CE die beiden Teilstrecken CH und HE; in Viereck ABCE entstehen das Rechteck ABHE und das Dreieck BCH.
Da sich $\overline{HE}$ in der entstandenen Situation ermitteln lässt und da $\overline{HE}$ und $\overline{AB}$ gleich groß sind, kann $\overline{AB}$ indirekt über $\overline{HE}$ ermittelt werden.

Für die Berechnung von $\overline{HE}$ wird neben der bekannten $\overline{CE}$ noch $\overline{CH}$ benötigt.
Die Berechnung von $\overline{CH}$ gelingt in Dreieck BCH, nachdem $\overline{HB}$ und die Größe von Winkel γ_2 ermittelt worden sind.
Nachdem $\overline{AB}$, $\overline{CE}$ und $\overline{FG}$ vorliegen, wird der gesuchte Flächeninhalt von Viereck ABCE abschließend mit der Flächeninhaltsformel für Trapeze berechnet.

Alternativen für die Zerlegung von Viereck ABCE in berechenbare Teilfiguren:

1) Rechteck ABHE und Dreieck BCH
2) Dreieck ABE und Dreieck EBC
3) Dreieck ABC und Dreieck ACE

Berechnung von $\overline{AB}$ über $\overline{HE}$:

$\overline{HE} = \overline{CE} - \overline{CH}$

$\overline{HE} = 10{,}57 - 3{,}35$

$\overline{HE} = \underline{7{,}22\text{ cm}}$ | $\overline{AB} = \overline{HE}$; Eigenschaften des Rechtecks ABHE

$\overline{AB} = \underline{7{,}22\text{ cm}}$

NR: **Berechnung von Winkel γ_2:**

$\gamma_2 = \gamma - \gamma_1$

$\gamma_2 = 95{,}0° - 26{,}0°$

$\gamma_2 = \underline{69{,}0°}$

NR: **Berechnung von $\overline{CH}$:**

$\tan\gamma_2 = \frac{\overline{HB}}{\overline{CH}}$ | $\cdot\overline{CH}$

$\overline{CH}\cdot\tan\gamma_2 = \overline{HB}$ | $:\tan\gamma_2$

$\overline{CH} = \frac{\overline{HB}}{\tan\gamma_2}$ | $\overline{HB} = \overline{FG}$; Eigenschaften des Rechtecks GBHF

$\overline{CH} = \frac{8{,}74}{\tan 69{,}0°}$

$\overline{CH} = \underline{3{,}35\text{ cm}}$

Berechnung des Flächeninhalts von Viereck ABCE:

$A_{ABCE} = \frac{1}{2}(\overline{AB} + \overline{CE})\cdot\overline{FG}$

$A_{ABCE} = \frac{1}{2}(7{,}22 + 10{,}57)\cdot 8{,}74$

$A_{ABCE} = 77{,}74\text{ cm}^2$

$A_{ABCE} = \underline{\underline{77{,}7\text{ cm}^2}}$

b) **Skizze:**

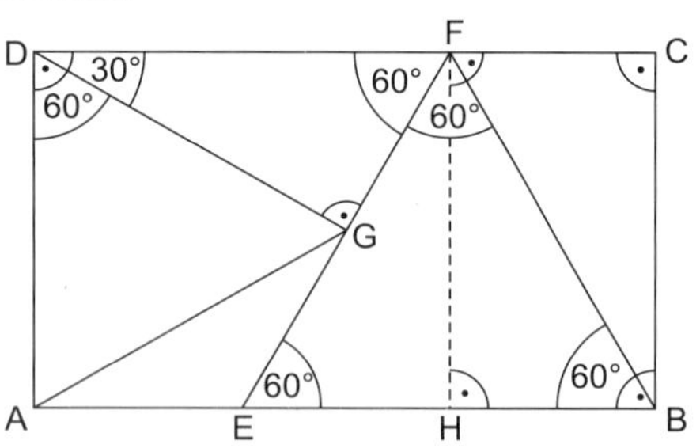

1. Berechnung von $\overline{BC}$ über $\overline{FH}$

$\overline{FH} = \frac{\overline{BE}}{2}\sqrt{3}$

$\overline{FH} = \frac{{}^2\cancel{4}e\sqrt{3}}{\cancel{2}_1}\sqrt{3}$

$\overline{FH} = 2e\cdot 3$

$\overline{FH} = \underline{6e}$ | $\overline{BC} = \overline{FH}$; Eigenschaften des Rechtecks HBCF

$\overline{BC} = \underline{6e}$

✎ Hinweise und Tipps

Skizze:

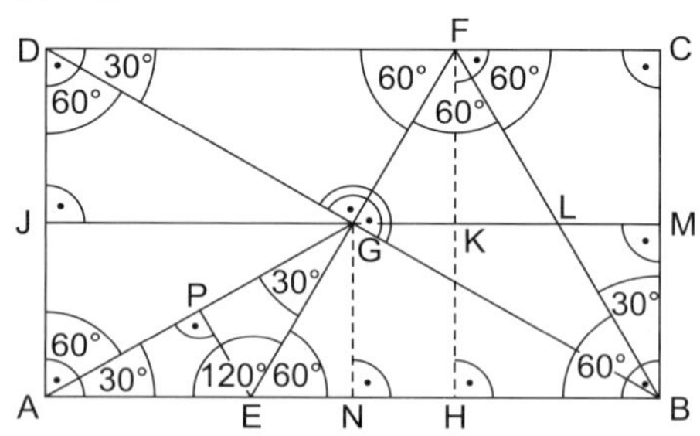

Wir führen den Nachweis, indem wir den Flächeninhalt von Rechteck ABCD berechnen und so zeigen, dass die Behauptung stimmt.

Für die Berechnung des Flächeninhalts nutzen wir die Flächeninhaltsformel für Rechtecke. Dazu benötigen wir die Länge einer der beiden Seiten BC oder DA sowie die Länge einer der beiden Seiten AB oder CD.

1. Berechnung von $\overline{BC}$

Für die Berechnung von $\overline{BC}$ stehen zwei Alternativen zur Verfügung.

Zum einen kann $\overline{BC}$ in Dreieck BCF berechnet werden. Dazu sind zunächst $\overline{BF}$ zu bestimmen und die Größe von Winkel CBF oder alternativ von Winkel

2. Berechnung von $\overline{CD}$

Bestimmung von $\overline{CF}$ über $\overline{HB}$:

Dreieck EBF ist gleichseitig.

⇒ Lotfußpunkt H halbiert Strecke BE.

$$\Rightarrow \quad \overline{HB} = \frac{\overline{BE}}{2} = \frac{{}^{2}\not{4}e\sqrt{3}}{\not{2}_{1}} = \underline{2e\sqrt{3}} \qquad \Big|\ \overline{CF} = \overline{HB};\ \text{Eigenschaften des Rechtecks HBCF}$$

$$\overline{CF} = \underline{2e\sqrt{3}}$$

Nachweis, dass Dreieck GFD ein rechtwinkliges Dreieck ist

Bestimmung von Winkel DFG:

$\sphericalangle DFG$ ist Wechselwinkel zu $\sphericalangle HEG$.

$$\Rightarrow \quad \sphericalangle DFG = \sphericalangle HEG = \underline{60^\circ}$$

Berechnung von Winkel GDF:

$$\sphericalangle GDF = \sphericalangle ADF - \sphericalangle ADG$$
$$\sphericalangle GDF = 90^\circ - 60^\circ$$
$$\sphericalangle GDF = \underline{30^\circ}$$

Berechnung von Winkel FGD:

$$\sphericalangle GDF + \sphericalangle DFG + \sphericalangle FGD = 180^\circ \qquad \big|-(\sphericalangle GDF + \sphericalangle DFG)$$
$$\sphericalangle FGD = 180^\circ - (\sphericalangle GDF + \sphericalangle DFG)$$
$$\sphericalangle FGD = 180^\circ - (30^\circ + 60^\circ)$$
$$\sphericalangle FGD = \underline{90^\circ}$$

⇒ Damit ist gezeigt, dass Dreieck GFD rechtwinklig ist.

Berechnung von $\overline{FD}$:

$$\sin 60^\circ = \frac{\overline{DG}}{\overline{FD}} \qquad \big|\cdot \overline{FD}$$
$$\overline{FD} \cdot \sin 60^\circ = \overline{DG} \qquad \big|: \sin 60^\circ$$
$$\overline{FD} = \frac{\overline{DG}}{\sin 60^\circ} \qquad \Big|\ \overline{DG} = \overline{DA} = \overline{BC} = \underline{6e};\ \text{Eigenschaften des gleichseitigen Dreiecks AGD und des Rechtecks ABCD}$$
$$\overline{FD} = \frac{6e}{\frac{1}{2}\sqrt{3}} \qquad \big|\ \text{Rationalmachen des Nenners}$$
$$\overline{FD} = \frac{2 \cdot 6e\sqrt{3}}{\sqrt{3}\sqrt{3}}$$
$$\overline{FD} = \frac{2 \cdot {}^{2}\not{6}e \cdot \sqrt{3}}{\not{3}_{1}}$$
$$\overline{FD} = \underline{4e\sqrt{3}}$$

Berechnung von $\overline{CD}$:

$$\overline{CD} = \overline{CF} + \overline{FD}$$
$$\overline{CD} = 2e\sqrt{3} + 4e\sqrt{3}$$
$$\overline{CD} = \underline{6e\sqrt{3}}$$

3. Berechnung des Flächeninhalts von Rechteck ABCD

$$A_{ABCD} = \overline{BC} \cdot \overline{CD}$$
$$A_{ABCD} = 6e \cdot 6e\sqrt{3}$$
$$A_{ABCD} = \underline{\underline{36e^2\sqrt{3}}} \qquad \text{w. z. b. w.}$$

Hinweise und Tipps

BFC zu ermitteln.
Zum anderen kann $\overline{BC}$ ohne Vorarbeiten über $\overline{FH}$ im gleichseitigen Dreieck EBF berechnet werden. Dazu fällen wir das Lot von Punkt F auf die gegenüberliegende Seite BE des Dreiecks. Das Lot FH ist Höhe des gleichseitigen Dreiecks EBF, sodass wir seine Länge mit der Formel für Höhen im gleichseitigen Dreieck berechnen können. Über die Eigenschaften von Rechteck HBCF lässt sich abschließend $\overline{BC}$ bestimmen. Die Musterlösung folgt der zweiten Alternative.

2. Berechnung von $\overline{CD}$

Für die Berechnung von $\overline{CD}$ stehen vier alternative Lösungsansätze zur Auswahl.
In der Musterlösung wird $\overline{CD}$ über die Summe ihrer beiden Teilstrecken $\overline{CF}$ und $\overline{FD}$ berechnet.
Für die Berechnung von $\overline{CF}$ stehen zwei Alternativen zur Verfügung.
Zum einen kann $\overline{CF}$ in Dreieck BCF berechnet werden. Mit $\overline{BC}$ ist eine für die Berechnung von $\overline{CF}$ notwendige Größe des Dreiecks bereits bekannt. Die zweite Größe gewinnen wir entweder über die Bestimmung von $\overline{BF}$ oder alternativ über die Ermittlung von Winkel CBF oder von Winkel BFC.
Alternativ und kürzer kann $\overline{CF}$ über $\overline{HB}$ in Dreieck EBF bestimmt werden. Da Lotfußpunkt H Strecke BE halbiert, ist $\overline{HB}$ halb so lang wie $\overline{BE}$. Über die Eigenschaften von Rechteck HBCF lässt sich abschließend $\overline{CF}$ bestimmen. Die Musterlösung folgt der zweiten Alternative.
Wenn Dreieck GFD ein rechtwinkliges Dreieck wäre und wenn zwei für die Berechnung von $\overline{FD}$ notwendige Größen bekannt wären, könnte $\overline{FD}$ in Dreieck GFD ermittelt werden.
Um den Nachweis zu führen, dass Dreieck GFD ein rechtwinkliges Dreieck ist, ermitteln wir die Winkel DFG und GDF und zeigen abschließend, dass Winkel FGD 90° groß ist.

Beim Führen des Nachweises, dass Dreieck GFD rechtwinklig ist, wurden alle drei Winkel des Dreiecks ermittelt. Damit fehlt für die Berechnung von $\overline{FD}$ nur noch die Länge einer Seite des Dreiecks. Diese erhalten wir rasch: Mit den Eigenschaften des gleichseitigen Dreiecks AGD und den Eigenschaften des Rechtecks ABCD lässt sich die Länge von Strecke DG bestimmen.

Alternative Ermittlung von $\overline{CD}$ über $\overline{JM}$:
In einem ersten Schritt fällen wir von Punkt G aus das Lot auf die gegenüberliegende Seite DA des gleichseitigen Dreiecks AGD. Das Lot GJ steht senkrecht auf Strecke DA und halbiert Strecke DA. Durch die Verlängerung des Lots GJ bis zu Strecke BC entsteht Strecke JM. Strecke JM ist Spiegelachse des Rechtecks ABCD. Als solche halbiert Strecke JM (u. a.) die senkrecht zu ihr stehenden Strecken FH und BC. Strecke JM wird in die Teilstrecken GJ, GK, KL und LM gegliedert. $\overline{JM}$ erhalten wir über die Summe der einzelnen Teilstreckenlängen.
$\overline{GJ}$ lässt sich im gleichseitigen Dreieck AGD berechnen, nachdem wir $\overline{DA}$ bestimmt haben.
$\overline{GK}$ berechnen wir mit dem Strahlensatz in Dreieck EHF. Dazu ist zunächst $\overline{EH}$ zu bestimmen.
Da Strecke FH Spiegelachse des Dreiecks EBF ist, lässt sich $\overline{KL}$ über $\overline{GK}$ bestimmen. $\overline{LM}$ gewinnen

Hinweise und Tipps

wir entweder über den Strahlensatz in Dreieck BCF, nachdem $\overline{CF}$ bestimmt wurde, oder alternativ in Dreieck BML.
Eine interessante Variante dieses Lösungsansatzes entsteht durch das Fällen des Lots von Punkt G auf Strecke AB. Lotfußpunkt ist Punkt N.
$\overline{GJ}$ wird wie beschrieben berechnet.
$\overline{GM}$ ist genauso lang wie $\overline{NB}$. $\overline{NB}$ erhalten wir aus der Differenz aus der bekannten $\overline{BE}$ und $\overline{EN}$. Dazu ist zunächst noch $\overline{EN}$ in Dreieck ENG zu berechnen.

Alternative Ermittlung von $\overline{CD}$ in Dreieck BCD:
Die Ermittlung von $\overline{CD}$ in Dreieck BCD ist mit den vorliegenden Größen nur möglich, wenn Punkt G auf Strecke DB liegt. Um nachzuweisen, dass Punkt G auf Strecke DB liegt, zeigen wir, dass Winkel BGD ein gestreckter Winkel ist. Dazu berechnen wir die Größe der Winkel FGD und BGF und zeigen, dass ihre Summe 180° beträgt.
Dies gelingt in drei Schritten.
Zunächst zeigen wir wie in der Musterlösung (siehe dort: „Nachweis, dass Dreieck GFD ein rechtwinkliges Dreieck ist"), dass Winkel FGD ein rechter Winkel ist.
Im zweiten Schritt wird nachgewiesen, dass Punkt G Mittelpunkt von Strecke FE ist. Dazu berechnen wir $\overline{GF}$ in Dreieck GFD (alle Winkel des Dreiecks sind bekannt und $\overline{DG}$ lässt sich über $\overline{DA}$ sowie $\overline{BC}$ bestimmen) und zeigen, dass $\overline{GF}$ halb so groß wie $\overline{FE}$ ist.
Anschließend fällen wir das Lot von Punkt B auf Strecke FE und weisen mit den Eigenschaften von Loten in gleichseitigen Dreiecken nach, dass der Lotfußpunkt auf Punkt G liegt und Winkel BGF ein rechter Winkel ist.
Da die Summe zweier rechter Winkel 180° groß ist, ist gezeigt, dass Winkel BGD ein gestreckter Winkel ist und dass Punkt G auf Strecke DB liegt.
Mit den bekannten Größen $\overline{BC}$ und Winkel GDF lässt sich nun $\overline{CD}$ in Dreieck BCD ermitteln.

Alternative Ermittlung von $\overline{AB}$ anstatt $\overline{CD}$:
Bei dieser Alternative wird $\overline{AB}$ anstatt $\overline{CD}$ ermittelt, wozu neben der bekannten $\overline{BE}$ noch $\overline{AE}$ zu berechnen ist. Dazu zeigen wir zunächst, dass Dreieck AEG gleichschenklig mit den Schenkeln AE und EG ist. Dies gelingt, indem wir alle Innenwinkel berechnen und feststellen, dass die Winkel EAG und AGE gleich groß sind. Folglich wird die Basis GA des Dreiecks AEG vom Fußpunkt P der zugehörigen Höhe halbiert. Damit ist Strecke PA halb so lang wie Seite AG. Wegen $\overline{AG} = \overline{DA} = \overline{BC}$ folgt $\overline{PA} = \frac{1}{2} \cdot \overline{BC}$. Nun kann $\overline{AE}$ im Dreieck AEP über $\overline{PA}$ und die bekannte Größe von Winkel EAP berechnet werden.

3. Berechnung des Flächeninhalts von Rechteck ABCD
Abschließend wird der Flächeninhalt des Rechtecks ABCD berechnet und gezeigt, dass die Behauptung stimmt.

W 2

a) **Skizze 1: Pyramide**

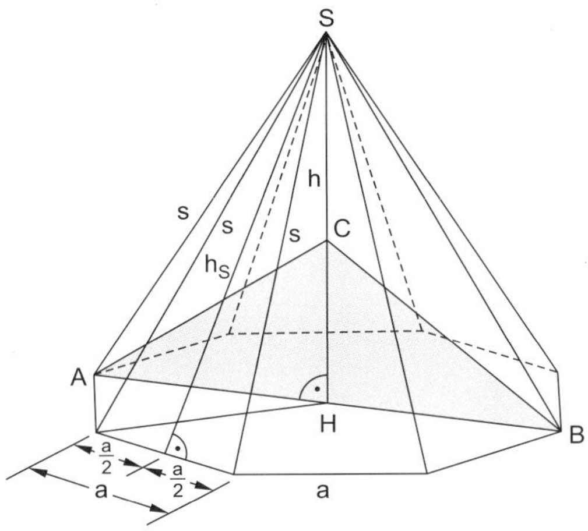

Skizze 2: Grundfläche der Pyramide

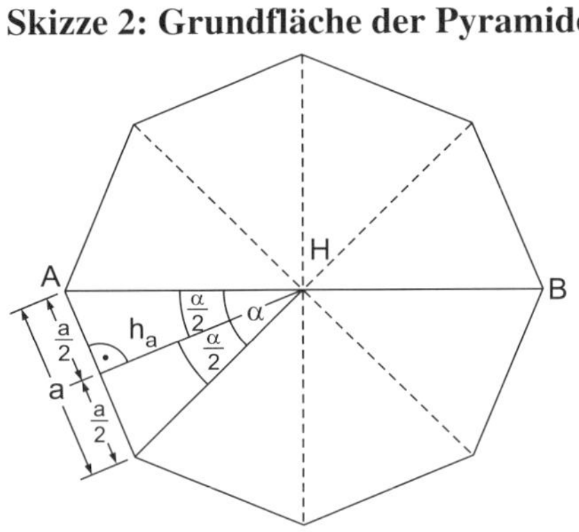

1. Berechnung von Pyramidenhöhe h

Berechnung von $\overline{AH}$:

$$\sin\frac{\alpha}{2} = \frac{\frac{a}{2}}{\overline{AH}} \qquad \Big| \cdot \overline{AH}$$

$$\overline{AH} \cdot \sin\frac{\alpha}{2} = \frac{a}{2} \qquad \Big| : \sin\frac{\alpha}{2}$$

$$\overline{AH} = \frac{a}{2 \cdot \sin\frac{\alpha}{2}}$$

$$\overline{AH} = \frac{6{,}2}{2 \cdot \sin 22{,}5^\circ}$$

$$\overline{AH} = \underline{8{,}10\ \text{cm}}$$

NR: **Berechnung von Mittelpunktswinkel α und von $\frac{\alpha}{2}$:**

$$\alpha = \frac{360^\circ}{n} \qquad | n = 8$$

$$\alpha = \frac{360^\circ}{8} = \underline{45^\circ}$$

$$\Rightarrow \quad \frac{\alpha}{2} = \underline{22{,}5^\circ}$$

Berechnung von Pyramidenhöhe h:

$$\overline{AH}^2 + h^2 = s^2 \qquad \Big| -\overline{AH}^2$$

$$h^2 = s^2 - \overline{AH}^2$$

Hinweise und Tipps

Die gesuchte Länge von Strecke SC erhalten wir über die Differenz aus Pyramidenhöhe h und der Höhe CH des Dreiecks ABC.

1. Berechnung von Pyramidenhöhe h
Pyramidenhöhe h lässt sich auf dem Diagonalschnitt ABS der Pyramide ermitteln.

Dazu wird neben der bekannten Seitenkante s noch $\overline{AH}$ benötigt. Strecke AH entspricht Grundkreisradius r der achteckigen Grundfläche der Pyramide. Da Grundkante a bekannt ist und Mittelpunktswinkel α der Grundfläche sowie $\frac{\alpha}{2}$ sich rasch ermitteln lassen, gewinnen wir $\overline{AH}$ in einem der acht gleichschenkligen Grundflächendreiecke.

2. Berechnung der Höhe $\overline{CH}$ des Dreiecks ABC
Für die Berechnung von $\overline{CH}$ stehen zwei Alternativen zur Verfügung.

Beim ersten Lösungsansatz wird $\overline{CH}$ über die Flächeninhaltsformel für Dreieck ABC gewonnen. Dazu werden der Flächeninhalt von Dreieck ABC und die Länge seiner Seite AB benötigt.
Da der Flächeninhalt von Dreieck ABC genauso groß sein soll wie der Flächeninhalt eines der Manteldreiecke, gewinnen wir den Flächeninhalt von Dreieck ABC indirekt über die Berechnung des Flächeninhalts eines der Manteldreiecke. Neben der bekannten Grundkante a wird dazu noch Höhe h_S der Manteldreiecke benötigt. Deren Berechnung gelingt auf einem der Manteldreiecke.

Seite AB des Dreiecks ABC besteht aus den beiden Teilstrecken AH und HB. Da Teilstrecke HB ebenfalls dem Grundkreisradius r entspricht, ist sie genauso lang wie die bereits bekannte Teilstrecke $\overline{AH}$. Wir erhalten $\overline{AB}$ folglich über Verdopplung von $\overline{AH}$.

Der zweite Lösungsansatz knüpft an die Vorgabe in der Aufgabenstellung an, dass der Flächeninhalt von Dreieck ABC genauso groß sein soll wie der Flächeninhalt eines der Manteldreiecke.

Zur Berechnung von $\overline{CH}$ wird bei diesem Lösungsansatz eine Gleichung aufgestellt, in der die Formel zur Berechnung des Flächeninhalts von Dreieck ABC und die Formel zur Berechnung des Flächeninhalts eines der Manteldreiecke gleichgesetzt werden:

$$A_{ABC} = A_{\text{Manteldreieck}}$$

$$\frac{1}{2}\overline{AB} \cdot \overline{CH} = \frac{1}{2} \cdot a \cdot h_S$$

Zur Berechnung von $\overline{CH}$ muss die Gleichung lediglich noch nach $\overline{CH}$ aufgelöst werden.

Da bei diesem Lösungsansatz die Berechnung des Flächeninhalts der Manteldreiecke entfällt, ist er weniger aufwendig als der erstgenannte Lösungsansatz.

In der Musterlösung wird der für den Mathematikunterricht der Realschule typische erste Lösungsansatz genutzt. Der zweite Lösungsansatz wird anschließend als Alternative gekennzeichnet dargestellt.

3. Berechnung von $\overline{SC}$
Abschließend erhalten wir die gesuchte $\overline{SC}$ über die Differenz aus Pyramidenhöhe h und der Höhe CH des Dreiecks ABC.

Hinweise und Tipps

$h^2 = 32{,}0^2 - 8{,}10^2 \quad |\sqrt{\ }$

$h = \underline{30{,}96\text{ cm}}$

2. Berechnung der Höhe CH des Dreiecks ABC

Berechnung des Flächeninhalts eines Manteldreiecks:

$A_{\text{Manteldreieck}} = \frac{1}{2} a \cdot h_S$

$A_{\text{Manteldreieck}} = \frac{1}{2} \cdot 6{,}2 \cdot 31{,}85$

$A_{\text{Manteldreieck}} = \underline{98{,}74\text{ cm}^2}$

NR: **Berechnung von h_S:**

$\left(\frac{a}{2}\right)^2 + h_S{}^2 = s^2 \quad \left| -\left(\frac{a}{2}\right)^2\right.$

$h_S{}^2 = s^2 - \left(\frac{a}{2}\right)^2$

$h_S{}^2 = 32{,}0^2 - \left(\frac{6{,}2}{2}\right)^2 \quad |\sqrt{\ }$

$h_S = \underline{31{,}85\text{ cm}}$

Berechnung von $\overline{CH}$:

$A_{ABC} = \frac{1}{2} \cdot \overline{AB} \cdot \overline{CH}$

$A_{ABC} = \frac{1}{\cancel{2}_1} \cdot \cancel{2}^1 \cdot \overline{AH} \cdot \overline{CH} \quad |:\overline{AH}$

$\overline{CH} = \frac{A_{ABC}}{\overline{AH}} \quad | A_{ABC} = A_{\text{Manteldreieck}}$

$\overline{CH} = \frac{98{,}74}{8{,}10}$

$\overline{CH} = \underline{12{,}19\text{ cm}}$

NR: **Bestimmung von $\overline{AB}$:**

$\overline{HB} = \overline{AH}$

$\Rightarrow \overline{AB} = \underline{2 \cdot \overline{AH}}$

Alternativer Lösungsansatz zur Berechnung von $\overline{CH}$

Berechnung von $\overline{CH}$:

$A_{ABC} = A_{\text{Manteldreieck}}$

$\frac{1}{2} \cdot \overline{AB} \cdot \overline{CH} = \frac{1}{2} \cdot a \cdot h_S$

$\frac{1}{\cancel{2}_1} \cdot \cancel{2}^1 \cdot \overline{AH} \cdot \overline{CH} = \frac{1}{2} \cdot a \cdot h_S \quad |:\overline{AH}$

$\overline{CH} = \frac{a \cdot h_S}{2 \cdot \overline{AH}}$

$\overline{CH} = \frac{6{,}2 \cdot 31{,}85}{2 \cdot 8{,}10}$

$\overline{CH} = \underline{12{,}19\text{ cm}}$

NR: **Berechnung von h_S:**

$$\left(\frac{a}{2}\right)^2 + h_S{}^2 = s^2 \qquad \left| -\left(\frac{a}{2}\right)^2\right.$$

$$h_S{}^2 = s^2 - \left(\frac{a}{2}\right)^2$$

$$h_S{}^2 = 32{,}0^2 - \left(\frac{6{,}2}{2}\right)^2 \qquad |\sqrt{\ }$$

$$h_S = \underline{31{,}85\text{ cm}}$$

NR: **Bestimmung von $\overline{AB}$:**

$$\overline{HB} = \overline{AH}$$

$$\Rightarrow \quad \overline{AB} = \underline{2 \cdot \overline{AH}}$$

3. Berechnung von $\overline{SC}$

$\overline{SC} = h - \overline{CH}$

$\overline{SC} = 30{,}96 - 12{,}19$

$\overline{SC} = 18{,}77$ cm

$\overline{SC} = \underline{\underline{18{,}8\text{ cm}}}$

b) **Skizze 1: DIN-A4-Blatt**

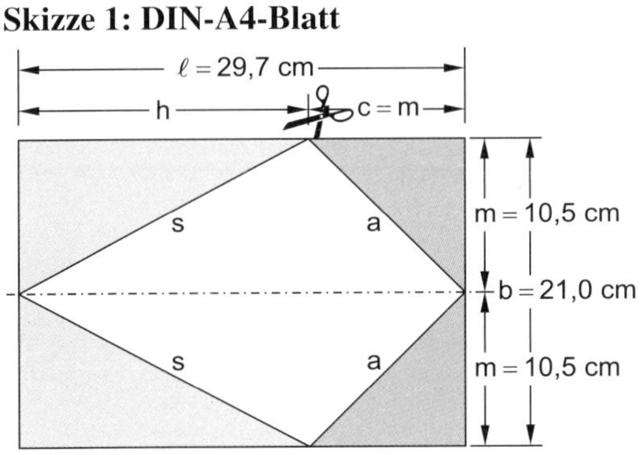

Skizze 2: Vervollständigte Teilpyramide

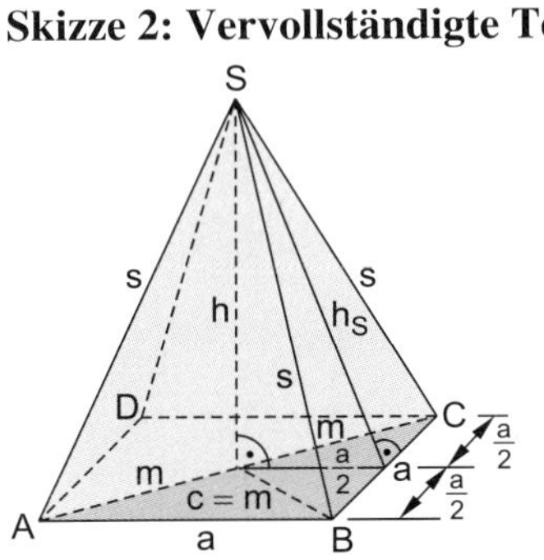

1. Berechnung der Summe der Flächeninhalte der beiden Manteldreiecke ABS und BCS

Berechnung von a:

$$\overline{AC} = a\sqrt{2} \qquad |:\sqrt{2}$$

$$a = \frac{\overline{AC}}{\sqrt{2}}$$

Hinweise und Tipps

Skizze 1: DIN-A4-Blatt

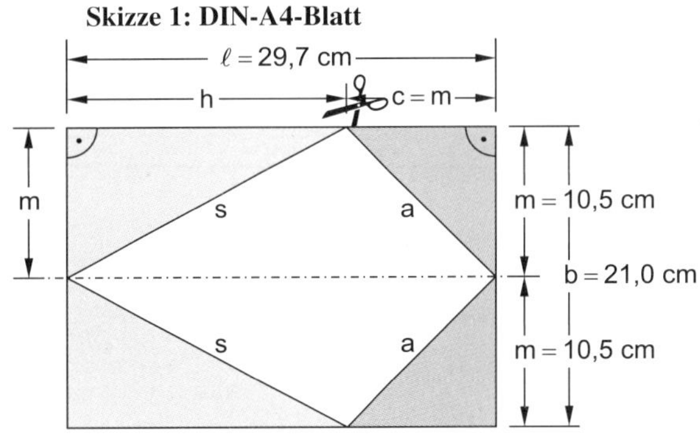

Skizze 2: Vervollständigte Teilpyramide

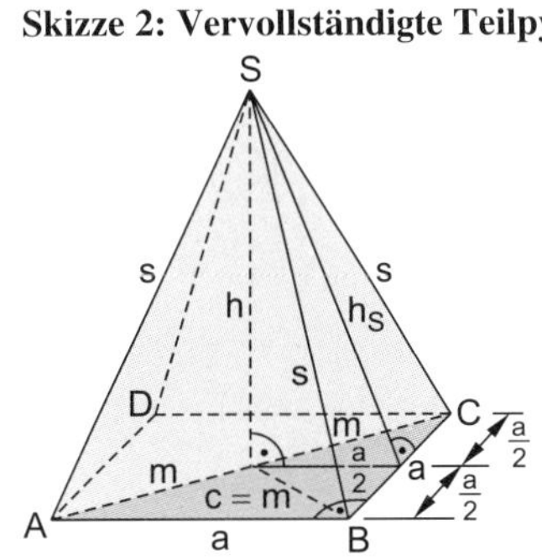

Um Lenas Behauptung zu überprüfen, wird die Summe der Flächeninhalte der beiden Manteldreiecke ABS und BCS mit dem Flächeninhalt der Restfläche des DIN-A4-Blatts (in der Zeichnung: weiße Fläche) verglichen. Ist die Summe der Flächeninhalte der beiden Manteldreiecke ABS und BCS genauso groß wie der Flächeninhalt der Restfläche, hat Lena recht. Unterscheiden sich die zu vergleichenden Flächeninhalte, hat Lena nicht recht.

$a = \frac{21,0}{\sqrt{2}}$

$a = \underline{14,85 \text{ cm}}$

NR: **Bestimmung von $\overline{AC}$:**

$\overline{AC} = 2 \cdot m = b = \underline{21,0 \text{ cm}}$

Bestimmung von c:

$c = \frac{\overline{BD}}{2} = \frac{\overline{AC}}{2} = m = \underline{10,50 \text{ cm}}$

Berechnung von h:

$h = \ell - c$

$h = 29,7 - 10,50$

$h = \underline{19,2 \text{ cm}}$

Berechnung von h_S:

$h_S{}^2 = h^2 + \left(\frac{a}{2}\right)^2$

$h_S{}^2 = 19,2^2 + \left(\frac{14,85}{2}\right)^2 \quad |\sqrt{\ }$

$h_S = \underline{20,59 \text{ cm}}$

Berechnung der Summe der Flächeninhalte der beiden Manteldreiecke ABS und BCS:

$A_{\text{Manteldreiecke ABS und BCS}} = A_{ABS} + A_{BCS}$ | $A_{ABS} = A_{BCS}$; Eigenschaften quadratischer Pyramiden

$A_{\text{Manteldreiecke ABS und BCS}} = {}^1\not{2} \cdot \frac{1}{\not{2}_1} a \cdot h_S$

$A_{\text{Manteldreiecke ABS und BCS}} = 14,85 \cdot 20,59$

$A_{\text{Manteldreiecke ABS und BCS}} = \underline{305,76 \text{ cm}^2}$

2. Berechnung des Flächeninhalts der Restfläche des DIN-A4-Blatts

$A_{\text{Restfläche}} = \frac{1}{2} \ell \cdot b$

$A_{\text{Restfläche}} = \frac{1}{2} \cdot 29,7 \cdot 21,0$

$A_{\text{Restfläche}} = \underline{311,85 \text{ cm}^2}$

3. Feststellung, ob Lena recht hat

$A_{\text{Manteldreiecke ABS und BCS}} = 305,76 \text{ cm}^2$ und

$A_{\text{Restfläche}} = 311,85 \text{ cm}^2$

⇒ Die beiden Manteldreiecke ABS und BCS haben zusammen nicht den gleichen Flächeninhalt wie die Restfläche des DIN-A4-Blatts.

⇒ Lena hat nicht recht.

Hinweise und Tipps

1. Berechnung der Summe der Flächeninhalte der beiden Manteldreiecke ABS und BCS

Da die Flächeninhalte der beiden Manteldreiecke ABS und BCS gleich groß sind, genügt es, die Fläche eines Manteldreiecks zu berechnen und den ermittelten Wert zu verdoppeln. Dafür benötigen wir die Seitenkante a und die Höhe h_S auf den Manteldreiecken ABS und BCS.

Die Berechnung von Seitenkante a gelingt entweder in Dreieck ABC oder auf der quadratischen Grundfläche der (ursprünglichen) ganzen Pyramide. In beiden Fällen ist zunächst noch $\overline{AC}$ zu bestimmen. In der Musterlösung wird der zweite Ansatz verwendet.

Für die Berechnung von Höhe h_S stehen ebenfalls zwei Alternativen zur Verfügung.
In der Musterlösung wird der kürzere Weg über das Dreieck mit den Seiten h, $\frac{a}{2}$ und h_S gewählt. Der alternative Ansatz über das Dreieck mit den Seiten s, $\frac{a}{2}$ und h_S ist etwas aufwendiger.
Seitenkante a und damit $\frac{a}{2}$ sind bereits bekannt.

Pyramidenhöhe h gewinnen wir auf dem DIN-A4-Blatt über die Differenz aus ℓ und c. Seitenlänge ℓ ist bekannt und c lässt sich entweder auf der Grundfläche der Pyramide bestimmen oder auf dem DIN-A4-Blatt im Dreieck mit den Seiten a, m und c berechnen.

Wird der alternative Weg zur Berechnung von h_S gewählt, muss zusätzlich noch Seitenkante s berechnet werden. Dies gelingt entweder im Dreieck mit den Seiten s, h und m auf dem DIN-A4-Blatt oder alternativ im Dreieck mit den Seiten s, h und c = m in der Pyramide.

Nach der Ermittlung von a und h_S wird die Summe der Flächeninhalte der beiden Manteldreiecke ABS und BCS berechnet.

2. Berechnung des Flächeninhalts der Restfläche des DIN-A4-Blatts

Die Restfläche ist ein Drachenviereck. Die für die Berechnung seines Flächeninhalts notwendigen Größen sind bekannt.

3. Feststellung, ob Lena recht hat

Der abschließende Vergleich der Summe der Flächeninhalte der beiden Manteldreiecke ABS und BCS mit dem Flächeninhalt der Restfläche zeigt, ob Lena recht hat.

W 3

a) **Skizze:**

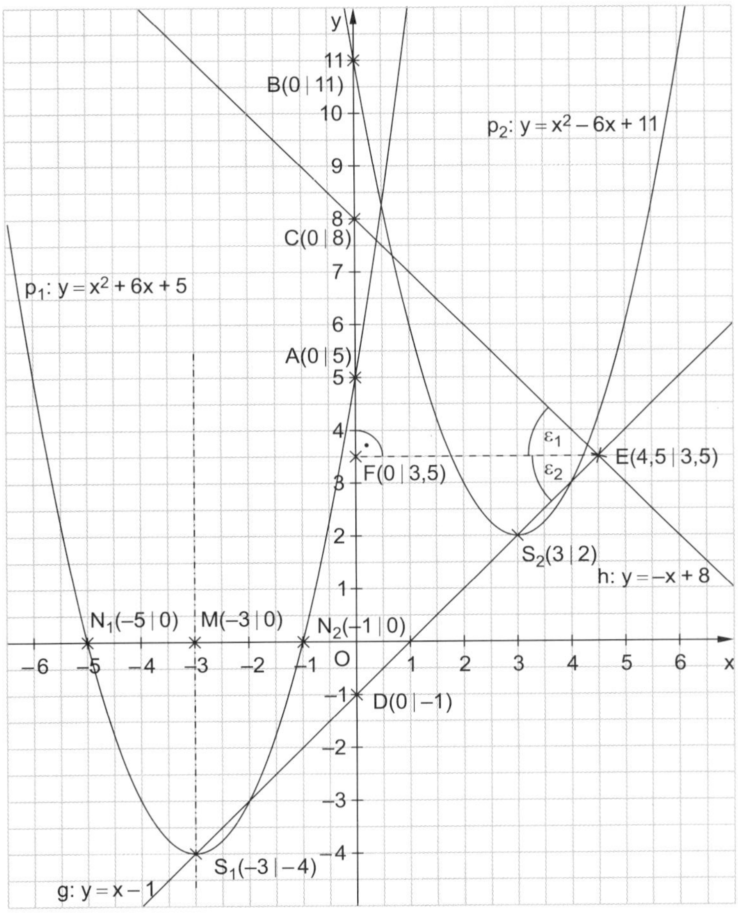

1. Berechnung der Funktionsgleichung von Gerade g

Ermittlung der Funktionsgleichung von Parabel p_1:

$y = x^2 + bx + c$

(1) $N_1(-5\,|\,0)$:	$0 = (-5)^2 + b\cdot(-5) + c$	
(2) $N_2(-1\,|\,0)$:	$0 = (-1)^2 + b\cdot(-1) + c$	
(1')	$0 = 25 - 5b + c$	
(2')	$0 = 1 - b + c$	$\mid\cdot(-1)$
(1')	$0 = 25 - 5b + c$	$\mid(1') + (2'')$
(2'')	$0 = -1 + b - c$	
	$0 = 24 - 4b$	$\mid +4b$
	$4b = 24$	$\mid :4$
	$b = \underline{6}$	
b = 6 in (2'):	$0 = 1 - 6 + c$	$\mid +5$
	$c = \underline{5}$	

Bestimmung der Funktionsgleichung von Parabel p_1:

p_1: $y = x^2 + bx + c$

p_1: $\underline{y = x^2 + 6x + 5}$

Hinweise und Tipps

1. Berechnung der Funktionsgleichung von Gerade g

Die Funktionsgleichung von Gerade g lässt sich mit der Hauptform für lineare Funktionen bestimmen. Dafür müssen zunächst Steigungsfaktor m_g und y-Achsenabschnitt c_g ermittelt werden.

Steigungsfaktor m_g gewinnen wir mit den Koordinaten der beiden Scheitelpunkte S_1 und S_2, durch die Gerade g verläuft.

Für die Berechnung der Koordinaten von Scheitelpunkt S_1 stehen zwei Alternativen zur Auswahl.

Beim Standardverfahren wird zunächst die Funktionsgleichung von Parabel p_1 ermittelt. Für die Gewinnung der Koordinaten von Scheitelpunkt S_1 formen wir die Funktionsgleichung anschließend in ihre Scheitelform um.

Alternativ können die Koordinaten von Scheitelpunkt S_1 bestimmt werden, indem die Symmetrieeigenschaften und die Eigenschaften von Parabel p_1 als Graph einer quadratischen Funktion genutzt werden.
In der Musterlösung wird das Standardverfahren verwendet. Die Alternative wird zusätzlich dargestellt.

Für die Bestimmung der Koordinaten von Scheitelpunkt S_2 wird die bekannte Funktionsgleichung von Parabel p_2 in die Scheitelform umgeformt.

Für die Berechnung des y-Achsenabschnitts von Gerade g nutzen wir den ermittelten Steigungsfaktor m_g der Geraden g und die Koordinaten von einem der beiden Scheitelpunkte S_1 oder S_2.

2. Klärung der Frage, unter welchen Winkeln sich die Geraden g und h schneiden

Das Produkt der Steigungsfaktoren zweier senkrecht zueinander stehender Geraden beträgt −1. Nachdem der Nachweis geführt worden ist, dass das Produkt der Steigungsfaktoren der beiden Geraden g und h den Wert −1 besitzt, kann rasch ermittelt werden, unter welchen Winkeln sich die Geraden g und h schneiden.

Alternative Lösungsmöglichkeit:
Alternativ – allerdings deutlich aufwendiger – kann die Frage auch geklärt werden, indem einer der vier Winkel berechnet wird und mit seiner Hilfe anschließend die Größen der anderen Winkel bestimmt werden.

Schnittpunkt E der beiden Geraden g und h bildet zusammen mit den Schnittpunkten D und C der beiden Geraden mit der y-Achse das Dreieck DEC.
Das Lot von Punkt E auf die y-Achse zerlegt das Dreieck DEC in die beiden Teildreiecke DEF und FEC. Diese sind beim Lotfußpunkt F rechtwinklig. Außerdem zerlegt das Lot Schnittwinkel CED der beiden Geraden g und h in die beiden Teilwinkel ε_1 und ε_2.

Die Längen der Katheten der beiden Teildreiecke DEF und FEC lassen sich über die Koordinaten der vier Punkte D, E, C und F ermitteln, sodass die Größen der beiden Teilwinkel ε_1 und ε_2 berechnet werden

Berechnung der Koordinaten von Scheitelpunkt S_1:

$y = x^2 + 6x + 5$ $\quad$ | quadratisch ergänzen

$y = x^2 + 6x + 3^2 + 5 - 3^2$

$y = (x+3)^2 - 4$

$\Rightarrow$ Scheitelpunkt $\underline{S_1(-3\,|\,-4)}$

Alternative zur Berechnung der Koordinaten von Scheitelpunkt S_1

1. Ermittlung der x-Koordinate von Scheitelpunkt S_1

Berechnung des Abstands d zwischen N_1 und N_2:

$d = |x_{N_1}| - |x_{N_2}| = |-5| - |-1| = \underline{4\text{ LE}}$

Ermittlung der Koordinaten des Mittelpunkts M von Strecke N_1N_2:

- $x_M = x_{N_2} - \frac{d}{2} = -1 - \frac{4}{2} = \underline{-3}$
- Da Punkt M als Mittelpunkt der auf der x-Achse liegenden Strecke N_1N_2 ebenfalls auf der x-Achse liegt, gilt: $y_M = \underline{0}$

$\Rightarrow$ $\underline{M(-3\,|\,0)}$

Bestimmung von x_{S_1}:

Da Punkt M und Scheitelpunkt S_1 auf der Symmetrieachse von Parabel p_1 liegen, gilt:

$x_{S_1} = x_M = \underline{-3}$

2. Ermittlung der y-Koordinate von Scheitelpunkt S_1

Berechnung des Abstands $\overline{MS_1}$ zwischen Punkt M und Scheitelpunkt S_1:

$\overline{MS_1} = \left(\frac{d}{2}\right)^2$

$\overline{MS_1} = \left(\frac{4}{2}\right)^2$

$\overline{MS_1} = \underline{4\text{ LE}}$

Berechnung von y_{S_1}:

$y_{S_1} = y_M - \overline{MS_1}$

$y_{S_1} = 0 - 4$

$y_{S_1} = \underline{-4}$

3. Feststellung der Koordinaten von Scheitelpunkt S_1

$\underline{S_1(-3\,|\,-4)}$

✎ Hinweise und Tipps

können. Über ihre Summe erhalten wir die Größe von Schnittwinkel CED.
Ausgehend von der Größe von Schnittwinkel CED stellen wir die Größen der anderen drei Schnittwinkel fest.

Als Grundlage für die Berechnungen werden die Koordinaten der Punkte D, E, C und F benötigt.
Punkt C ist Mittelpunkt von Strecke AB. Die Punkte A und B sind die Schnittpunkte der beiden Parabeln p_1 und p_2 mit der y-Achse. So gewinnen wir die Koordinaten von Punkt C, nachdem wir die Koordinaten der beiden Schnittpunkte A und B berechnet haben.
Für die Ermittlung der Koordinaten von Schnittpunkt E wird neben der bekannten Funktionsgleichung von Gerade g noch die Funktionsgleichung von Gerade h benötigt. Diese erhalten wir über die Hauptform für lineare Funktionen. Steigungsfaktor m ist bekannt. y-Achsenabschnitt c_h gewinnen wir über die y-Koordinate ihres Schnittpunkts C mit der y-Achse.
Die Koordinaten von Punkt D lassen sich über seine Eigenschaften als Schnittpunkt von Gerade g mit der y-Achse bestimmen.
Die Koordinaten von Lotfußpunkt F erhalten wir über seine Eigenschaften als Lotfußpunkt des Lots von Schnittpunkt E auf die y-Achse.

Hinweise und Tipps

Berechnung der Koordinaten von Scheitelpunkt S_2 von Parabel p_2:

$y = x^2 - 6x + 11 \qquad |$ quadratisch ergänzen

$y = x^2 - 6x + 3^2 + 11 - 3^2$

$y = (x-3)^2 + 2$

$\Rightarrow$ Scheitelpunkt $\underline{S_2(3\,|\,2)}$

Bestimmung der Funktionsgleichung von Gerade g:

g: $y = m_g x + c_g$

g: $y = 1x - 1$

g: $\underline{\underline{y = x - 1}}$

NR: **Berechnung von Steigungsfaktor m_g:**

$$m_g = \frac{y_{S_1} - y_{S_2}}{x_{S_1} - x_{S_2}}$$

$$m_g = \frac{-4-2}{-3-3}$$

$$m_g = \frac{-6}{-6}$$

$$m_g = \underline{1}$$

NR: **Berechnung von y-Achsenabschnitt c_g:**

$y = m_g x + c_g \qquad |-m_g x$

$c_g = y - m_g x \qquad |\, m_g = 1;\ S_2(3\,|\,2)$

$c_g = 2 - 1 \cdot 3$

$c_g = \underline{-1}$

2. Klärung der Frage, unter welchen Winkeln sich die Geraden g und h schneiden

Nachweis, dass Gerade g und Gerade h senkrecht zueinander stehen:

$m_g \cdot m \stackrel{?}{=} -1$

$1 \cdot (-1) \stackrel{?}{=} -1$

$-1 \stackrel{!}{=} -1$

$\Rightarrow$ Gerade g und Gerade h stehen senkrecht zueinander.

Feststellung, unter welchen Winkeln sich die Geraden g und h schneiden:

Da die Geraden g und h senkrecht zueinander stehen, gilt:
Jeder der vier Schnittwinkel der Geraden g und h ist 90,0° groß.

Hinweise und Tipps

Alternative zur Klärung der Frage, unter welchen Winkeln sich die Geraden g und h schneiden

Ermittlung der Koordinaten des Schnittpunkts A von Parabel p_1 mit der y-Achse:

$y = x^2 + 6x + 5 \quad |\, x = 0$

$y = 0^2 + 6 \cdot 0 + 5$

$y = \underline{5}$

$\Rightarrow \quad \underline{A(0\,|\,5)}$

Ermittlung der Koordinaten des Schnittpunkts B von Parabel p_2 mit der y-Achse:

$y = x^2 - 6x + 11 \quad |\, x = 0$

$y = 0^2 - 6 \cdot 0 + 11$

$y = \underline{11}$

$\Rightarrow \quad \underline{B(0\,|\,11)}$

Ermittlung der Koordinaten des Mittelpunkts C von Strecke AB:

- $y_C = y_B - \frac{\overline{AB}}{2} = y_B - \frac{y_B - y_A}{2} = 11 - \frac{11-5}{2} = \underline{8}$
- Punkt C liegt als Mittelpunkt der auf der y-Achse liegenden Strecke AB ebenfalls auf der y-Achse. $\Rightarrow \quad x_C = \underline{0}$

$\Rightarrow \quad \underline{C(0\,|\,8)}$

Bestimmung der Gleichung von Gerade h:

h: $y = mx + c_h \quad |\, m = -1$

h: $y = -1x + 8$

h: $\underline{y = -x + 8}$

NR: **Bestimmung von y-Achsenabschnitt c_h:**
Gerade h schneidet die y-Achse im Punkt C(0 | 8).
$\Rightarrow \quad c_h = y_C = \underline{8}$

Berechnung der Koordinaten des Schnittpunkts E der beiden Geraden g und h:

$g = h$

$x - 1 = -x + 8 \quad |\, +x;\ +1$

$2x = 9 \quad |\, :2$

$x = \underline{4{,}5}$

x = 4,5 in g: $\quad y = 4{,}5 - 1$

$y = \underline{3{,}5} \quad \Rightarrow \quad \underline{E(4{,}5\,|\,3{,}5)}$

Ermittlung der Koordinaten des Schnittpunkts D von Gerade g mit der y-Achse:

Punkt D ist der Schnittpunkt von Gerade g mit der y-Achse.

$\Rightarrow \quad y_D = c_g = \underline{-1} \quad \Rightarrow \quad \underline{D(0\,|\,-1)}$

Ermittlung der Koordinaten von Lotfußpunkt F:

- Punkt F liegt auf der y-Achse $\Rightarrow \quad x_F = \underline{0}$
- Punkt F ist Fußpunkt des Lots von Punkt E auf die y-Achse.
  $\Rightarrow \quad y_F = y_E = \underline{3{,}5}$

$\Rightarrow \quad \underline{F(0\,|\,3{,}5)}$

✎ Hinweise und Tipps

Berechnung von Winkel ε_1:

$\tan\varepsilon_1 = \frac{\overline{CF}}{\overline{FE}}$

$\tan\varepsilon_1 = \frac{4,5}{4,5}$

$\varepsilon_1 = \underline{45,0°}$

NR: **Berechnung von $\overline{CF}$:**

$\overline{CF} = |y_C| - |y_F|$

$\overline{CF} = |8| - |3,5|$

$\overline{CF} = \underline{4,5\ LE}$

NR: **Bestimmung von $\overline{FE}$:**

$\overline{FE} = |x_E| = |4,5| = \underline{4,5\ LE}$

Berechnung von Winkel ε_2:

$\tan\varepsilon_2 = \frac{\overline{FD}}{\overline{FE}}$

$\tan\varepsilon_2 = \frac{4,5}{4,5}$

$\varepsilon_2 = \underline{45,0°}$

NR: **Berechnung von $\overline{FD}$:**

$\overline{FD} = |y_F| + |y_D| = |3,5| + |-1| = \underline{4,5\ LE}$

Berechnung des Schnittwinkels CED der Geraden g und h:

$\sphericalangle CED = \varepsilon_1 + \varepsilon_2 = 45,0° + 45,0° = \underline{90,0°}$

Bestimmung der Größe der anderen drei Schnittwinkel:

Da sich Nebenwinkel an sich schneidenden Geraden zu 180° ergänzen und da Winkel CED 90,0° groß ist, kann daraus geschlossen werden:

Jeder der vier Schnittwinkel der Geraden g und h ist 90,0° groß.

b) **Skizze:**

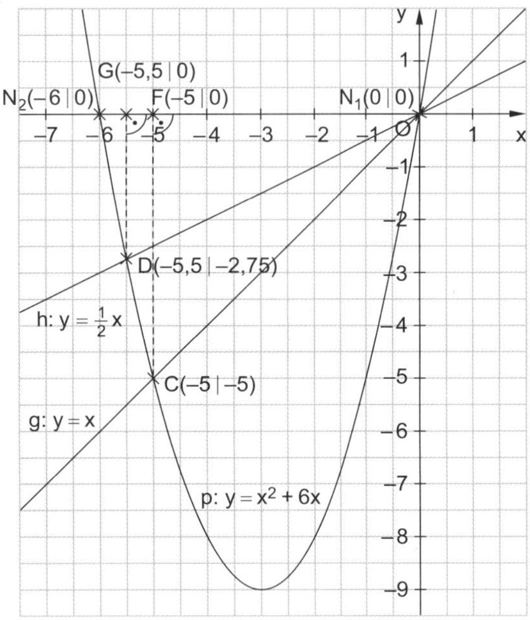

1. Berechnung des Flächeninhalts von Dreieck N_1N_2C

Berechnung der Koordinaten der Schnittpunkte N_1 und N_2 von Parabel p mit der x-Achse:

$$y = x^2 + 6x \qquad | \, y = 0$$

$$x^2 + 6x = 0$$

$$x_{1/2} = -\frac{p}{2} \pm \sqrt{\left(\frac{p}{2}\right)^2 - q}$$

$$x_{1/2} = -\frac{6}{2} \pm \sqrt{\left(\frac{6}{2}\right)^2}$$

$$x_{1/2} = -3 \pm \sqrt{3^2}$$

$$x_{1/2} = -3 \pm 3$$

$$x_1 = \underline{0} \qquad \Rightarrow \qquad \underline{N_1(0\,|\,0)}$$

$$x_2 = \underline{-6} \qquad \Rightarrow \qquad \underline{N_2(-6\,|\,0)}$$

Berechnung der Koordinaten des Schnittpunkts C von Parabel p und Gerade g:

$$p = g$$

$$x^2 + 6x = x \qquad | -x$$

$$x^2 + 5x = 0$$

$$x_{1/2} = -\frac{p}{2} \pm \sqrt{\left(\frac{p}{2}\right)^2 - q}$$

$$x_{1/2} = -\frac{5}{2} \pm \sqrt{\left(\frac{5}{2}\right)^2}$$

$$x_{1/2} = -2{,}5 \pm \sqrt{2{,}5^2}$$

$$x_{1/2} = -2{,}5 \pm 2{,}5$$

$x_1 = \underline{0}$ $\Rightarrow$ x-Koordinate des bekannten Schnittpunkts $N_1(0\,|\,0)$

$$x_2 = \underline{-5}$$

Hinweise und Tipps

1. Berechnung des Flächeninhalts von Dreieck N_1N_2C

Für die Berechnung des Flächeninhalts von Dreieck N_1N_2C nutzen wir die Flächeninhaltsformel für Dreiecke.

Es empfiehlt sich, Strecke $\overline{N_1N_2}$ als Grundseite zu wählen. Für die Ermittlung von $\overline{N_1N_2}$ nutzen wir die x-Koordinaten der beiden Punkte N_1 und N_2. Zugehörige Höhe ist das Lot von Schnittpunkt C auf die x-Achse. Seine Länge lässt sich über die y-Koordinate von Punkt C gewinnen.

Für die Berechnung der y-Koordinate von Punkt C benötigen wir die x-Koordinate von C. Diese erhalten wir, indem wir die Funktionsterme von Parabel p und von Gerade g gleichsetzen. Wir erhalten zwei Werte: Ein Wert ist die x-Koordinate des bereits bekannten Punkts N_1; der andere Wert ist der gesuchte Wert der x-Koordinate von Punkt C. Für die Ermittlung der y-Koordinate von Punkt C setzen wir diesen Wert in eine der beiden Gleichungen ein.

Abschließend wird der Flächeninhalt von Dreieck N_1N_2C berechnet.

2. Untersuchung, ob Peter recht hat

Um zu überprüfen, ob die Behauptung von Peter stimmt, stehen zwei alternative Ansätze zur Auswahl.

Beim ersten Lösungsansatz ermitteln wir den Flächeninhalt von Dreieck N_1N_2D und vergleichen ihn mit dem halben Flächeninhalt von Dreieck N_1N_2C. Beim zweiten Lösungsansatz werden lediglich die Höhen der beiden Dreiecke miteinander verglichen.

Die beiden Lösungswege unterscheiden sich nur geringfügig. In der Musterlösung wird der Lösungsweg über den ersten Ansatz dargestellt. Der Lösungsweg über den alternativen Ansatz wird unten skizziert.

Der Flächeninhalt von Dreieck N_1N_2C ist bereits bekannt und muss für den Vergleich lediglich noch halbiert werden.

Der Flächeninhalt von Dreieck N_1N_2D muss noch ermittelt werden.

Wieder wählen wir Strecke $\overline{N_1N_2}$ als Grundseite. $\overline{N_1N_2}$ ist bereits bekannt. Zugehörige Höhe ist das Lot von Schnittpunkt D auf die x-Achse. Bei der Bestimmung seiner Länge gehen wir analog zur Bestimmung der Höhe CF in Dreieck N_1N_2C vor.

Abschließend vergleichen wir den Flächeninhalt von Dreieck N_1N_2D mit dem halben Flächeninhalt von Dreieck N_1N_2C. Sind die beiden Flächeninhalte gleich groß, hat Peter recht, sind sie verschieden groß, hat Peter nicht recht.

Alternativer Lösungsansatz:

Die Größe des Flächeninhalts eines Dreiecks hängt von zwei Bestimmungsstücken ab: der Länge der als Grundseite gewählten Dreiecksseite und der Länge der zugehörigen Höhe.

Da die beiden Dreiecke N_1N_2C und N_1N_2D mit Strecke $\overline{N_1N_2}$ dieselbe Grundseite haben, genügt es, die Höhen der beiden Dreiecke miteinander zu vergleichen. Ist die Höhe von Dreieck N_1N_2D halb so lang wie die Höhe von Dreieck N_1N_2C, ist auch der Flächeninhalt von Dreieck N_1N_2D halb so groß wie der Flächeninhalt von Dreieck N_1N_2C. In diesem Fall hat Peter recht. Andernfalls hat Peter nicht recht.

Statt wie in der Musterlösung den Flächeninhalt von

$x_2 = -5$ in g: $y = \underline{-5} \Rightarrow \underline{C(-5\,|\,-5)}$

Berechnung des Flächeninhalts von Dreieck N_1N_2C:

$A_{N_1N_2C} = \frac{1}{2}\overline{N_1N_2} \cdot \overline{CF}$

$A_{N_1N_2C} = \frac{1}{2} \cdot 6 \cdot 5$

$A_{N_1N_2C} = \underline{\underline{15\text{ FE}}}$

NR: **Bestimmung von $\overline{N_1N_2}$:**

$\overline{N_1N_2} = |x_{N_2}| = |-6| = \underline{6\text{ LE}}$

NR: **Bestimmung von $\overline{CF}$:**

$\overline{CF} = |y_C| = |-5| = \underline{5\text{ LE}}$

2. Untersuchung, ob Peter recht hat

Berechnung der Koordinaten des Schnittpunkts D von Parabel p und Gerade h:

$p = h$

$x^2 + 6x = \frac{1}{2}x \quad \left| -\frac{1}{2}x \right.$

$x^2 + 5{,}5x = 0$

$x_{1/2} = -\frac{p}{2} \pm \sqrt{\left(\frac{p}{2}\right)^2 - q}$

$x_{1/2} = -\frac{5{,}5}{2} \pm \sqrt{\left(\frac{5{,}5}{2}\right)^2}$

$x_{1/2} = -2{,}75 \pm \sqrt{2{,}75^2}$

$x_{1/2} = -2{,}75 \pm 2{,}75$

$x_1 = \underline{0} \quad \Rightarrow$ x-Koordinate des bekannten Schnittpunkts $N_1(0\,|\,0)$

$x_2 = \underline{-5{,}5}$

$x_2 = -5{,}5$ in h: $y = \frac{1}{2} \cdot (-5{,}5)$

$y = \underline{-2{,}75} \Rightarrow \underline{D(-5{,}5\,|\,-2{,}75)}$

Berechnung des Flächeninhalts von Dreieck N_1N_2D:

$A_{N_1N_2D} = \frac{1}{2}\overline{N_1N_2} \cdot \overline{DG}$

$A_{N_1N_2D} = \frac{1}{2} \cdot 6 \cdot 2{,}75$

$A_{N_1N_2D} = \underline{8{,}25\text{ FE}}$

NR: **Bestimmung von $\overline{DG}$:**

$\overline{DG} = |y_D| = |-2{,}75| = \underline{2{,}75\text{ LE}}$

Berechnung der Hälfte des Flächeninhalts von Dreieck N_1N_2C:

$\frac{1}{2}A_{N_1N_2C} = \frac{1}{2} \cdot 15 = \underline{7{,}5\text{ FE}}$

Hinweise und Tipps

Dreieck N_1N_2D zu berechnen und mit dem halben Flächeninhalt von Dreieck N_1N_2C zu vergleichen, wird bei diesem Lösungsansatz (lediglich) die Höhe von Dreieck N_1N_2D ermittelt und mit der halben Länge der Höhe von Dreieck N_1N_2C verglichen.

Feststellung, ob Peter recht hat:

$A_{N_1N_2D} = 8{,}25\text{ FE}$ und $\frac{1}{2}A_{N_1N_2C} = 7{,}5\text{ FE}$

$\Rightarrow$ $A_{N_1N_2D} \neq \frac{1}{2}A_{N_1N_2C}$

$\Rightarrow$ Der Flächeninhalt von Dreieck N_1N_2D ist nicht „halb so groß" wie der Flächeninhalt von Dreieck N_1N_2C.

$\Rightarrow$ Peter hat nicht recht.

W 4

a) **Feststellung der Anzahl der einzelnen Symbole sowie der Gesamtzahl der Symbole auf jedem der beiden Glücksräder:**

Oberes Glücksrad:	Unteres Glücksrad:
■: 2-mal	■: 5-mal
▲: 2-mal	▲: 1-mal
●: 1-mal	●: 2-mal
Anzahl Symbole: 5	Anzahl Symbole: 8

1. Berechnung der Wahrscheinlichkeit, dass im Sichtfenster zwei gleiche Symbole zu sehen sind

P(zwei gleiche Symbole) = P(■; ■) + P(▲; ▲) + P(●; ●)

$$\text{P(zwei gleiche Symbole)} = \frac{2}{5}\cdot\frac{5}{8}+\frac{2}{5}\cdot\frac{1}{8}+\frac{1}{5}\cdot\frac{2}{8}$$

$$\text{P(zwei gleiche Symbole)} = \frac{10}{40}+\frac{2}{40}+\frac{2}{40}$$

$$\text{P(zwei gleiche Symbole)} = \frac{14}{40}$$

$$\text{P(zwei gleiche Symbole)} = \frac{7}{20}$$

$$\text{P(zwei gleiche Symbole)} = 35{,}0\,\%$$

A: Die Wahrscheinlichkeit, dass im Sichtfenster zwei gleiche Symbole zu sehen sind, beträgt $\frac{7}{20}$ bzw. 35,0 %.

2. Berechnung des Erwartungswerts E für den abgebildeten Gewinnplan

$$E = \text{P(gleiche Symbole)}\cdot G_{\text{„gleiche Symbole"}} + \text{P(Kreis und Dreieck)}\cdot G_{\text{„Kreis und Dreieck"}} - S$$

$$E = \frac{7}{20_{10}}\cdot 2{,}00^{1} + \frac{1}{8_{2}}\cdot 4{,}00^{1} - 1{,}50$$

$$E = -0{,}30\text{ €}$$

Legende:
G: Gewinn
S: Spieleinsatz

NR: **Berechnung der Wahrscheinlichkeit für das Ereignis „Kreis und Dreieck":**

P(Kreis und Dreieck) = P(●; ▲) + P(▲; ●)

$$\text{P(Kreis und Dreieck)} = \frac{1}{5}\cdot\frac{1}{8}+\frac{2}{5}\cdot\frac{2}{8}$$

$$\text{P(Kreis und Dreieck)} = \frac{1}{40}+\frac{4}{40}$$

✐ Hinweise und Tipps

Als Grundlage für die nachfolgenden Berechnungen stellen wir zunächst die Anzahl der einzelnen Symbole sowie die Gesamtzahl der Symbole auf jedem der beiden Glücksräder fest.

1. Berechnung der Wahrscheinlichkeit, dass im Sichtfenster zwei gleiche Symbole zu sehen sind

Für die Ermittlung der Wahrscheinlichkeit des Ereignisses „zwei gleiche Symbole" nutzen wir die Produkt- und die Summenregel.

2. Berechnung des Erwartungswerts E für den abgebildeten Gewinnplan

Für die Berechnung des Erwartungswerts E für den abgebildeten Gewinnplan stellen wir unter Nutzung der Verfahren zur Berechnung von Erwartungswerten einen Term auf. Dafür stehen zwei Alternativen zur Verfügung.

In der Musterlösung wird die Version des Terms gewählt, bei der die Wahrscheinlichkeiten der beiden Gewinnsituationen mit den jeweiligen Gewinnen multipliziert werden und der Spieleinsatz als Subtrahend hinzugefügt wird.
Das Standardverfahren wird als Alternative zusätzlich dargestellt.

Außer der Wahrscheinlichkeit des Ereignisses „Kreis und Dreieck" sind bereits alle für das Aufstellen des Terms notwendigen Größen bekannt. Für die Ermittlung der Wahrscheinlichkeit des Ereignisses „Kreis und Dreieck" nutzen wir die Produkt- und die Summenregel.
Wird das Standardverfahren gewählt, ist neben der Wahrscheinlichkeit des Ereignisses „Kreis und Dreieck" zusätzlich die Wahrscheinlichkeit für das Ereignis „restliche Möglichkeiten" zu berechnen.

3. Berechnung, wie hoch der Gewinn für das Ereignis „Kreis und Dreieck" bei Belassung aller anderen Einflussfaktoren sein muss, damit das Spiel fair wird

Spiele werden als „fair" bezeichnet, wenn der Erwartungswert null, in unserem Fall null Euro (0,00 €), beträgt.

Da die Struktur der Spielsituation gleich bleibt, kann für die Klärung der Frage der bereits oben in der Musterlösung für die Ermittlung des Erwartungswerts aufgestellte Term genutzt werden. Für den Erwartungswert E setzen wir 0,00 € in den Term ein und für den neuen Gewinn für das Ereignis „Kreis und Dreieck" statt des bisherigen Gewinns eine Variable (in der Musterlösung wird die Variable x genutzt). Das Auflösen dieses Terms nach der Variablen x führt zum gesuchten Gewinn für das Ereignis „Kreis und

Hinweise und Tipps

Dreieck“, bei dem das Spiel fair wird.

Auch hier wird das Vorgehen über den Standardterm als Alternative zusätzlich dargestellt.

$$\text{P(Kreis und Dreieck)} = \frac{5}{40} = \underline{\frac{1}{8}}$$

A: Der Erwartungswert für den abgebildeten Gewinnplan beträgt −0,30 €.

Alternativer Lösungsansatz

$$E = \text{P(gleiche Symbole)} \cdot (G_{\text{„gleiche Symbole“}} - S) + \text{P(Kreis und Dreieck)} \cdot (G_{\text{„Kreis und Dreieck“}} - S) + \text{P(restliche Möglichkeiten)} \cdot (G_{\text{„restliche Möglichkeiten“}} - S)$$

$$E = \frac{7}{20} \cdot (2{,}00 - 1{,}50) + \frac{1}{8} \cdot (4{,}00 - 1{,}50) + \frac{21}{40} \cdot (0{,}00 - 1{,}50)$$

$$E = \frac{7}{20} \cdot 0{,}50 + \frac{1}{8} \cdot 2{,}50 + \frac{21}{40} \cdot (-1{,}50)$$

$$E = \underline{\underline{-0{,}30\ €}}$$

NR: **Berechnung der Wahrscheinlichkeit für das Ereignis „Kreis und Dreieck“:**

$$\text{P(Kreis und Dreieck)} = P(●; ▲) + P(▲; ●)$$

$$\text{P(Kreis und Dreieck)} = \frac{1}{5} \cdot \frac{1}{8} + \frac{2}{5} \cdot \frac{2}{8}$$

$$\text{P(Kreis und Dreieck)} = \frac{1}{40} + \frac{4}{40}$$

$$\text{P(Kreis und Dreieck)} = \frac{5}{40} = \underline{\frac{1}{8}}$$

NR: **Berechnung der Wahrscheinlichkeit für das Ereignis „restliche Möglichkeiten“:**

$$\text{P(restl. Mögl.)} = 1 - [\text{P(gleiche Symbole)} + \text{P(Kreis und Dreieck)}]$$

$$\text{P(restl. Mögl.)} = 1 - \left[\frac{7}{20} + \frac{1}{8}\right]$$

$$\text{P(restl. Mögl.)} = 1 - \left[\frac{14}{40} + \frac{5}{40}\right]$$

$$\text{P(restl. Mögl.)} = \underline{\frac{21}{40}}$$

A: Der Erwartungswert für den abgebildeten Gewinnplan beträgt −0,30 €.

✎ Hinweise und Tipps

3. Berechnung, wie hoch der Gewinn für das Ereignis „Kreis und Dreieck“ bei Belassung aller anderen Einflussfaktoren sein muss, damit das Spiel fair wird

$$E = P(\text{gleiche Symbole}) \cdot G_{\text{„gleiche Symbole“}} + P(\text{Kreis und Dreieck}) \cdot G_{\text{neu „Kreis und Dreieck“}} - S \quad | \text{ faires Spiel: } E = 0{,}00$$

$$0{,}00 = \frac{7}{20_{10}} \cdot 2{,}00^{1} + \frac{1}{8} \cdot x - 1{,}50 \quad | -0{,}70; +1{,}50$$

$$\frac{1}{8}x = 1{,}50 - 0{,}70$$

$$\frac{1}{8}x = 0{,}80 \quad | \cdot 8$$

$$x = \underline{\underline{6{,}40\ €}}$$

Legende:
G: Gewinn
S: Spieleinsatz

A: Wenn nur der Gewinn für das Ereignis „Kreis und Dreieck“ geändert werden soll und alles andere unverändert bleibt, muss der Gewinn für das Ereignis „Kreis und Dreieck“ 6,40 € betragen, damit das Spiel fair wird.

Alternativer Lösungsansatz

$$E = P(\text{gleiche Symbole}) \cdot (G_{\text{„gleiche Symbole“}} - S) + P(\text{Kreis und Dreieck}) \cdot (G_{\text{neu „Kreis und Dreieck“}} - S) + P(\text{restliche Möglichkeiten}) \cdot (G_{\text{„restliche Möglichkeiten“}} - S) \quad | \text{ faires Spiel: } E = 0{,}00$$

$$0{,}00 = \frac{7}{20} \cdot (2{,}00 - 1{,}50) + \frac{1}{8} \cdot (x - 1{,}50) + \frac{21}{40} \cdot (0{,}00 - 1{,}50)$$

$$0{,}00 = \frac{7}{20} \cdot 0{,}5 + \frac{1}{8}x + \frac{1}{8} \cdot (-1{,}50) + \frac{21}{40} \cdot (-1{,}50)$$

$$0{,}00 = \frac{3{,}5}{20} + \frac{1}{8}x - \frac{1{,}5}{8} - \frac{31{,}5}{40} \quad \left| -\frac{3{,}5}{20}; +\frac{1{,}5}{8}; +\frac{31{,}5}{40} \right.$$

$$\frac{1}{8}x = -\frac{3{,}5}{20} + \frac{1{,}5}{8} + \frac{31{,}5}{40}$$

$$\frac{1}{8}x = \frac{4}{5} \quad | \cdot 8$$

$$x = \underline{\underline{6{,}40\ €}}$$

A: Wenn nur der Gewinn für das Ereignis „Kreis und Dreieck“ geändert werden soll und alles andere unverändert bleibt, muss der Gewinn für das Ereignis „Kreis und Dreieck“ 6,40 € betragen, damit das Spiel fair wird.

b) **Einbettung der Situation in ein Koordinatensystem:**

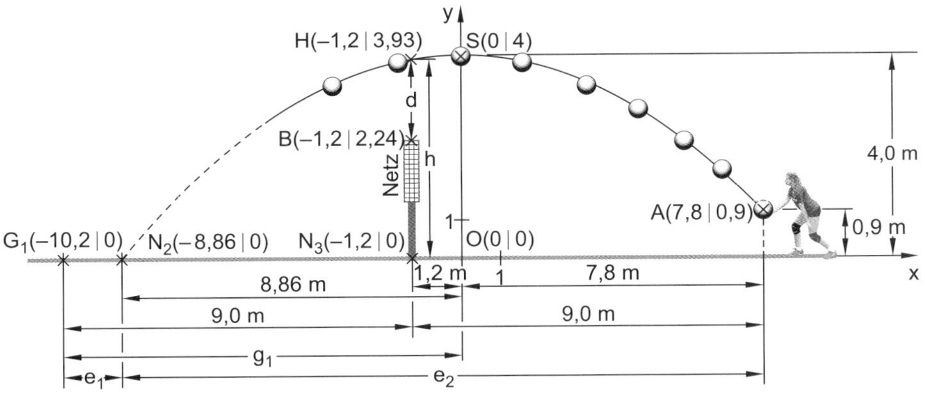

1. Ermittlung einer Funktionsgleichung für die zur Flugkurve des Balls gehörigen Parabel p

p: $y = ax^2 + c$

p: $y = -\frac{155}{3\,042}x^2 + 4$

(alternativ: p: $y = -0{,}051x^2 + 4$)

NR: **Bestimmung von c:**

$S(0\,|\,4) \quad \Rightarrow \quad c = 4$

NR: **Berechnung von Vorfaktor a:**

$$y = ax^2 + c \qquad |-c$$
$$ax^2 = y - c \qquad |:x^2$$
$$a = \frac{y-c}{x^2} \qquad |c = 4;\ A(7{,}8\,|\,0{,}9)$$
$$a = \frac{0{,}9-4}{7{,}8^2}$$
$$a = -\frac{155}{3\,042}$$

(alternativ: $a = -0{,}051$)

2. Berechnung des Abstands, mit dem der Ball das Netz überquert

Berechnung der Flughöhe h des Balls über dem Netz:

$$y = -\frac{155}{3\,042}x_H{}^2 + 4$$
$$y = -\frac{155}{3\,042}\cdot(-1{,}2)^2 + 4$$
$$y = 3{,}93$$

NR: **Feststellung der x-Koordinate des Überflugpunkts H:**

9 m − 7,8 m = 1,2 m links vom Ursprung

$\Rightarrow \quad x_{N_3} = -1{,}2$

$x_H = x_{N_3} = -1{,}2$

$\Rightarrow$ Flughöhe des Balls über dem Netz: h = 3,93 m

Hinweise und Tipps

Hinweis zur Lösung der Aufgabe:
Genau genommen lässt sich die Aufgabe mit den gegebenen Angaben nicht lösen.
Die Flugkurve beschreibt die Flugbahn des Ballmittelpunkts. Für die Klärung der Frage, in welchem Abstand der Ball das Netz überquert, ist bei der vorliegenden Datenlage zusätzlich der Radius des Balls von Bedeutung.
Für die Klärung der Frage, in welcher Entfernung zur Grundlinie der Ball auf dem Boden auftrifft, ist darüber hinaus auch der Anflugwinkel des Balls als Einflussfaktor zu beachten.

In der Musterlösung werden die Aufgabenstellungen ohne Berücksichtigung der genannten Aspekte im Sinne der Aufgabe gelöst.

Hinweis zum Runden:
Bei Ballspielen entscheiden oft wenige Zentimeter. Ausgehend von der Bestimmung, dass bei Berechnungen mit Größen die Ergebnisse sinnvoll zu runden sind, werden die Ergebnisse bei der Lösung der vorliegenden Aufgabe deshalb auf Zentimeter genau gerundet angegeben.

Als Grundlage für die Lösung der einzelnen Aufgabenstellungen wird die Aufgabensituation zunächst in ein Koordinatensystem eingebettet. Da die Form der Funktionsgleichung mit $y = ax^2 + c$ angegeben ist, muss bei der Einbettung darauf geachtet werden, dass der Scheitelpunkt der Parabel auf der y-Achse liegt.

1. Ermittlung einer Funktionsgleichung für die zur Flugkurve des Balls gehörigen Parabel p
Die Form der Funktionsgleichung ist bekannt.
Der Wert für c lässt sich mit den Koordinaten von Scheitelpunkt S (höchster Punkt der Flugbahn des Balls) bestimmen. Für die Berechnung des Werts von Vorfaktor a nutzen wir die Funktionsgleichung der Parabel sowie den Wert von c und die Koordinaten eines auf der Flugbahn bzw. der Parabel liegenden Punkts (außer Scheitelpunkt S).

Der Wert von Vorfaktor a kann sowohl in Form eines gemeinen Bruchs als auch in Form eines gerundeten Dezimalbruchs angegeben werden. Da der gemeine Bruch im Gegensatz zum gerundeten Dezimalbruch den genauen Wert von Vorfaktor a angibt, wird er in der Musterlösung bevorzugt. Ungeachtet dessen wird für eine korrekte Lösung der Aufgabe auch ein angemessen genau gerundeter Dezimalbruch anerkannt.

2. Berechnung des Abstands, mit dem der Ball das Netz überquert
Den gesuchten Abstand, mit dem der Ball das Netz – genauer: die Oberkante des Netzes – überquert, erhalten wir über die Differenz aus der Flughöhe des Balls über dem Netz und der Höhe des Netzes.

Die Höhe des Netzes ist bekannt.
Die Flughöhe des Balls über dem Netz ermitteln wir über die Funktionsgleichung von Parabel p. Dazu benötigen wir die x-Koordinate des Überflugpunkts des Balls über dem Netz. Diese erhalten wir über den horizontalen Abstand des Netzes zur y-Achse.

Berechnung des Abstands d, mit dem der Ball das Netz überquert:

$d = h - \text{Netzhöhe}$

$d = 3{,}93 - 2{,}24$

$d = \underline{\underline{1{,}69\ \text{m}}}$

A: Der Ball überquert das Netz in einem Abstand von 1,69 m.

3. Berechnung, in welcher Entfernung zur Grundlinie der Ball auf dem Boden auftrifft

Berechnung der Koordinaten des Ballaufschlagpunkts:

$$y = -\frac{155}{3\,042}x^2 + 4 \quad |\, y = 0$$

$$-\frac{155}{3\,042}x^2 + 4 = 0 \quad |-4$$

$$-\frac{155}{3\,042}x^2 = -4 \quad \left|:\left(-\frac{155}{3\,042}\right) \mathrel{\hat{=}} \cdot \left(-\frac{3\,042}{155}\right)\right.$$

$$x^2 = -4 \cdot \left(-\frac{3\,042}{155}\right) \quad |\sqrt{\ }$$

$$x_1 = \underline{8{,}86}$$

$$x_2 = \underline{-8{,}86}$$

Angesichts der Aufgabensituation kommt als x-Koordinate des Ballaufschlagpunkts nur der negative Wert $x_2 = -8{,}86$ infrage.

$\Rightarrow$ Ballaufschlagpunkt $\underline{N_2(-8{,}86\,|\,0)}$

Ermittlung der Entfernungen des Ballaufschlagpunkts zu den Grundlinien:

- **Entfernung e_1 zur gegnerischen Grundlinie:**

  $e_1 = g_1 - |x_{N_2}|$

  $e_1 = 10{,}2 - |-8{,}86|$

  $e_1 = 10{,}2 - 8{,}86$

  $e_1 = \underline{\underline{1{,}34\ \text{m}}}$

  NR: **Entfernung g_1 der gegnerischen Grundlinie vom Ursprung:**

  $g_1 = 9{,}0 + 1{,}2$

  $g_1 = \underline{10{,}2\ \text{m}}$

- **Entfernung e_2 zur eigenen Grundlinie:**

  $e_2 = |x_{N_2}| + \text{Entfernung der eigenen Grundlinie zum Ursprung}$

  $e_2 = |-8{,}86| + 7{,}8$

  $e_2 = 8{,}86 + 7{,}8$

  $e_2 = \underline{\underline{16{,}66\ \text{m}}}$

A: Der Ball trifft in einer Entfernung von 1,34 m zur gegnerischen Grundlinie und in einer Entfernung von 16,66 m zur eigenen Grundlinie auf dem Boden auf.

Hinweise und Tipps

Der ermittelte y-Wert gibt, in die Aufgabensituation übertragen, die Flughöhe des Balls über dem Netz an.

3. Berechnung, in welcher Entfernung zur Grundlinie der Ball auf dem Boden auftrifft

Ein Volleyballfeld besitzt zwei Grundlinien: die der eigenen Spielfeldhälfte und die der gegnerischen Spielfeldhälfte. Da in der Aufgabenstellung nicht näher angegeben wird, welche der beiden Grundlinien gemeint ist, wird in der Musterlösung der Abstand des Aufschlagpunkts zu beiden Grundlinien ermittelt.

Als Bezugspunkt für die Berechnung der Abstände des Ballaufschlagpunkts von den beiden Grundlinien wird in der Musterlösung Ursprung $O(0\,|\,0)$ gewählt. Alternativ kann auch der Standort des Netzes $N_3(-1{,}2\,|\,0)$ gewählt werden.

Zunächst wird die x-Koordinate des Ballaufschlagpunkts ermittelt. Dies gelingt mit der Parabelgleichung. Wir erhalten zwei Werte: einen negativen und einen positiven. Der positive Wert liegt auf der Spielfeldseite von Thea und scheidet angesichts der Darstellung der Situation in der Aufgabenstellung als x-Koordinate des Ballaufschlagpunkts aus. Der negative Wert hingegen passt zur Darstellung in der Aufgabenstellung. Folglich ist er der gesuchte Wert der x-Koordinate des Ballaufschlagpunkts.

Mit der x-Koordinate des Ballaufschlagpunkts und den vorliegenden Längen bzw. Abständen lassen sich abschließend die Entfernungen des Ballaufschlagpunkts zu den beiden Grundlinien ermitteln.

Original-Abschlussprüfung

Realschulabschluss Mathematik 2021

Pflichtteil A 1 – P 1

a) **Skizze:**

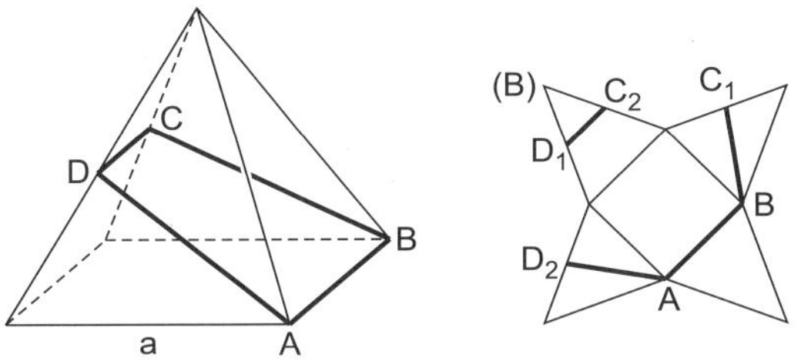

Ermittlung, auf welchem der vier Netze der Streckenzug richtig dargestellt wird:
Der Streckenzug auf der Mantelfläche der Pyramide umschließt ein Viereck. Damit handelt es sich um einen geschlossenen Streckenzug. Durchlaufen wir den Streckenzug auf der Mantelfläche der Pyramide (die Richtung ist dabei unerheblich), so ist der Endpunkt jeder Teilstrecke zugleich Anfangspunkt der folgenden Teilstrecke.
Diese Bedingung erfüllt im zur Pyramide zusammengeklappten Zustand nur Netz (B).
⇒ Der Streckenzug wird auf Netz (B) richtig dargestellt.

b) **Berechnung des Volumens V:**

$V = \frac{1}{3} a^2 \cdot h$

$V = \frac{1}{{}_1\not{3}} \cdot 5^2 \cdot \not{6}^{\,2}$

$V = 25 \cdot 2$

$V = 50 \text{ cm}^3$

✎ Hinweise und Tipps

Für die Klärung der Frage untersuchen wir, bei welchem der vier Netze im zusammengeklappten Zustand der auf der Mantelfläche der Pyramide abgebildete geschlossene Streckenzug entsteht.

Wir nutzen für die Berechnung des gesuchten Volumens der Pyramide die Volumenformel für quadratische Pyramiden.

Hinweise und Tipps

Pflichtteil A 1 – P 2

$(x-3)(x+5)+7=8(x-2)$ | Klammern auflösen

$x^2+5x-3x-15+7=8x-16$ | Zusammenfassen

$x^2+2x-8=8x-16$ | $-8x;\ +16$

$x^2-6x+8=0$

$$x_{1/2}=-\frac{p}{2}\pm\sqrt{\left(\frac{p}{2}\right)^2-q}$$

$$x_{1/2}=-\frac{-6}{2}\pm\sqrt{\left(\frac{-6}{2}\right)^2-8}$$

$$x_{1/2}=3\pm\sqrt{9-8}$$

$$x_{1/2}=3\pm\sqrt{1}$$

$$x_{1/2}=3\pm1$$

$$x_1=\underline{\underline{4}}$$

$$x_2=\underline{\underline{2}}$$

bzw. optional: $L=\underline{\underline{\{2;4\}}}$

Die Lösung der Gleichung erfolgt mittels Lösungsformel für gemischtquadratische Gleichungen. Dazu muss die Gleichung zunächst entweder in die allgemeine Form oder in die Normalform der gemischtquadratischen Gleichung umgeformt werden. Die allgemeine Form ist Grundlage für die a-b-c-Formel, die Normalform für die p-q-Formel. Die Aufgabe verlangt lediglich, die Gleichung zu lösen, sodass die Lösung nicht in Form einer Lösungsmenge angegeben werden muss. Ungeachtet dessen wird in der Musterlösung diese für die Mathematik übliche Darstellung als Option dargestellt.

Pflichtteil A 1 – P 3

Hinweis: Beim gleichzeitigen Ziehen zweier Kugeln handelt es sich im Prinzip um einen abhängigen Zufallsversuch bzw. um einen zweistufigen Zufallsversuch ohne Zurücklegen. So wird in den Lösungshinweisen und in der Lösung von der „ersten" und „zweiten" Kugel gesprochen.

a) **Ermittlung der Wahrscheinlichkeit, bei der Ziehung der „ersten" Kugel eine gelbe Kugel zu ziehen:**

$$P(g)_{1.\text{ Ziehung}}=1-[P(r)_{1.\text{ Ziehung}}+P(b)_{1.\text{ Ziehung}}]$$

$$P(g)_{1.\text{ Ziehung}}=1-\left[50\,\%+\frac{1}{6}\right]$$

Legende:
g: gelb
r: rot
b: blau

$$P(g)_{1.\text{ Ziehung}}=1-\left[\frac{3}{6}+\frac{1}{6}\right]$$

$$P(g)_{1.\text{ Ziehung}}=1-\frac{4}{6}$$

$$P(g)_{1.\text{ Ziehung}}=\underline{\underline{\frac{2}{6}}}$$

alternativ: $P(g)_{1.\text{ Ziehung}}=\underline{\underline{\frac{1}{3}}}$

Ermittlung der Wahrscheinlichkeit, bei der Ziehung der „zweiten" Kugel ebenfalls eine gelbe Kugel zu ziehen:

Bei der Ziehung der „ersten" Kugel beträgt die Wahrscheinlichkeit, eine gelbe Kugel zu ziehen, $\frac{2}{6}$. Da bei der Ziehung der „zweiten" Kugel eine gelbe Kugel weniger vorhanden ist, gilt:

$$P(g)_{2.\text{ Ziehung}}=\frac{2-1}{6-1}=\underline{\underline{\frac{1}{5}}}$$

$$P(g)_{2.\text{ Ziehung}}=\underline{\underline{20\,\%}}$$

alternativ: $P(g)_{2.\text{ Ziehung}}=\underline{\underline{0{,}2}}$

Die Summe der Wahrscheinlichkeiten bei der Ziehung der „ersten" Kugel beträgt eins bzw. 100 %. Die Wahrscheinlichkeit, bei der Ziehung der „ersten" Kugel eine gelbe Kugel zu ziehen, lässt sich folglich direkt mit den beiden angegebenen Wahrscheinlichkeiten berechnen. Das Ergebnis kann, wie in der Musterlösung, als ungekürzter Bruch angegeben werden oder alternativ als vollständig gekürzter Bruch.

Für die Berechnung der Wahrscheinlichkeit, bei der Ziehung der „zweiten" Kugel ebenfalls eine gelbe Kugel zu ziehen, nutzen wir die inzwischen bekannte Wahrscheinlichkeit, bei der Ziehung der „ersten" Kugel eine gelbe Kugel zu ziehen. Dabei muss allerdings der ungekürzte Bruch aus den Berechnungen oben verwendet werden. Dessen Zähler 2 gibt die Anzahl der gelben Kugeln vor dem Ziehen der „ersten" Kugel an, sein Nenner 6 die Anzahl aller Kugeln vor dem Ziehen der „ersten" Kugel.

Mit den ermittelten Wahrscheinlichkeiten vervollständigen wir abschließend das Baumdiagramm in der Aufgabenstellung.

✐ Hinweise und Tipps

Ergänzung der Wahrscheinlichkeitsangaben in den beiden leeren Feldern:

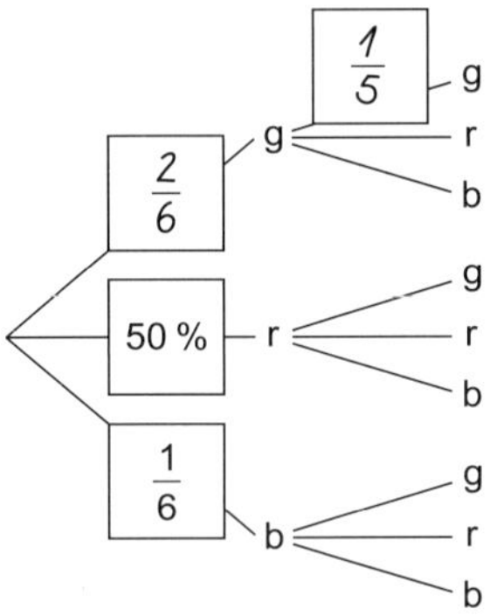

Zu den Alternativen bei der Notation der Wahrscheinlichkeitsangaben in den beiden leeren Feldern siehe bitte bei der Berechnung der Wahrscheinlichkeiten.

b) **Berechnung der Wahrscheinlichkeit, dass Kim zwei rote Kugeln zieht:**

P(zwei rote Kugeln) = P(r; r) $\quad \left| \; 50\,\% = \frac{3}{6} \right.$

P(zwei rote Kugeln) $= \frac{\cancel{3}^1}{\cancel{6}_{\cancel{2}_1}} \cdot \frac{\cancel{2}^1}{5}$

P(zwei rote Kugeln) $= \underline{\underline{\frac{1}{5}}}$

P(zwei rote Kugeln) $= \underline{\underline{20\,\%}}$

alternativ: P(zwei rote Kugeln) $= \underline{\underline{0{,}2}}$

NR: **Berechnung der Wahrscheinlichkeit, bei der Ziehung der „zweiten" Kugel ebenfalls eine rote Kugel zu ziehen:**

$P(r)_{2.\,\text{Ziehung}} = \frac{3-1}{6-1} = \underline{\frac{2}{5}}$

A: Die Wahrscheinlichkeit, dass Kim zwei rote Kugeln zieht, beträgt $\frac{1}{5}$ bzw. 20 %.

Für die Ermittlung der Wahrscheinlichkeit, dass Kim zwei rote Kugeln zieht, nutzen wir die Produktregel. Für die Berechnungen wandeln wir die in Prozentschreibweise angegebene Wahrscheinlichkeit, bei der Ziehung der „ersten" Kugel eine rote Kugel zu ziehen, in einen Bruch mit dem Nenner „6" (Gesamtzahl der Kugeln) um.
Die Wahrscheinlichkeit, bei der zweiten Ziehung ebenfalls eine rote Kugel zu ziehen, ermitteln wir analog zum Vorgehen bei der Ermittlung der Wahrscheinlichkeit für „gelb nach gelb" in Teilaufgabe a.

Pflichtteil A 1 – P 4

a) **Skizze:**

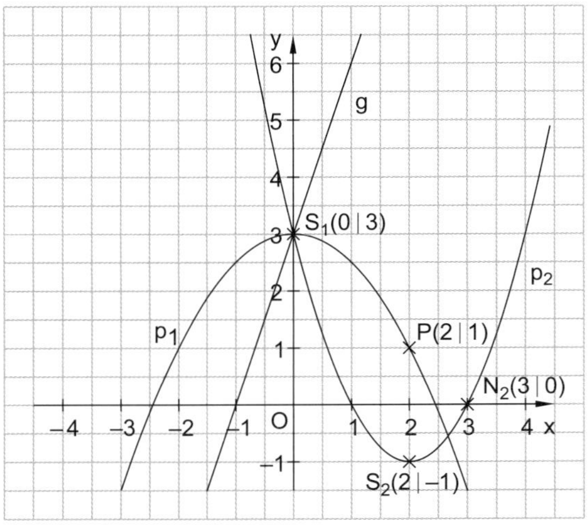

In einem ersten Schritt werden die Merkmale des jeweiligen Graphen festgestellt. Ausgehend von diesen Merkmalen werden die Eigenschaften, die eine passende Funktionsgleichung erfüllen muss, formuliert. Anschließend wird untersucht, welche der sechs angebotenen Funktionsgleichungen diese Eigenschaften erfüllen. Kann bereits jetzt eine der angebotenen Funktionsgleichungen dem untersuchten Graphen eindeutig zugeordnet werden, ist der Prozess abgeschlossen.
Kommen mehrere Funktionsgleichungen infrage, wird mit Punktproben festgestellt, welche dieser Gleichungen Funktionsgleichung des untersuchten Graphen ist. Genügt dies nicht, um dem untersuchten Graphen sicher eine der angebotenen Funktionsgleichungen zuordnen zu können, wird die Funktionsgleichung des Graphen erarbeitet und mit den angebotenen Funktionsgleichungen verglichen.

Hinweise und Tipps

1. Ermittlung, welche Funktionsgleichung zu Graph g gehört

Graph g ist eine Gerade mit folgenden Eigenschaften:

- y-Achsenabschnitt $c_g = 3$
- Steigungsfaktor $m_g = \frac{3}{1} = 3$

Daraus folgt: Die zu Graph g gehörende Funktionsgleichung muss eine lineare Gleichung sein, deren

- absolutes Glied den Wert 3 besitzt.
- deren linearer Vorfaktor den Wert 3 besitzt.

Einzig Funktionsgleichung (4) $y = 3x + 3$ erfüllt diese Bedingungen.

$\Rightarrow$ Zu Graph g gehört Funktionsgleichung (4) $y = 3x + 3$.

2. Ermittlung, welche Funktionsgleichung zu Graph p_1 gehört

Graph p_1 ist eine Parabel mit folgenden Eigenschaften:

- nach unten geöffnet
- Scheitelpunkt $S_1(0\,|\,3)$

Daraus folgt: Die zu Graph p_1 gehörende Funktionsgleichung muss eine quadratische Gleichung der Form

- $y = ax^2 + c$

sein (oder sich in diese Form umformen lassen) und folgende Eigenschaften aufweisen:

- Der Vorfaktor a ist negativ.
- Der Wert für c beträgt 3.

Von den angebotenen Gleichungen erfüllen diese Bedingungen:

(2) $y = -\frac{1}{2}x^2 + 3$

(6) $y = -\frac{1}{4}x^2 + 3$

Die beiden Funktionsgleichungen und damit ihre Graphen unterscheiden sich. Ihre Graphen haben nur den Scheitelpunkt $S_1(0\,|\,3)$ gemeinsam. Eine Punktprobe mit einem von S_1 verschiedenen Punkt des Graphen p_1 ermöglicht daher eine eindeutige Zuordnung einer der beiden Funktionsgleichungen zu Graph p_1.

Punktprobe für Gleichung (2) $y = -\frac{1}{2}x^2 + 3$:

$$y = -\frac{1}{2}x^2 + 3 \quad |\, P(2\,|\,1) \in p_1$$

$$1 \overset{?}{=} -\frac{1}{2} \cdot 2^2 + 3$$

$$1 \overset{?}{=} -2 + 3$$

$$1 \overset{!}{=} 1$$

Da die Punktprobe mit dem auf Graph p_1 liegenden Punkt $P(2\,|\,1) \neq S_1(0\,|\,3)$ für Gleichung (2) positiv ausgefallen ist, folgt:

Zu Graph p_1 gehört Funktionsgleichung (2) $y = -\frac{1}{2}x^2 + 3$.

Hinweise und Tipps

3. Ermittlung, welche Funktionsgleichung zu Graph p_2 gehört

Graph p_2 ist eine nach oben offene und nach rechts verschobene Parabel. Die zu Graph p_2 gehörende Funktionsgleichung muss demnach eine quadratische Gleichung der Form

- $y = a(x-d)^2 + e$

sein (oder sich in diese Form umformen lassen).

Berechnung der Funktionsgleichung von Parabel p_2:

p_2: $y = a(x-d)^2 + e \quad |S_2(2|-1) \quad \Rightarrow \quad d = 2; e = -1$

p_2: $y = a(x-2)^2 - 1$

p_2: $y = (x-2)^2 - 1$

p_2: $y = x^2 - 4x + 4 - 1$

p_2: $\underline{y = x^2 - 4x + 3}$

NR: **Berechnung von Vorfaktor a:**

$$y = a(x-2)^2 - 1 \quad |+1$$
$$y + 1 = a(x-2)^2 \quad |:(x-2)^2$$
$$a = \frac{y+1}{(x-2)^2} \quad |N_2(3|0)$$
$$a = \frac{0+1}{(3-2)^2}$$
$$a = \frac{1}{1}$$
$$a = \underline{1}$$

$\Rightarrow$ Zu Graph p_2 gehört Funktionsgleichung (3) $y = x^2 - 4x + 3$.

b) **Eintrag der Geraden h in das abgebildete Koordinatensystem:**

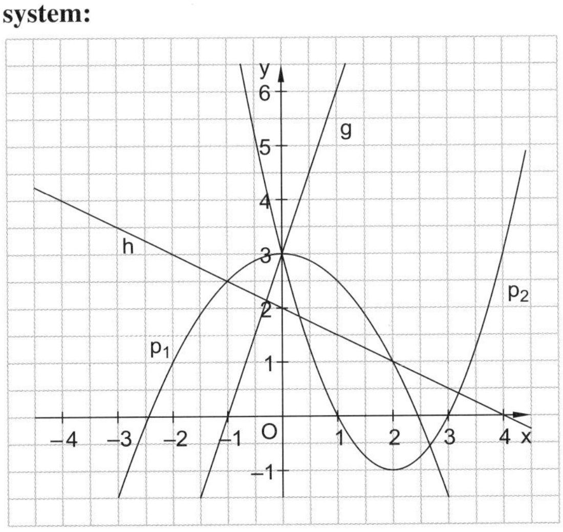

Die Funktionsgleichung von Gerade h wird in der Hauptform angegeben.
So können die Steigung der Geraden und der y-Achsenabschnitt direkt aus der Gleichung entnommen werden und Gerade h ohne Vorarbeiten in das Koordinatensystem eingezeichnet werden.

Pflichtteil A 1 – P 5

Nachweis, dass die Aussage gilt:

$$\frac{10^6}{5^4 \cdot 5^2} : 2^4 \stackrel{?}{=} 4$$

$$\frac{10^6}{5^6} : 2^4 \stackrel{?}{=} 4$$

$$2^6 : 2^4 \stackrel{?}{=} 4$$

$$2^2 \stackrel{?}{=} 4$$

$$\underline{\underline{4 \stackrel{!}{=} 4}} \quad \text{w. z. b. w.}$$

Alternativer Nachweis, dass die Aussage gilt:

$$\frac{10^6}{5^4 \cdot 5^2} : 2^4 \stackrel{?}{=} 4 \qquad | \cdot 2^4$$

$$\frac{10^6}{5^6} \stackrel{?}{=} 4 \cdot 2^4$$

$$2^6 \stackrel{?}{=} 2^2 \cdot 2^4$$

$$\underline{\underline{2^6 \stackrel{!}{=} 2^6}} \quad \text{w. z. b. w.}$$

Hinweise und Tipps

Für die Lösung der Aufgabe stehen zwei Ansätze zur Auswahl.

Beim ersten Ansatz wird der Linksterm der Gleichung als Term aufgefasst, der den Wert 4 besitzt.
Zur Beweisführung, dass die Aussage stimmt, wird durch Berechnungen gezeigt, dass der Linksterm der Gleichung tatsächlich den Wert 4 besitzt. Bei diesen Berechnungen werden die Potenzgesetze genutzt.

Beim zweiten Ansatz wird die Gleichung so umgeformt, dass Links- und Rechtsterm übereinstimmen. Dazu werden zusätzlich zu den Potenzgesetzen auch Äquivalenzumformungen genutzt.

Die Musterlösung folgt dem ersten, im Mathematikunterricht der Realschule üblichen Ansatz. Der zweite Ansatz wird als Alternative im Anschluss dargestellt.

Pflichtteil A 1 – P 6

Berechnung, aus wie vielen Kärtchen das zehnte Muster besteht:

Anzahl der Kärtchen des zehnten Musters	=	Anzahl der Kärtchen des ersten Musters	+	Anzahl der nachfolgenden Muster	·	Anzahl der pro nachfolgendem Muster hinzukommenden Kärtchen

$$A_{10} = 5 + 9 \cdot 4$$
$$A_{10} = 5 + 36$$
$$A_{10} = \underline{41}$$

Feststellung, ob Johannes recht hat:

Anzahl der Kärtchen des zehnten Musters: 41
Behauptung von Johannes: 43

⇒ Der von Johannes genannte Wert weicht vom tatsächlichen Wert ab.

⇒ Johannes hat nicht recht.

Um festzustellen, ob Johannes recht hat oder nicht, ermitteln wir die Anzahl der Kärtchen des zehnten Musters und vergleichen diesen Wert mit der Behauptung von Johannes.

Die Abbildung in der Aufgabenstellung zeigt, dass das erste Muster aus fünf Kärtchen besteht und dass bei jedem nachfolgenden Muster im Vergleich zum vorangehenden Muster gleich viele Kärtchen hinzukommen.
Hieran anknüpfend stehen für die Berechnung der Anzahl der Kärtchen des zehnten Musters zwei Lösungsansätze zur Verfügung: Zum einen kann ein Term aufgestellt werden, zum anderen kann eine Wertetabelle angelegt werden.

Beim Lösungsansatz über den Term stehen wiederum zwei Varianten zur Verfügung. In der Musterlösung wird zur Anzahl der Kärtchen des ersten Musters das Produkt aus der Anzahl der nachfolgenden Muster und der Anzahl der pro nachfolgendem Muster hinzukommenden Kärtchen addiert:

Anzahl der Kärtchen des zehnten Musters	=	Anzahl der Kärtchen des ersten Musters	+	Anzahl der nachfolgenden Muster	·	Anzahl der pro nachfolgendem Muster hinzukommenden Kärtchen

✎ Hinweise und Tipps

Alternativ kann ein Summenterm aufgestellt werden:

Anzahl der Kärtchen des zehnten Musters	=	Anzahl der Kärtchen des ersten Musters	+	Anzahl der beim zweiten Muster hinzukommenden Kärtchen	+ … +	Anzahl der beim zehnten Muster hinzukommenden Kärtchen

Wird der Weg über eine Tabelle gewählt, könnte diese folgendermaßen aussehen:

Anzahl der Kärtchen des ersten Musters	5	
		+4
Anzahl der Kärtchen des zweiten Musters	9	
		+4
Anzahl der Kärtchen des dritten Musters	13	
		+4
…	⋮	
		⋮
Anzahl der Kärtchen des neunten Musters	37	
		+4
Anzahl der Kärtchen des zehnten Musters	41	

Pflichtteil A 1 – P 7

Feststellung, welcher Anteil in den einzelnen Kreisdiagrammen (von links nach rechts) jeweils gezeigt wird:

Kreisdiagramm (1): mehr als $\frac{1}{2}$ und weniger als $\frac{3}{4}$

Kreisdiagramm (2): mehr als $\frac{1}{4} = 25\,\%$ und weniger als $\frac{1}{2} = 50\,\%$

Kreisdiagramm (3): $\frac{3}{4}$

Kreisdiagramm (4): mehr als 0 und weniger als $\frac{1}{4} = 25\,\%$

Feststellung, welcher Anteil in den einzelnen Aussagen jeweils genannt wird:

Aussage (A): Drei Viertel $= \frac{3}{4}$

Aussage (B): 15 %

Aussage (C): 200 von 300 $= \frac{200}{300} = \frac{2}{3}$

Aussage (D): 40 %

Zuordnung der Aussagen zu einem der Kreisdiagramme:

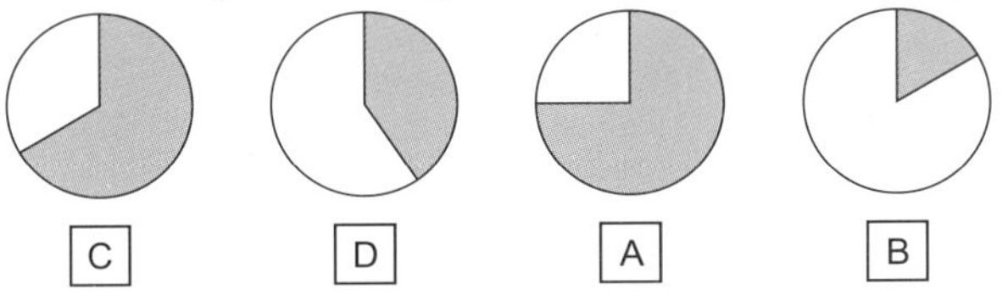

Die Aufgabenstellung legt nahe, dass zu jedem der vier Kreisdiagramme je eine der vier Aussagen passt. Um die vier Aussagen ihrem jeweils passenden Kreisdiagramm korrekt zuordnen zu können, empfiehlt es sich, in drei Schritten vorzugehen.
Die vier Kreisdiagramme stellen Anteile dar und in den vier Aussagen werden Anteile genannt.
In einem ersten Schritt wird festgestellt, welchen Anteil das jeweilige Kreisdiagramm darstellt. Dies gelingt für das Kreisdiagramm (3) (von links nach rechts betrachtet) eindeutig.
Bei den Kreisdiagrammen (1), (2) und (4) lassen sich die dargestellten Anteile nicht exakt feststellen. Allerdings können Intervalle genannt werden, in denen der dargestellte Anteil liegt.
In einem zweiten Schritt werden die in den Aussagen genannten Anteile erfasst. Dazu werden die in den Aussagen (A) und (C) genannten Anteile in mathematische Notation bzw. Bezeichnung „übersetzt". Die Prozentangaben in den Aussagen (B) und (D) werden beibehalten.
Abschließend werden die Aussagen den Kreisdiagrammen zugeordnet.
Aussage (A) lässt sich rasch dem passenden Diagramm zuordnen. In den anderen Fällen wird mit den Intervallen gearbeitet. Um sicher zuordnen zu können, werden die im ersten Arbeitsschritt bei den Kreisdiagrammen (2) und (4) in Bruchschreibweise angegebenen Intervallgrenzen zusätzlich in Prozentschreibweise angegeben.

Pflichtteil A 2 – P 1

Skizze:

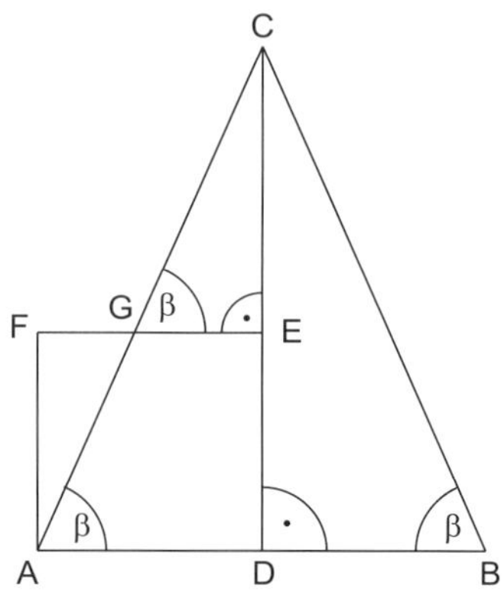

1. Berechnung von $\overline{EC}$

Berechnung von $\overline{CD}$:

$$\tan\beta = \frac{\overline{CD}}{\overline{BD}} \qquad |\cdot\overline{BD}$$

$$\overline{CD} = \overline{BD}\cdot\tan\beta$$

$$\overline{CD} = 10{,}0\cdot\tan 67{,}0°$$

$$\overline{CD} = \underline{23{,}56\text{ cm}}$$

Bestimmung von $\overline{AD}$:

Dreieck ABC ist gleichschenklig mit den Schenkeln AC und BC.

⇒ Lotfußpunkt D halbiert Strecke AB.

⇒ $\overline{AD} = \overline{BD} = \underline{10{,}0\text{ cm}}$

Berechnung von $\overline{EC}$:

$$\overline{EC} = \overline{CD} - \overline{DE} \qquad \left|\ \overline{DE} = \overline{AD} = 10{,}0\text{ cm};\ \text{Eigenschaften des Quadrats ADEF}\right.$$

$$\overline{EC} = 23{,}56 - 10{,}0$$

$$\overline{EC} = \underline{13{,}56\text{ cm}}$$

2. Berechnung von $\overline{GE}$

Bestimmung von Winkel DAG:

Dreieck ABC ist gleichschenklig mit den Schenkeln AC und BC.

⇒ ∢DAG und Winkel β sind Basiswinkel.

⇒ $∢DAG = \beta = \underline{67{,}0°}$

Bestimmung von Winkel EGC:

Strecke AD und Strecke EF sind gegenüberliegende Seiten des Quadrats ADEF.

⇒ Strecke EF liegt parallel zu Strecke AD.

⇒ ∢EGC ist Stufenwinkel zu ∢DAG.

⇒ $∢EGC = ∢DAG = \beta = \underline{67{,}0°}$

Hinweise und Tipps

Skizze:

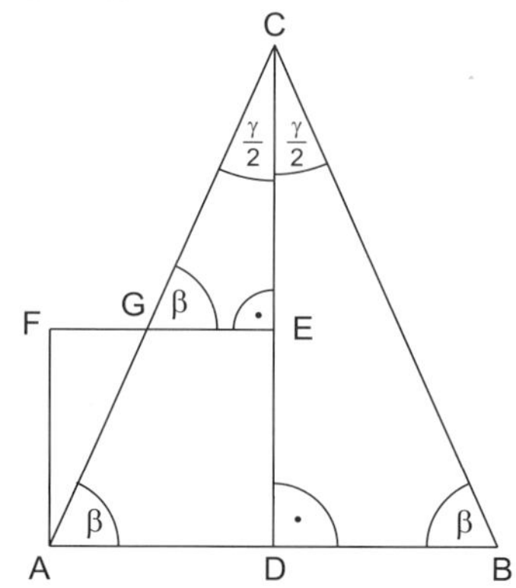

Für die Ermittlung des gesuchten Umfangs von Dreieck GEC stehen zwei alternative Lösungsansätze zur Auswahl:

1) Der Umfang von Dreieck GEC wird über die Summe aus $\overline{GE}$, $\overline{EC}$ und $\overline{CG}$ gewonnen.
2) Der Umfang von Dreieck GEC wird indirekt über den Umfang von Dreieck DBC gewonnen.

Die Musterlösung folgt dem ersten, im Mathematikunterricht der Realschule vorherrschenden Lösungsansatz. Der zweite Lösungsansatz wird als Alternative anschließend skizziert.

Lösungsansatz über die Musterlösung

Der gesuchte Umfang von Dreieck GEC ist die Summe aus $\overline{GE}$, $\overline{EC}$ und $\overline{CG}$.

$\overline{EC}$ erhalten wir mithilfe von $\overline{CD}$ und $\overline{DE}$.

Sowohl $\overline{CD}$ als auch $\overline{DE}$ sind dazu zunächst zu ermitteln.

$\overline{CD}$ lässt sich in Dreieck DBC direkt mit den bekannten Größen berechnen. $\overline{DE}$ gewinnen wir über die Eigenschaften von Quadrat ADEF. Dazu ist vorher $\overline{AD}$ zu bestimmen. Dies gelingt mit der bekannten Länge von Strecke BD und den Eigenschaften des gleichschenkligen Dreiecks ABC.

Für die Berechnung von $\overline{GE}$ und $\overline{CG}$ stehen zwei alternative Lösungsansätze zur Auswahl.

Zum einen können beide Größen in Dreieck GEC berechnet werden. Zum anderen können sie über die Strahlensätze ermittelt werden. In der Musterlösung wird der erste Ansatz gewählt. Die Alternative über die Strahlensätze wird unten kurz skizziert.

In der Musterlösung wird zunächst $\overline{GE}$ ermittelt. Alternativ könnte zunächst auch $\overline{CG}$ berechnet werden.

Für die Berechnung von $\overline{GE}$ in Dreieck GEC mit der bekannten $\overline{EC}$ wird noch die Größe eines Winkels (außer dem rechten Winkel) benötigt.

In der Musterlösung wird die Größe von Winkel EGC ermittelt. Dazu wird zunächst Winkel DAG über die Eigenschaften von Dreieck ABC bestimmt. Mit Winkel DAG lässt sich anschließend Winkel EGC über den Stufenwinkelsatz bestimmen.

Alternativ kann Winkel GCE ($\frac{\gamma}{2}$) bestimmt werden. Dies gelingt über die Berechnung von Winkel ECB in Dreieck DBC und mithilfe der Eigenschaften von Dreieck ABC.

Für die Berechnung von $\overline{CG}$ in Dreieck GEC stehen inzwischen alle notwendigen Größen zur Verfügung.

Berechnung von $\overline{GE}$:

$$\tan\beta = \frac{\overline{EC}}{\overline{GE}} \qquad |\cdot \overline{GE}$$

$$\overline{GE}\cdot\tan\beta = \overline{EC} \qquad |:\tan\beta$$

$$\overline{GE} = \frac{\overline{EC}}{\tan\beta}$$

$$\overline{GE} = \frac{13{,}56}{\tan 67{,}0°}$$

$$\overline{GE} = \underline{5{,}76 \text{ cm}}$$

3. Berechnung von $\overline{CG}$

$$\overline{CG}^2 = \overline{GE}^2 + \overline{EC}^2$$

$$\overline{CG}^2 = 5{,}76^2 + 13{,}56^2 \qquad |\sqrt{\;}$$

$$\overline{CG} = \underline{14{,}73 \text{ cm}}$$

4. Berechnung des Umfangs u von Dreieck GEC

$$u = \overline{GE} + \overline{EC} + \overline{CG}$$

$$u = 5{,}76 + 13{,}56 + 14{,}73$$

$$u = 34{,}05 \text{ cm}$$

$$u = \underline{\underline{34{,}1 \text{ cm}}}$$

Hinweise und Tipps

Abschließend wird der gesuchte Umfang von Dreieck GEC berechnet.

Alternative Berechnung von $\overline{GE}$ und $\overline{CG}$ über die Strahlensätze

Die beiden Parallelen AD und EG bilden zusammen mit den Strecken AC und CD eine Strahlensatzfigur. Zunächst werden wie in der Musterlösung $\overline{CD}$, $\overline{AD}$ und $\overline{EC}$ ermittelt.

Damit liegen alle notwendigen Größen vor, um $\overline{GE}$ ohne weitere Vorarbeiten in der genannten Strahlensatzfigur berechnen zu können.

Um $\overline{CG}$ in besagter Strahlensatzfigur berechnen zu können, wird neben $\overline{CD}$ und $\overline{EC}$ noch $\overline{AC}$ benötigt. Diese erhalten wir über $\overline{BC}$ in Dreieck DBC.

Lösungsansatz über den Umfang von Dreieck DBC

Dreieck ADC lässt sich über die zentrische Streckung an Punkt C auf Dreieck GEC abbilden. Alle Strecken – und damit auch der Umfang von Dreieck ADC – werden mit dem Streckfaktor k abgebildet.

Da Dreieck ADC kongruent zu Dreieck DBC ist, sind der Umfang von Dreieck ADC und der Umfang von Dreieck DBC gleich groß. Folglich lässt sich der gesuchte Umfang von Dreieck GEC mithilfe der zentrischen Streckung über den Umfang von Dreieck DBC ermitteln.

Im ersten Schritt wird nachgewiesen, dass die beiden Dreiecke ADC und DBC kongruent sind, und dass folglich ihre Umfänge gleich groß sind. Dies gelingt mit den Eigenschaften des gleichschenkligen Dreiecks ABC.

In einem zweiten Schritt wird der Umfang von Dreieck DBC über die Summe aus $\overline{BD}$, $\overline{BC}$ und $\overline{CD}$ berechnet. $\overline{BD}$ ist bekannt. $\overline{BC}$ und $\overline{CD}$ gewinnen wir mit den bekannten Größen in Dreieck DBC.

Im dritten Schritt wird der Streckfaktor k ermittelt. Dazu benötigen wir neben der bekannten $\overline{CD}$ noch $\overline{EC}$. Diese erhalten wir wie in der Musterlösung mithilfe von $\overline{CD}$ und $\overline{DE}$.

Abschließend wird der Umfang von Dreieck DBC mit Streckfaktor k multipliziert. Das von der Musterlösung leicht abweichende Ergebnis für den Umfang von Dreieck GEC erklärt sich durch Rundungsunterschiede.

Pflichtteil A 2 – P 2

Skizze:

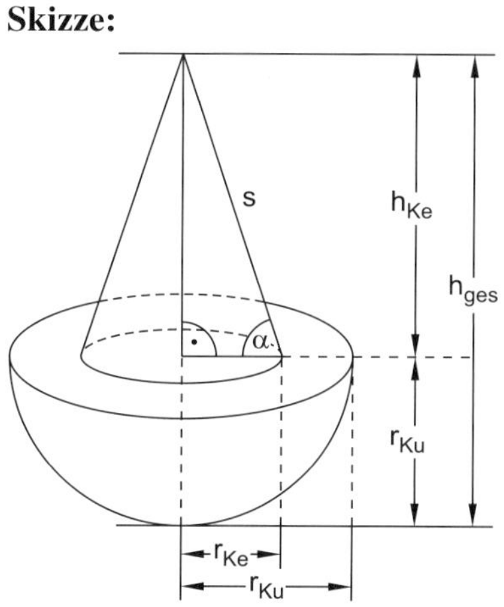

1. Berechnung des Oberflächeninhalts O des zusammengesetzten Körpers

Die Oberfläche des zusammengesetzten Körpers setzt sich (von oben nach unten) aus dem Mantel des Kegels, der Fläche des Kreisrings und der Kappe der Halbkugel zusammen. Die Kappe der Halbkugel entspricht der halben Oberfläche der Ursprungskugel der Halbkugel.

Für die Berechnung der Oberfläche des zusammengesetzten Körpers stellen wir mithilfe der Flächeninhaltsformeln der drei Teilflächen einen Term auf:

$$O = M_{Kegel} + A_{Kreisring} + \tfrac{1}{2}O_{Kugel}$$

Zur Berechnung des Flächeninhalts des Kegelmantels wird neben der bekannten Mantellinie s noch Kegelgrundkreisradius r_{Ke} benötigt. Dessen Berechnung gelingt mit den bekannten Größen auf der Schnittfläche des Kegels.

1. Berechnung des Oberflächeninhalts O des zusammengesetzten Körpers

Berechnung von Kegelradius r_{Ke}:

$$\cos\alpha = \frac{r_{Ke}}{s} \qquad |\cdot s$$

$$r_{Ke} = s\cdot\cos\alpha$$

$$r_{Ke} = 3{,}7\cdot\cos 72{,}0°$$

$$r_{Ke} = \underline{1{,}14\text{ m}}$$

Berechnung von Kugelradius r_{Ku}:

$$r_{Ku} = h_{ges} - h_{Ke}$$

$$r_{Ku} = 5{,}1 - 3{,}52$$

$$r_{Ku} = \underline{1{,}58\text{ m}}$$

NR: **Berechnung von Kegelhöhe h_{Ke}:**

$$\sin\alpha = \frac{h_{Ke}}{s} \qquad |\cdot s$$

$$h_{Ke} = s\cdot\sin\alpha$$

$$h_{Ke} = 3{,}7\cdot\sin 72{,}0°$$

$$h_{Ke} = \underline{3{,}52\text{ m}}$$

Berechnung des Oberflächeninhalts O des zusammengesetzten Körpers:

$$O = M_{Kegel} + A_{Kreisring} + \frac{1}{2}O_{Kugel}$$

$$O = \pi r_{Ke} s + \pi\cdot(r_{Ku}^2 - r_{Ke}^2) + \frac{1}{\cancel{2}_1}\cancel{4}^2\pi r_{Ku}^2$$

$$O = \pi\cdot 1{,}14\cdot 3{,}7 + \pi\cdot(1{,}58^2 - 1{,}14^2) + 2\pi\cdot 1{,}58^2$$

$$O = \underline{\underline{32{,}7\text{ m}^2}}$$

2. Ermittlung, wie viele Dosen für den Anstrich des Kunstwerks gekauft werden müssen

Berechnung der Anzahl benötigter Dosen:

Anzahl benötigter Dosen = Oberfläche des Kunstwerks : Flächeninhalt, der mit einer Dose gestrichen werden kann

Anzahl benötigter Dosen = 32,7 : 10,0

Anzahl benötigter Dosen = $\underline{3{,}27}$

Feststellung, wie viele Dosen gekauft werden müssen:

Da nur ganze Dosen gekauft werden können, müssen $\underline{\underline{\text{4 Dosen}}}$ gekauft werden.

✎ Hinweise und Tipps

Für die Berechnung des Flächeninhalts des Kreisrings werden der Außenradius r_{Ku} und der Innenradius r_{Ke} benötigt. Innenradius r_{Ke} wurde bereits berechnet. Außenradius r_{Ku} gewinnen wir mithilfe der Gesamthöhe h_{ges} des Kunstwerks und der Höhe h_{Ke} des Kegels. Dazu ist zunächst noch die Höhe h_{Ke} des Kegels auf der Schnittfläche des Kegels zu berechnen.
Für die Berechnung des Flächeninhalts der Kappe der Halbkugel liegen inzwischen alle notwendigen Größen vor.

2. Berechnung, wie viele Dosen für den Anstrich des Kunstwerks gekauft werden müssen
Bei der Ermittlung der Anzahl zu kaufender Farbdosen muss beachtet werden, dass es nur ganze Dosen zu kaufen gibt.

Pflichtteil A 2 – P 3

Baumdiagramm:

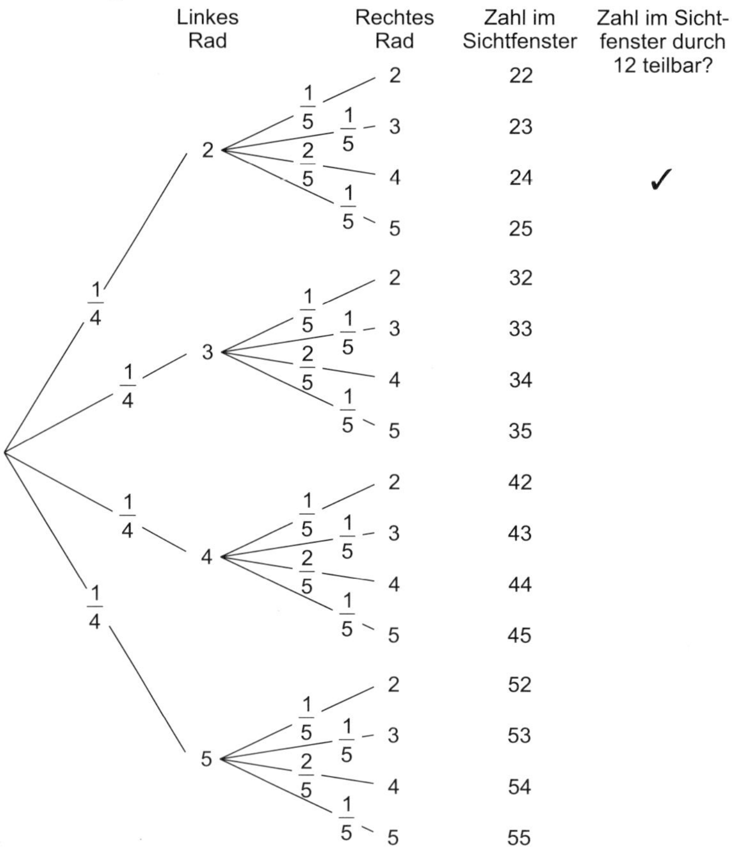

1. Berechnung der Wahrscheinlichkeit, mit der im Sichtfenster eine Zahl mit zwei gleichen Ziffern zu sehen ist

$P(\text{zwei gleiche Ziffern}) = P(2;\,2) + P(3;\,3) + P(4;\,4) + P(5;\,5)$

$P(\text{zwei gleiche Ziffern}) = \frac{1}{4}\cdot\frac{1}{5} + \frac{1}{4}\cdot\frac{1}{5} + \frac{1}{4}\cdot\frac{2}{5} + \frac{1}{4}\cdot\frac{1}{5}$

$P(\text{zwei gleiche Ziffern}) = \frac{1}{20} + \frac{1}{20} + \frac{2}{20} + \frac{1}{20}$

$P(\text{zwei gleiche Ziffern}) = \frac{5}{20} = \underline{\underline{\frac{1}{4}}}$

$P(\text{zwei gleiche Ziffern}) = \underline{\underline{25\,\%}}$

A: Die Wahrscheinlichkeit, dass im Sichtfenster eine Zahl mit zwei gleichen Ziffern zu sehen ist, beträgt $\frac{1}{4}$ bzw. 25 %.

2. Berechnung der Wahrscheinlichkeit, mit der im Sichtfenster eine durch 12 teilbare Zahl zu sehen ist

$P(\text{durch 12 teilbare Zahl}) = P(2;\,4)$

$P(\text{durch 12 teilbare Zahl}) = \frac{1}{{}_2\not{4}}\cdot\frac{\not{2}^{1}}{5}$

$P(\text{durch 12 teilbare Zahl}) = \underline{\underline{\frac{1}{10}}}$

$P(\text{durch 12 teilbare Zahl}) = \underline{\underline{10\,\%}}$

Hinweise und Tipps

Zur besseren Übersicht empfiehlt es sich, den Sachverhalt in einem Baumdiagramm oder in einem Teilbaumdiagramm zu visualisieren.
Bei der Ermittlung der Wahrscheinlichkeiten für das Erscheinen der einzelnen Ziffern im Sichtfenster achten wir auf die Unterscheidung von linkem und rechtem Glücksrad.

1. Berechnung der Wahrscheinlichkeit, mit der im Sichtfenster eine Zahl mit zwei gleichen Ziffern zu sehen ist
Für die Berechnung der Wahrscheinlichkeit, mit der im Sichtfenster eine Zahl mit zwei gleichen Ziffern zu sehen ist, kombinieren wir die Produkt- und die Summenregel.

2. Berechnung der Wahrscheinlichkeit, mit der im Sichtfenster eine durch 12 teilbare Zahl zu sehen ist
Für die Berechnung der Wahrscheinlichkeit, mit der im Sichtfenster eine durch 12 teilbare Zahl zu sehen ist, ist zunächst festzustellen, welche durch 12 teilbaren Zahlen auftreten können. Da es lediglich ein Ergebnis gibt, bei dem im Sichtfenster eine durch 12 teilbare Zahl zu sehen ist, genügt für die Berechnung der gesuchten Wahrscheinlichkeit die Nutzung der Produktregel.

3. Berechnung der Wahrscheinlichkeit, mit der im Sichtfenster höchstens einmal die Ziffer 4 zu sehen ist
Das Ereignis „höchstens einmal die Ziffer 4“ schließt sowohl den Fall „genau einmal die Ziffer 4“ als auch den Fall „keine Ziffer 4“ mit ein.
Für die Berechnung der gesuchten Wahrscheinlichkeit stehen grundsätzlich sowohl die Kombination von Produkt- und Summenregel als auch der Weg über das Gegenereignis zur Verfügung. Da das Gegenereignis nur ein Ergebnis beinhaltet, ist angesichts der hohen Anzahl an Ergebnissen, die das Ereignis „höchstens einmal die Ziffer 4“ umfasst, der Weg über das Gegenereignis vorzuziehen.

NR: **Feststellung, welche durch 12 teilbaren Zahlen im Sichtfenster zu sehen sein können:**
24

A: Die Wahrscheinlichkeit, mit der im Sichtfenster eine durch 12 teilbare Zahl zu sehen ist, beträgt $\frac{1}{10}$ bzw. 10 %.

3. Berechnung der Wahrscheinlichkeit, mit der im Sichtfenster höchstens einmal die Ziffer 4 zu sehen ist

$P(\text{höchstens einmal Ziffer 4}) = 1 - P(4; 4)$

$P(\text{höchstens einmal Ziffer 4}) = 1 - \frac{1}{\cancel{4}_2} \cdot \frac{\cancel{2}^1}{5}$

$P(\text{höchstens einmal Ziffer 4}) = 1 - \frac{1}{10}$

$P(\text{höchstens einmal Ziffer 4}) = \underline{\underline{\frac{9}{10}}}$

$P(\text{höchstens einmal Ziffer 4}) = \underline{\underline{90\ \%}}$

A: Die Wahrscheinlichkeit, mit der im Sichtfenster höchstens einmal die Ziffer 4 zu sehen ist, beträgt $\frac{9}{10}$ bzw. 90 %.

Pflichtteil A 2 – P 4

1. Berechnung, um wie viel Prozent der Umsatz des Onlinehandels von 2016 bis 2019 insgesamt gestiegen ist

$W = G \cdot p\ \% \quad |:G$

$p\ \% = \frac{W}{G}$

$p\ \% = \frac{14{,}3\ \text{Mrd.}}{44{,}2\ \text{Mrd.}}$

$p\ \% = 32{,}35\ \%$

$p\ \% = \underline{\underline{32{,}4\ \%}}$

NR: **Berechnung des Umsatzanstiegs von 2016 bis 2019 in Euro:**

$W = \text{Umsatz 2019} - \text{Umsatz 2016}$

$W = 58{,}5\ \text{Mrd.} - 44{,}2\ \text{Mrd.}$

$W = \underline{14{,}3\ \text{Mrd.}\ €}$

A: Der Umsatz des Onlinehandels ist von 2016 bis 2019 um insgesamt 32,4 % gestiegen.

2. Berechnung, wie hoch im Onlinehandel der Umsatz für den Bereich „Freizeit und Hobby“ im Jahr 2017 in Euro war

$W = G \cdot p\ \%$

$W = 48{,}9\ \text{Mrd.} \cdot 14{,}5\ \%$

$W = \underline{\underline{7{,}09\ \text{Mrd.}\ €}}$

A: Der Umsatz für den Bereich „Freizeit und Hobby“ lag im Onlinehandel im Jahr 2017 bei 7,09 Mrd. €.

Hinweise und Tipps

1. Berechnung, um wie viel Prozent der Umsatz des Onlinehandels von 2016 bis 2019 insgesamt gestiegen ist

Für die Berechnung des gesuchten Prozentsatzes stehen alternativ der Dreisatz oder die in der Musterlösung verwendete Grundformel der Prozentrechnung zur Verfügung. Ein dritter, eher unüblicher Lösungsansatz führt über die Wachstumsformel mit Faktor q. Bei den beiden erstgenannten Verfahren stehen jeweils wieder zwei Varianten zur Auswahl.
Zum einen kann in einem ersten Schritt der Umsatzanstieg des Onlinehandels in Euro ermittelt werden. Anschließend wird dann der gesuchte prozentuale Anstieg berechnet.
Zum anderen kann in einem ersten Schritt der Prozentsatz zum vermehrten Grundwert (im vorliegenden Fall der Umsatz in 2019) ermittelt werden. Den Wert des gesuchten prozentualen Anstiegs erhält man anschließend über die Differenz aus dem ermittelten Prozentsatz zum vermehrten Grundwert und dem Prozentsatz zum Grundwert (100 %).

2. Berechnung, wie hoch im Onlinehandel der Umsatz für den Bereich „Freizeit und Hobby“ im Jahr 2017 in Euro war

Auch hier stehen für die Klärung der Frage die in der Musterlösung verwendete Grundformel der Prozentrechnung oder alternativ der Dreisatz zur Auswahl. Der Umsatz des Onlinehandels im Jahr 2017 in Euro wird dem Säulendiagramm entnommen, der prozentuale Anteil des Bereichs „Freizeit und Hobby“ dem Kreisdiagramm.

3. Berechnung, wie viele Euro im Jahr 2017 im Onlinehandel für Smartphones ausgegeben wurden

Für die Klärung der Frage stehen zwei alternative Lösungsansätze zur Verfügung.

3. Berechnung, wie viele Euro im Jahr 2017 im Onlinehandel für Smartphones ausgegeben wurden

Berechnung, wie viele Euro in 2017 im Onlinehandel auf den Bereich Elektronik entfielen:

$W = G \cdot p\,\%$

$W = 48{,}9 \text{ Mrd.} \cdot 24{,}9\,\%$

$W = \underline{12{,}18 \text{ Mrd. €}}$

Berechnung, wie viele Euro in 2017 im Onlinehandel für Smartphones ausgegeben wurden:

$W = G \cdot p\,\%$

$W = 12{,}18 \text{ Mrd.} \cdot 53{,}0\,\%$

$W = \underline{\underline{6{,}46 \text{ Mrd. €}}}$

A: Im Jahr 2017 wurden im Onlinehandel 6,46 Mrd. € für Smartphones ausgegeben.

Alternativer Lösungsansatz

$W = G \cdot p_1\,\% \cdot p_2\,\%$

$W = 48{,}9 \text{ Mrd.} \cdot 24{,}9\,\% \cdot 53{,}0\,\%$

$W = \underline{\underline{6{,}45 \text{ Mrd. €}}}$

Hinweise und Tipps

Beim ersten Ansatz wird zunächst berechnet, wie viele Euro im Jahr 2017 im Onlinehandel auf den Bereich Elektronik entfielen. Mit diesem Wert wird anschließend der gesuchte Betrag berechnet. Für beide Rechnungen stehen der Dreisatz oder die in der Musterlösung verwendete Grundformel der Prozentrechnung zur Verfügung.
Beim zweiten – deutlich kürzeren – Ansatz werden die beiden Berechnungen in einer Rechnung verknüpft. Dazu wird ein Term aufgestellt:
Für Smartphones in 2017 im Onlinehandel ausgegebener Betrag
= Umsatz des Onlinehandels in 2017
· Prozentualer Anteil des Bereichs Elektronik am Umsatz des Onlinehandels in 2017
· Prozentualer Anteil des Onlinehandels mit Smartphones am Bereich Elektronik in 2017
Der zweite Ansatz wird als Alternative im Anschluss an die Musterlösung dargestellt.

Zu der Struktur der Formel siehe bitte in den Lösungshinweisen oben.

Die Unterschiede zwischen den Endergebnissen der beiden Lösungsansätze erklären sich dadurch, dass beim alternativen Lösungsansatz ein Rundungsschritt entfällt.

Pflichtteil A 2 – P 5

Skizze:

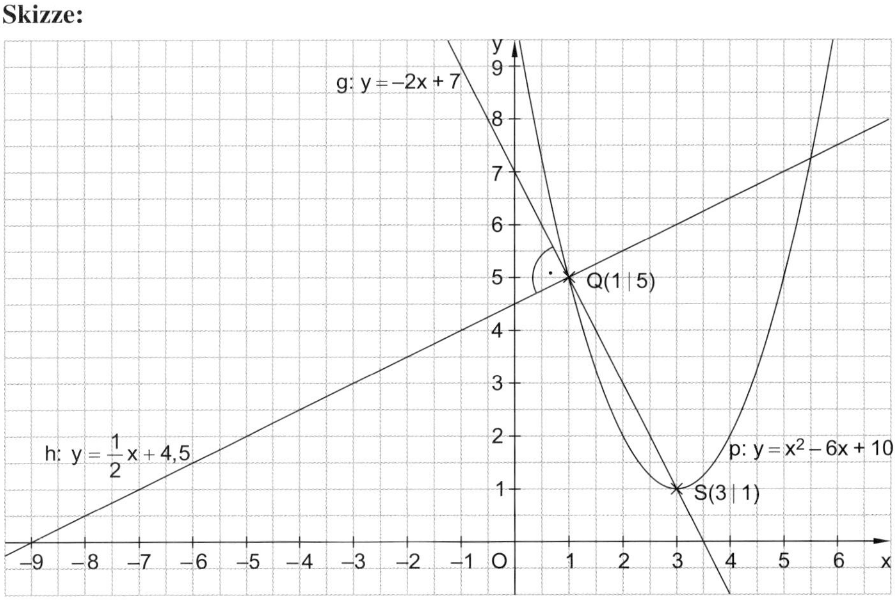

1. Berechnung der Koordinaten des zweiten Schnittpunkts Q der Parabel p mit der Geraden g

Berechnung der Koordinaten des Scheitelpunkts S von Parabel p:

$y = x^2 - 6x + 10$ | quadratisch ergänzen

$y = x^2 - 6x + 3^2 + 10 - 3^2$

$y = (x-3)^2 + 1$

$\Rightarrow$ $\underline{\text{Scheitelpunkt } S(3\,|\,1)}$

1. Berechnung der Koordinaten des zweiten Schnittpunkts Q der Parabel p mit der Geraden g

Für die Berechnung der Koordinaten des zweiten Schnittpunkts Q von Parabel p mit Gerade g benötigen wir neben der bekannten Funktionsgleichung von Parabel p noch die Funktionsgleichung von Gerade g. Diese lässt sich mit der Hauptform für lineare Funktionen bestimmen. Steigung m ist bekannt. Für die Berechnung des noch unbekannten y-Achsenabschnitts c nutzen wir den Wert von Steigungsfaktor m und die Koordinaten von Scheitelpunkt S, durch den

Bestimmung der Funktionsgleichung von Gerade g:

g: $y = mx + c$

g: $\underline{y = -2x + 7}$

NR: **Berechnung von y-Achsenabschnitt c:**

$y = mx + c \quad | -mx$

$c = y - mx \quad | m = -2;\ S(3|1)$

$c = 1 - (-2) \cdot 3$

$c = \underline{7}$

Berechnung der Koordinaten des zweiten Schnittpunkts Q:

$p = g$

$x^2 - 6x + 10 = -2x + 7 \quad | +2x; -7$

$x^2 - 4x + 3 = 0$

$x_{1/2} = -\frac{p}{2} \pm \sqrt{\left(\frac{p}{2}\right)^2 - q}$

$x_{1/2} = -\frac{-4}{2} \pm \sqrt{\left(\frac{-4}{2}\right)^2 - 3}$

$x_{1/2} = 2 \pm \sqrt{4 - 3}$

$x_{1/2} = 2 \pm \sqrt{1}$

$x_{1/2} = 2 \pm 1$

$x_1 = \underline{3} \Rightarrow$ x-Koordinate des bekannten Schnittpunkts S(3 | 1)

$x_2 = \underline{1}$

$x_2 = 1$ in g: $y = -2 \cdot 1 + 7$

$y = \underline{5}$

$\Rightarrow \underline{\underline{Q(1|5)}}$

2. Berechnung der Funktionsgleichung von Gerade h

h: $y = m_h x + c_h$

h: $\underline{\underline{y = \frac{1}{2}x + 4{,}5}}$

NR: **Berechnung von Steigungsfaktor m_h:**

Gerade h verläuft senkrecht zu Gerade g.

$\Rightarrow m \cdot m_h = -1 \quad |:m$

$m_h = \frac{-1}{m}$

$m_h = \frac{-1}{-2} = \underline{\frac{1}{2}}$

NR: **Berechnung von y-Achsenabschnitt c_h:**

$y = m_h x + c_h \quad | -m_h x$

$c_h = y - m_h x \quad | m_h = \frac{1}{2};\ Q(1|5)$

$c_h = 5 - \frac{1}{2} \cdot 1$

$c_h = 4\frac{1}{2} = \underline{4{,}5}$

✎ Hinweise und Tipps

Gerade g verläuft. Dazu sind zunächst noch die Koordinaten von Scheitelpunkt S zu ermitteln. Dies gelingt, indem wir die bekannte Funktionsgleichung von Parabel p in die Scheitelform umformen.
Nachdem beide Funktionsgleichungen vorliegen, werden diese für die Berechnung der x-Koordinate von Schnittpunkt Q gleichgesetzt. Wir erhalten zwei Werte. Einer der beiden Werte ist die x-Koordinate des bereits bekannten Schnittpunkts S. Der andere Wert ist die gesuchte x-Koordinate von Schnittpunkt Q. Für die Ermittlung der y-Koordinate von Schnittpunkt Q setzen wir diesen Wert in eine der beiden Funktionsgleichungen ein.

2. Berechnung der Funktionsgleichung von Gerade h

Die Funktionsgleichung von Gerade h lässt sich mit der Hauptform für lineare Funktionen bestimmen. Dazu sind zunächst noch Steigungsfaktor m_h und y-Achsenabschnitt c_h zu ermitteln. Da Gerade h senkrecht zu Gerade g verläuft, gewinnen wir Steigungsfaktor m_h rasch mit der bekannten Steigung von Gerade g. Für die Berechnung von y-Achsenabschnitt c_h nutzen wir den inzwischen bekannten Steigungsfaktor m_h und die Koordinaten von Punkt Q, durch den Gerade h verläuft.

Hinweise und Tipps

Pflichtteil A 2 – P 6

1. Klärung der Frage, welcher Boxplot zu Diagramm (1) gehört

Der Vergleich der beiden Boxplots zeigt, dass ihre Kennwerte – bis auf die oberen Quartile – jeweils identisch sind. Dadurch reduziert sich die Untersuchung, welcher Boxplot zu Diagramm (1) gehört, auf den Vergleich des oberen Quartils der zu Diagramm (1) gehörenden Rangliste mit den oberen Quartilen der beiden Boxplots.

Ermittlung des oberen Quartils $q_{o(1)}$ der zu Diagramm (1) gehörenden Rangliste:

$q_{o(1)} = n \cdot 0,75 = 25 \cdot 0,75 = 18,75 \notin \mathbb{Z} \quad \Rightarrow \quad q_{o(1)} = x_{19} = \underline{8\text{ h}}$

Feststellung, welcher Boxplot zu Diagramm (1) gehört:

$q_{o(1)} = 8\text{ h}$ und $q_{o(\text{Männer})} = 8\text{ h}$ und $q_{o(\text{Frauen})} \neq 8\text{ h}$

$\Rightarrow$ Zu Diagramm (1) gehört der Boxplot für die Lesezeiten der Männer.

2. Ergänzung von Diagramm (2) mit möglichen Säulen für die Werte von 8 bis 16 Stunden Lesezeit

Feststellung, welcher Boxplot zu Diagramm (2) gehört:

Der Boxplot der Männer gehört zu Diagramm (1).

$\Rightarrow$ Der Boxplot der Frauen gehört zu Diagramm (2).

Ermittlung der Anzahl der Personen, für die in Diagramm (2) noch Werte einzutragen sind:

Anzahl Pers. ohne Eintrag = Gesamtzahl aller Pers. – Anzahl Pers. mit Eintrag in Diag. (2)

Anzahl Pers. ohne Eintrag = 25 – 15

Anzahl Pers. ohne Eintrag = $\underline{10}$

$\Rightarrow$ Es sind noch für 10 Personen Werte in Diagramm (2) einzutragen.

Feststellung der Kennwerte des Boxplots der Frauen, Bestimmung ihrer Rangplätze und Überprüfung, ob die Kennwerte bereits in Diagramm (2) enthalten sind:

Kennwert	Wert des Kennwerts des Boxplots der Frauen (Lesezeit in Stunden)	Rangplätze der Kennwerte	Kennwert des Boxplots der Frauen in Diagramm (2) bereits enthalten?
Minimum	1	Rangplatz $x_{min} = \underline{1}$	ja
Unteres Quartil	3	$n \cdot 0,25 = 25 \cdot 0,25 = 6,25 \notin \mathbb{Z}$ $\Rightarrow$ Rangplatz $q_u = \underline{7}$	ja
Zentralwert	7	$n \cdot 0,5 = 25 \cdot 0,5 = 12,5 \notin \mathbb{Z}$ $\Rightarrow$ Rangplatz $z = \underline{13}$	ja
Oberes Quartil	9	$n \cdot 0,75 = 25 \cdot 0,75 = 18,75 \notin \mathbb{Z}$ $\Rightarrow$ Rangplatz $q_o = \underline{19}$	nein
Maximum	16	Rangplatz $x_{max} = \underline{25}$	nein

Schlussfolgerungen für das Eintragen der Werte für 10 Personen in Diagramm (2):

1) Der insgesamt 19. Wert ist bei 9 Stunden Lesezeit einzutragen.

2) Der insgesamt 25. Wert ist bei 16 Stunden Lesezeit einzutragen.

1. Klärung der Frage, welcher Boxplot zu Diagramm (1) gehört

Der Vergleich der beiden Boxplots zeigt, dass ihre Kennwerte – bis auf die oberen Quartile – jeweils identisch sind. Dadurch reduziert sich die Untersuchung, welcher Boxplot zu Diagramm (1) gehört, auf den Vergleich des oberen Quartils der zu Diagramm (1) gehörenden Rangliste mit den oberen Quartilen der beiden Boxplots.

Den Wert des oberen Quartils der zu Diagramm (1) gehörenden Rangliste ermitteln wir mit dem entsprechenden Verfahren. Die Werte der oberen Quartile der beiden Boxplots werden den Boxplots entnommen.

2. Ergänzung von Diagramm (2) mit möglichen Säulen für die Werte von 8 bis 16 Stunden Lesezeit

Bei der Ergänzung von Diagramm (2) mit möglichen Säulen sind die Kennwerte des zu Diagramm (2) zugehörigen Boxplots zu beachten.

Zunächst stellen wir deshalb fest, welcher der beiden Boxplots zu Diagramm (2) gehört. Außerdem benötigen wir die Anzahl der Personen, für die in Diagramm (2) noch Werte einzutragen sind.

Die Vorbereitung auf das Ergänzen von Diagramm (2) umfasst vier Schritte:

Im ersten Schritt stellen wir die Werte der Kennwerte des zugehörigen Boxplots fest.

Im zweiten Schritt stellen wir die Rangplätze der Kennwerte fest.

Im dritten Schritt stellen wir fest, welche Kennwerte bereits in Diagramm (2) enthalten sind und welche noch fehlen.

Im vierten Schritt ziehen wir die Schlussfolgerungen, die sich aus den fehlenden Kennwerten für das Eintragen aller fehlenden Werte in Diagramm (2) ergeben.

3. Überprüfung, ob Finn recht hat

Um zu überprüfen, ob Finn recht hat, wird in der Musterlösung die Anzahl der Männer, die 7 Stunden oder mehr pro Woche lesen, mit der halben Anzahl der befragten Männer verglichen.

Die Anzahl der Männer, die 7 Stunden oder mehr pro Woche lesen, entnehmen wir dem Säulendiagramm der Männer.

✎ Hinweise und Tipps

Eine mögliche Lösung für die Ergänzung von Diagramm (2) mit möglichen Säulen:

Für das korrekte Ergänzen von Diagramm (2) gibt es mehrere Möglichkeiten. In der Musterlösung wird lediglich eine dieser Möglichkeiten dargestellt.

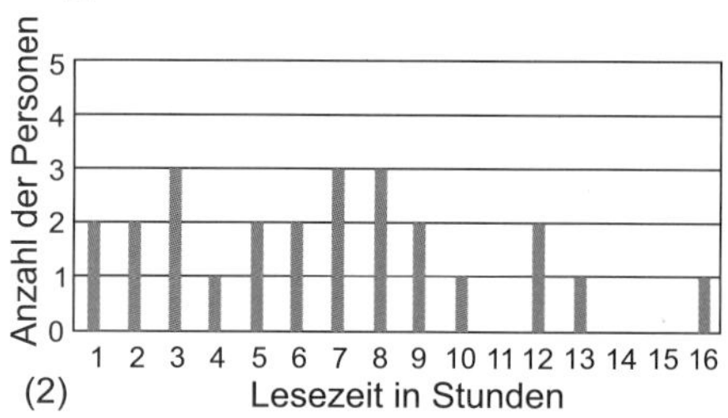

(2)

3. Überprüfung, ob Finn recht hat

Feststellung der Anzahl L der Männer, die 7 Stunden oder mehr pro Woche lesen:

$L = \underline{13}$

Feststellung der halben Anzahl H der Männer:

$H = \frac{n}{2} = \frac{25}{2} = \underline{12{,}5}$

Feststellung, ob Finn recht hat:

$L = 13 > H = 12{,}5$

$\Rightarrow$ Mehr als die Hälfte der Männer liest 7 Stunden oder mehr pro Woche.

$\Rightarrow$ Finn hat recht.

Wahlteil B – W 1

a) **Skizze:**

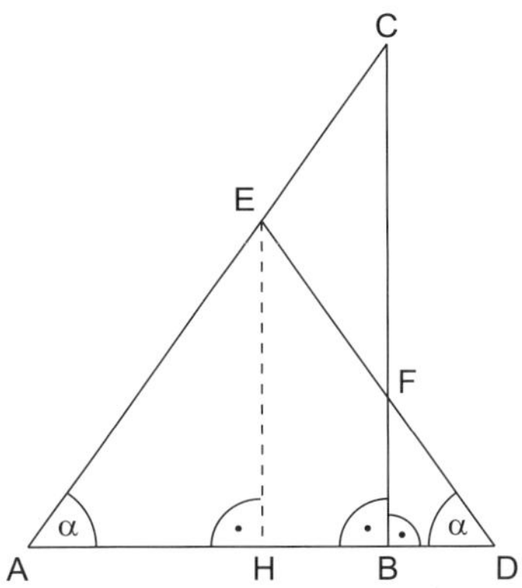

1. Berechnung von $\overline{DF}$

Berechnung von $\overline{AE}$:

$$\overline{AE} = \overline{CA} - \overline{CE}$$
$$\overline{AE} = 23{,}01 - 8{,}0$$
$$\overline{AE} = \underline{15{,}01\ \text{cm}}$$

NR: **Berechnung von $\overline{CA}$:**

$$\cos\alpha = \frac{\overline{AB}}{\overline{CA}} \qquad |\cdot \overline{CA}$$
$$\overline{CA} \cdot \cos\alpha = \overline{AB} \qquad |:\cos\alpha$$
$$\overline{CA} = \frac{\overline{AB}}{\cos\alpha}$$
$$\overline{CA} = \frac{13{,}2}{\cos 55{,}0°}$$
$$\overline{CA} = \underline{23{,}01\ \text{cm}}$$

Berechnung von $\overline{AH}$:

$$\cos\alpha = \frac{\overline{AH}}{\overline{AE}} \qquad |\cdot \overline{AE}$$
$$\overline{AH} = \overline{AE} \cdot \cos\alpha$$
$$\overline{AH} = 15{,}01 \cdot \cos 55{,}0°$$
$$\overline{AH} = \underline{8{,}61\ \text{cm}}$$

Alternative Lösungsmöglichkeit zur Berechnung von $\overline{AH}$:

$$\frac{\overline{AH}}{\overline{AB}} = \frac{\overline{AE}}{\overline{CA}} \qquad |\cdot \overline{AB}$$
$$\overline{AH} = \frac{\overline{AE} \cdot \overline{AB}}{\overline{CA}}$$
$$\overline{AH} = \frac{15{,}01 \cdot 13{,}2}{23{,}01}$$
$$\overline{AH} = \underline{8{,}61\ \text{cm}}$$

✐ Hinweise und Tipps

Skizze:

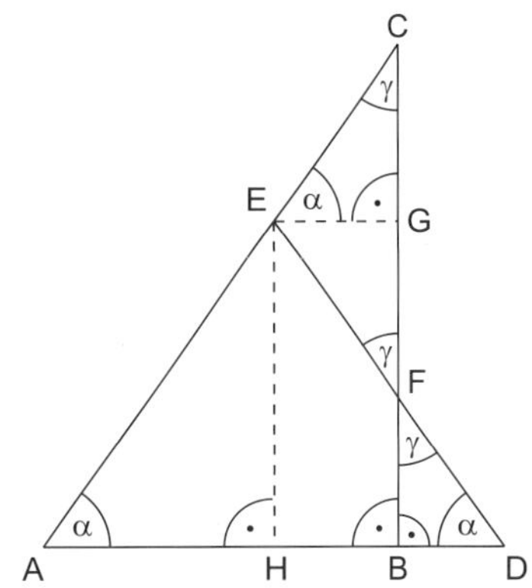

1. Berechnung von $\overline{DF}$

Für die Berechnung von $\overline{DF}$ stehen zwei alternative Lösungsansätze zur Verfügung:

1) $\overline{DF}$ wird im rechtwinkligen Dreieck BDF berechnet.
2) $\overline{DF}$ wird über die Differenz aus $\overline{DE}$ und $\overline{EF}$ berechnet.

Die Musterlösung folgt dem ersten Lösungsansatz. Das Finden des zweiten Lösungsansatzes ist anspruchsvoll. Dafür belohnt dieser Ansatz mit weniger Rechenarbeit als der Lösungsweg über die Musterlösung. Er wird im Anschluss kurz skizziert.

Für die Berechnung von $\overline{DF}$ in Dreieck BDF werden entweder die Längen der beiden anderen Seiten oder die Länge einer anderen Seite und die Größe eines Winkels (außer dem rechten Winkel) benötigt. Winkel FDB lässt sich rasch über die Eigenschaften des gleichschenkligen Dreiecks ADE bestimmen. $\overline{BD}$ erhalten wir mithilfe von $\overline{AD}$ und $\overline{AB}$. $\overline{AB}$ ist bekannt.

Für die Ermittlung von $\overline{AD}$ nutzen wir wieder die Eigenschaften des gleichschenkligen Dreiecks ADE. Dazu fällen wir zunächst das Lot von Punkt E auf Strecke AD. Lotfußpunkt H teilt Strecke AD in die beiden gleich langen Strecken AH und HD. Strecke AH lässt sich im rechtwinkligen Dreieck AHE berechnen, sodass wir $\overline{AD}$ über $\overline{AH}$ gewinnen.

In Vorbereitung auf die Berechnung von $\overline{AH}$ in Dreieck AHE ermitteln wir $\overline{AE}$. Dies gelingt mithilfe von $\overline{CA}$ und $\overline{CE}$. $\overline{CE}$ ist bekannt und $\overline{CA}$ erhalten wir in Dreieck ABC.

Statt in Dreieck AHE kann $\overline{AH}$ bei gleicher Vorarbeit alternativ auch in der Strahlensatzfigur mit den Strahlen CA und AD sowie den Parallelen BC und HE ermittelt werden. Die Alternative wird zusätzlich zur Musterlösung dargestellt.

Alternative: Ermittlung von $\overline{DF}$ über die Differenz aus $\overline{DE}$ und $\overline{EF}$

$\overline{DE}$ ist gleich lang wie $\overline{AE}$. $\overline{AE}$ seinerseits wird wie in der Musterlösung ermittelt.

$\overline{EF}$ bestimmen wir mithilfe der bekannten Strecke CE und den Eigenschaften von Dreieck EFC. Dazu ist zunächst nachzuweisen, dass Dreieck EFC gleichschenklig mit den Schenkeln CE und EF ist.

Ermittlung von $\overline{AD}$:

Dreieck ADE ist gleichschenklig mit den Schenkeln AE und DE.

$\Rightarrow$ Lotfußpunkt H des Lots von Punkt E auf Strecke AD ist Mittelpunkt von Strecke AD.

$\Rightarrow$ $\overline{HD} = \overline{AH}$

$\Rightarrow$ $\overline{AD} = 2 \cdot \overline{AH} = 2 \cdot 8{,}61 = \underline{17{,}22\text{ cm}}$

Berechnung von $\overline{BD}$:

$\overline{BD} = \overline{AD} - \overline{AB}$

$\overline{BD} = 17{,}22 - 13{,}2$

$\overline{BD} = \underline{4{,}02\text{ cm}}$

Berechnung von $\overline{DF}$:

$\cos \sphericalangle FDB = \frac{\overline{BD}}{\overline{DF}} \qquad | \cdot \overline{DF}$

$\overline{DF} \cdot \cos\alpha = \overline{BD} \qquad | : \cos\alpha$

$\overline{DF} = \frac{\overline{BD}}{\cos\alpha}$

$\overline{DF} = \frac{4{,}02}{\cos 55{,}0°}$

$\overline{DF} = 7{,}01\text{ cm}$

$\overline{DF} = \underline{\underline{7{,}0\text{ cm}}}$

NR: **Bestimmung von Winkel FDB:**

Dreieck ADE ist gleichschenklig mit den Schenkeln AE und DE.

$\Rightarrow$ $\sphericalangle FDB = \alpha = \underline{55{,}0°}$

2. Berechnung des Umfangs u_{ABFE} von Viereck ABFE

Berechnung von $\overline{BF}$:

$\tan\alpha = \frac{\overline{BF}}{\overline{BD}} \qquad | \cdot \overline{BD}$

$\overline{BF} = \overline{BD} \cdot \tan\alpha$

$\overline{BF} = 4{,}02 \cdot \tan 55{,}0°$

$\overline{BF} = \underline{5{,}74\text{ cm}}$

Berechnung von $\overline{FE}$:

$\overline{FE} = \overline{DE} - \overline{DF} \qquad | \overline{DE} = \overline{AE}$

$\overline{FE} = 15{,}01 - 7{,}0$

$\overline{FE} = \underline{8{,}01\text{ cm}}$

Berechnung des Umfangs u_{ABFE} von Viereck ABFE:

$u_{ABFE} = \overline{AB} + \overline{BF} + \overline{FE} + \overline{AE}$

$u_{ABFE} = 13{,}2 + 5{,}74 + 8{,}01 + 15{,}01$

$u_{ABFE} = 41{,}96\text{ cm}$

$u_{ABFE} = \underline{\underline{42{,}0\text{ cm}}}$

✎ Hinweise und Tipps

Das Lot von Punkt E auf Strecke FC liegt parallel zu Strecke AD und teilt Dreieck EFC in die beiden Teildreiecke EGC und EFG.
Winkel GEC ist Stufenwinkel zu Winkel α und damit gleich groß wie dieser. Für Winkel ECG (γ) gilt in Dreieck EGC folglich: $\gamma = 180° - (\alpha + 90°)$.
Winkel FDB ist im gleichschenkligen Dreieck ADE Basiswinkel und damit gleich groß wie Winkel α. Für Winkel BFD gilt in Dreieck BDF folglich: $\sphericalangle BFD = 180° - (\alpha + 90°) = \gamma$.
Winkel GFE ist Scheitelwinkel zu Winkel BFD und damit gleich groß wie dieser: $\sphericalangle GFE = \gamma$.
Damit ist nachgewiesen, dass die beiden Winkel GFE und ECG in Dreieck EFC gleich groß sind. Daraus folgt: Dreieck EFC ist gleichschenklig mit den Schenkeln EF und CE.
Folglich gilt weiter: $\overline{EF} = \overline{CE} = 8{,}0$ cm.
Abschließend wird $\overline{DF}$ über die Differenz aus $\overline{DE}$ und $\overline{EF}$ berechnet.

2. Berechnung des Umfangs von Viereck ABFE

Der gesuchte Umfang von Viereck ABFE ist die Summe aus $\overline{AB}$, $\overline{BF}$, $\overline{FE}$ und $\overline{AE}$.
Wurde bei der Berechnung von $\overline{DF}$ der Weg über die Musterlösung gewählt, ist neben $\overline{AB}$ auch bereits $\overline{AE}$ bekannt.
$\overline{BF}$ lässt sich in Dreieck BDF mit den bekannten Größen berechnen. $\overline{FE}$ erhalten wir mithilfe von $\overline{DE}$ und $\overline{DF}$. Beide sind bereits bekannt.
Wurde der Weg über den alternativen Lösungsansatz gewählt, sind $\overline{AB}$, $\overline{FE}$ und $\overline{AE}$ bereits bekannt. Ermittelt werden muss in diesem Fall nur noch $\overline{BF}$.

b) **Skizze:**

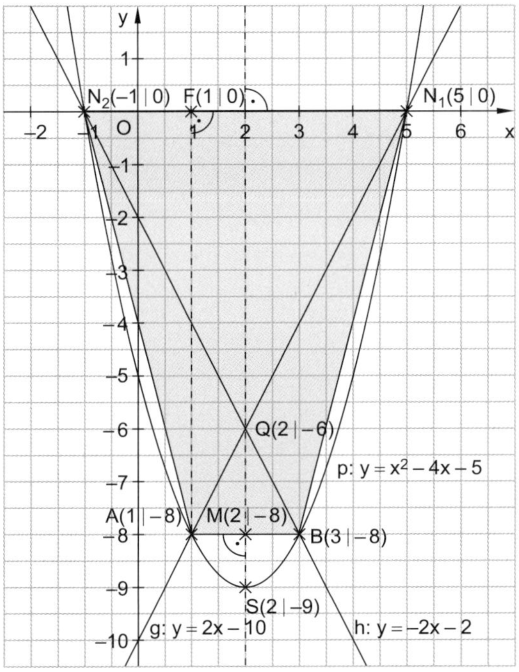

1. Ermittlung der Funktionsgleichung von Parabel p:

Berechnung von b und c:

$$y = x^2 + bx + c$$

(1) $A(1|-8)$: $-8 = 1^2 + b \cdot 1 + c$

(2) $B(3|-8)$: $-8 = 3^2 + b \cdot 3 + c$

(1') $-8 = 1 + b + c \quad |\cdot(-1)$

(2') $-8 = 9 + 3b + c$

(1'') $8 = -1 - b - c$

(2') $-8 = 9 + 3b + c \quad |(1'')+(2')$

$0 = 8 + 2b \quad |-8$

$2b = -8 \quad |:2$

$b = \underline{-4}$

$b = -4$ in (1'): $-8 = 1 - 4 + c \quad |+3$

$c = \underline{-5}$

Bestimmung der Funktionsgleichung von Parabel p:

p: $y = x^2 + bx + c$

p: $\underline{\underline{y = x^2 - 4x - 5}}$

✎ Hinweise und Tipps

1. Ermittlung der Funktionsgleichung von Parabel p

In der Aufgabenstellung wird ausdrücklich verlangt, die Funktionsgleichung von Parabel p in der Normalform anzugeben. Für die Ermittlung der Funktionsgleichung von Parabel p stehen zwei Alternativen zur Verfügung.

In der Musterlösung wird die Gleichung von Parabel p ausgehend von einem Gleichungssystem mit zwei Gleichungen ermittelt. Dazu werden die bekannten Koordinaten der beiden Punkte A und B jeweils in die Normalform für quadratische Funktionen eingesetzt. Über das entstandene Gleichungssystem erhalten wir in der Musterlösung den Wert für b. Für die Berechnung von c setzen wir den Wert von b in eine geeignete Gleichung aus der Berechnung von b ein. Das Einsetzen der für b und c berechneten Werte in die Normalform für quadratische Funktionen führt zur gesuchten Funktionsgleichung von Parabel p.

Alternativer Lösungsweg zur Ermittlung der Gleichung von Parabel p

Die y-Koordinaten der beiden Punkte A und B haben beide den gleichen Wert −8. Folglich liegt Strecke AB parallel zur y-Achse. Damit liegt die Voraussetzung für die Nutzung des nachfolgend skizzierten Alternativverfahrens zur Ermittlung der Gleichung von Parabel p vor.

Die Funktionsgleichung von Parabel p wird bei diesem Lösungsansatz in zwei Schritten gewonnen. Zunächst werden mithilfe der Symmetrieeigenschaften von Parabel p und ihrer Eigenschaft als Graph einer quadratischen Funktion die Koordinaten ihres Scheitelpunkts S bestimmt. Mit diesen stellen wir anschließend die Funktionsgleichung von Parabel p über die Scheitelform quadratischer Funktionen auf.

Da in der Aufgabenstellung verlangt wird, die Funktionsgleichung in der Normalform $y = x^2 + bx + c$ anzugeben, muss die Scheitelform noch in die Normalform umgeformt werden.

Die Alternative wird zusätzlich zur Musterlösung dargestellt.

2. Ermittlung des Flächeninhalts $A_{ABN_1N_2}$ von Viereck ABN_1N_2

Für die Berechnung des Flächeninhalts $A_{ABN_1N_2}$ von Viereck ABN_1N_2 nutzen wir die Flächeninhaltsformel für Trapeze.

Dazu ist zunächst nachzuweisen, dass Viereck ABN_1N_2 ein Trapez ist. Dies gelingt, indem wir mithilfe der y-Koordinaten der beiden Punkte A und B zeigen, dass Strecke AB parallel zu der auf der x-Achse liegenden Strecke N_1N_2 liegt.

Für die Nutzung der Flächeninhaltsformel für Trapeze benötigen wir $\overline{AB}$, $\overline{N_1N_2}$ und die zugehörige Höhe. Die Länge von Strecke AB erhalten wir über die bekannten x-Koordinaten der beiden Punkte A und B.

Alternativer Lösungsweg zur Ermittlung der Funktionsgleichung von Parabel p

1) Feststellung, dass Strecke AB parallel zur x-Achse liegt:

Die y-Koordinaten der Punkte A und B haben den gleichen Wert: $\underline{-8}$

$\Rightarrow$ $\underline{\text{Strecke AB liegt parallel zur x-Achse.}}$

2) Ermittlung der x-Koordinate des Scheitelpunkts S von Parabel p

Berechnung des Abstands $\overline{AB}$ zwischen den Punkten A und B:

$\overline{AB} = |x_B| - |x_A| = |3| - |1| = \underline{2\text{ LE}}$

Ermittlung der x-Koordinate des Mittelpunkts M von Strecke AB:

$x_M = x_A + \frac{\overline{AB}}{2} = 1 + \frac{2}{2} = \underline{\underline{2}}$

Bestimmung der x-Koordinate von Scheitelpunkt S:

Da Punkt M und Scheitelpunkt S beide auf der Symmetrieachse von Parabel p liegen, gilt:

$x_S = x_M = \underline{\underline{2}}$

3) Ermittlung der y-Koordinate des Scheitelpunkts S von Parabel p

Bestimmung der y-Koordinate des Mittelpunkts M von Strecke AB:

Da M auf der parallel zur x-Achse liegenden Strecke AB liegt und da der Wert der y-Koordinate bei beiden Punkten A und B −8 beträgt, gilt: $y_M = \underline{\underline{-8}}$

Berechnung des Abstands $\overline{MS}$ von Punkt M zu Scheitelpunkt S:

$\overline{MS} = \left(\frac{\overline{AB}}{2}\right)^2 = \left(\frac{2}{2}\right)^2 = \underline{1\text{ LE}}$

Berechnung der y-Koordinate von Scheitelpunkt S:

$y_S = y_M - \overline{MS} = -8 - 1 = \underline{\underline{-9}}$

$\Rightarrow$ $\underline{S(2\,|\,-9)}$

4) Bestimmung der Funktionsgleichung von Parabel p:

p: $y = (x-d)^2 + e \qquad |S(2\,|\,-9) \quad \Rightarrow \quad d = 2;\ e = -9$

p: $y = (x-2)^2 - 9$

p: $y = x^2 - 4x + 4 - 9$

p: $\underline{\underline{y = x^2 - 4x - 5}}$

✎ Hinweise und Tipps

Die Länge von Strecke N_1N_2 berechnen wir mithilfe der x-Koordinaten der beiden Schnittpunkte N_1 und N_2 von Parabel p mit der x-Achse (Nullstellen). Wir gewinnen diese mit dem bekannten Verfahren zur Ermittlung von Nullstellen.
Zugehörige Höhe ist das Lot von Punkt A (alternativ von Punkt B) auf die x-Achse. Seine Länge lässt sich über die y-Koordinate von Punkt A (alternativ von Punkt B) gewinnen.

3. Berechnung der Koordinaten des Schnittpunkts Q der beiden Geraden g und h

In der Aufgabenstellung wird nicht vorgegeben, welche Gerade auf welcher Diagonalen liegt. So kann dies frei entschieden werden. In der Musterlösung verläuft Gerade g auf der durch die Punkte A und N_1 festgelegten Diagonalen und Gerade h auf der durch die Punkte N_2 und B festgelegten Diagonalen.
Für die Berechnung der Koordinaten von Schnittpunkt Q benötigen wir die Funktionsgleichungen der beiden Geraden g und h.
Diese lassen sich mithilfe der Hauptform für lineare Funktionen bestimmen. Dafür sind zunächst jeweils der Steigungsfaktor und der y-Achsenabschnitt der beiden Geraden zu berechnen. Die beiden Steigungsfaktoren m_g und m_h gewinnen wir mit den Koordinaten der beiden Punkte, durch die die jeweilige Gerade verläuft. Für die Berechnung der y-Achsenabschnitte c_g und c_h nutzen wir den Wert des Steigungsfaktors der jeweiligen Geraden und die Koordinaten eines der beiden Punkte, durch die die jeweilige Gerade verläuft.
Nachdem die Funktionsgleichungen der beiden Geraden vorliegen, lassen sich die Koordinaten von Schnittpunkt Q berechnen. Für die Berechnung der x-Koordinate werden die Funktionsgleichungen gleichgesetzt. Für die Ermittlung der y-Koordinate wird der ermittelte Wert in eine der beiden Gleichungen eingesetzt.

Hinweise und Tipps

2. Ermittlung des Flächeninhalts $A_{ABN_1N_2}$ von Viereck ABN_1N_2

Ermittlung der Koordinaten der Schnittpunkte N_1 und N_2 von Parabel p mit der x-Achse:

$$y = x^2 - 4x - 5 \qquad | \, y = 0$$
$$x^2 - 4x - 5 = 0$$
$$x_{1/2} = -\frac{p}{2} \pm \sqrt{\left(\frac{p}{2}\right)^2 - q}$$
$$x_{1/2} = -\frac{-4}{2} \pm \sqrt{\left(\frac{-4}{2}\right)^2 + 5}$$
$$x_{1/2} = 2 \pm \sqrt{4+5}$$
$$x_{1/2} = 2 \pm \sqrt{9}$$
$$x_{1/2} = 2 \pm 3$$
$$x_1 = \underline{5} \qquad \Rightarrow \quad \underline{N_1(5\,|\,0)}$$
$$x_2 = \underline{-1} \qquad \Rightarrow \quad \underline{N_2(-1\,|\,0)}$$

Feststellung, dass Viereck ABN_1N_2 ein Trapez ist:

Strecke N_1N_2 des Vierecks liegt auf der x-Achse. Die y-Koordinaten der beiden Punkte A und B haben beide den gleichen Wert –8, sodass Strecke AB parallel zur x-Achse liegt.

$\Rightarrow$ Strecke AB || Strecke N_1N_2

$\Rightarrow$ Viereck ABN_1N_2 ist ein Trapez.

Berechnung von $A_{ABN_1N_2}$:

$$A_{ABN_1N_2} = \frac{1}{2} \cdot (\overline{AB} + \overline{N_1N_2}) \cdot \overline{AF}$$
$$A_{ABN_1N_2} = \frac{1}{2} \cdot (2+6) \cdot 8$$
$$A_{ABN_1N_2} = \underline{\underline{32 \text{ FE}}}$$

NR: **Berechnung von $\overline{AB}$:**

$$\overline{AB} = |x_B| - |x_A|$$
$$\overline{AB} = |3| - |1|$$
$$\overline{AB} = \underline{2 \text{ LE}}$$

NR: **Berechnung von $\overline{N_1N_2}$:**

$$\overline{N_1N_2} = |x_{N_1}| + |x_{N_2}|$$
$$\overline{N_1N_2} = |5| + |-1|$$
$$\overline{N_1N_2} = \underline{6 \text{ LE}}$$

NR: **Bestimmung von $\overline{AF}$:**

$$\overline{AF} = |y_A| = |-8| = \underline{8 \text{ LE}}$$

3. Berechnung der Koordinaten des Schnittpunkts Q der beiden Geraden g und h

Bestimmung der Funktionsgleichung von Gerade g durch die Punkte A und N_1:

g: $y = m_g x + c_g$

g: $\underline{y = 2x - 10}$

✐ Hinweise und Tipps

NR: **Berechnung von Steigungsfaktor m_g:**

$$m_g = \frac{y_A - y_{N_1}}{x_A - x_{N_1}}$$

$$m_g = \frac{-8-0}{1-5}$$

$$m_g = \frac{-8}{-4}$$

$$m_g = \underline{2}$$

NR: **Berechnung von y-Achsenabschnitt c_g:**

$$y = m_g x + c_g \qquad |-m_g x$$

$$c_g = y - m_g x \qquad |m_g = 2;\ N_1(5|0)$$

$$c_g = 0 - 2 \cdot 5$$

$$c_g = \underline{-10}$$

Bestimmung der Funktionsgleichung von Gerade h durch die Punkte N_2 und B:

h: $y = m_h x + c_h$

h: $\underline{\underline{y = -2x - 2}}$

NR: **Berechnung von Steigungsfaktor m_h:**

$$m_h = \frac{y_{N_2} - y_B}{x_{N_2} - x_B}$$

$$m_h = \frac{0-(-8)}{-1-3}$$

$$m_h = \frac{8}{-4}$$

$$m_h = \underline{-2}$$

NR: **Berechnung von y-Achsenabschnitt c_h:**

$$y = m_h x + c_h \qquad |-m_h x$$

$$c_h = y - m_h x \qquad |m_h = -2;\ N_2(-1|0)$$

$$c_h = 0 - (-2) \cdot (-1)$$

$$c_h = \underline{-2}$$

Berechnung der Koordinaten von Schnittpunkt Q:

$$g = h$$

$$2x - 10 = -2x - 2 \qquad |+2x;\ +10$$

$$4x = 8 \qquad |:4$$

$$x = \underline{2}$$

$x = 2$ in g: $y = 2 \cdot 2 - 10$

$y = \underline{-6} \qquad \Rightarrow \quad \underline{\underline{Q(2|-6)}}$

Hinweise und Tipps

Wahlteil B – W 2

a) **Skizze:**

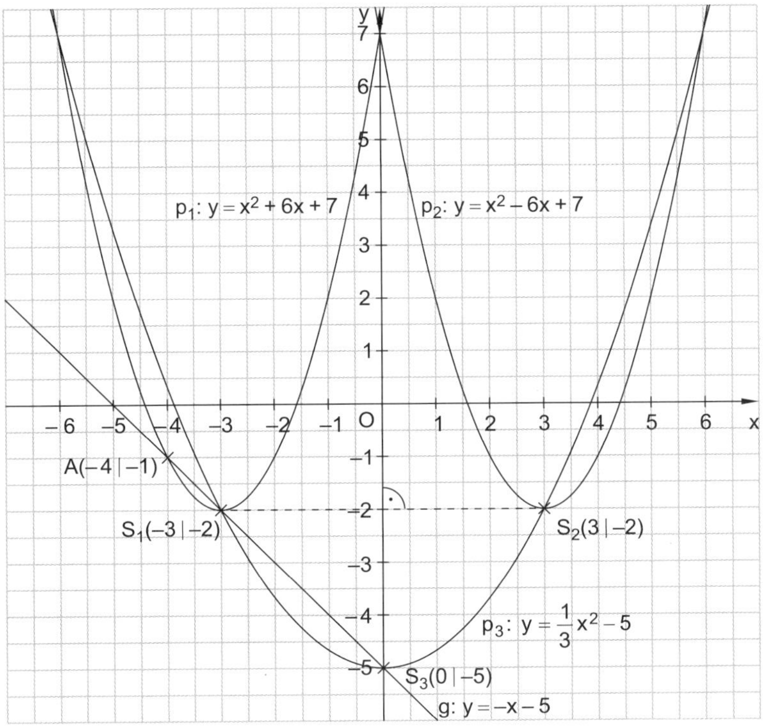

1. Berechnung der Funktionsgleichung von Parabel p_1

Berechnung von b:

$$y = x^2 + bx + 7 \qquad |\, A(-4\,|\,-1)$$
$$-1 = (-4)^2 + b(-4) + 7$$
$$-1 = 16 - 4b + 7 \qquad |\, +4b;\ +1$$
$$4b = 24 \qquad |\, :4$$
$$b = \underline{6}$$

Bestimmung der Funktionsgleichung von Parabel p_1:

$$p_1:\ y = x^2 + bx + 7 \qquad |\, b = 6$$
$$p_1:\ \underline{\underline{y = x^2 + 6x + 7}}$$

2. Berechnung der Funktionsgleichung von Gerade g

Berechnung der Koordinaten von Scheitelpunkt S_1:

$$y = x^2 + 6x + 7 \qquad |\text{ quadratisch ergänzen}$$
$$y = x^2 + 6x + 3^2 + 7 - 3^2$$
$$\underline{y = (x+3)^2 - 2} \qquad \Rightarrow \qquad \underline{S_1(-3\,|\,-2)}$$

Bestimmung der Funktionsgleichung von Gerade g:

$$g:\ y = m_g x + c_g$$
$$g:\ \underline{\underline{y = -x - 5}}$$

1. Berechnung der Funktionsgleichung von Parabel p_1
Die Funktionsgleichung von Parabel p_1 ist bis auf den Wert von b bekannt. Wir gewinnen b mithilfe der bekannten Teilgleichung und der Koordinaten von Punkt A. Den für b ermittelten Wert setzen wir in die Teilgleichung ein und erhalten so die gesuchte Funktionsgleichung.

2. Berechnung der Funktionsgleichung von Gerade g
Die Funktionsgleichung von Gerade g lässt sich mit der Hauptform für lineare Funktionen bestimmen. Dazu sind zunächst Steigungsfaktor m_g und y-Achsenabschnitt c_g zu berechnen. Steigungsfaktor m_g gewinnen wir mit den Koordinaten der beiden Punkte A und S_1. Dazu sind zunächst die Koordinaten von Scheitelpunkt S_1 zu bestimmen. Dies gelingt durch Umformung der Gleichung von Parabel p_1 in die Scheitelform. Für die Berechnung von y-Achsenabschnitt c_g nutzen wir den Wert von m_g und die Koordinaten eines der beiden Punkte A oder S_1.

3. Berechnung der Funktionsgleichung von Parabel p_2
Die Aufgabenstellung verlangt ausdrücklich, die Funktionsgleichung von Parabel p_2 in der Normalform $y = x^2 + bx + c$ anzugeben. Scheitelpunkt S_2 von Parabel p_2 entsteht durch Spiegelung von Scheitelpunkt S_1 an der y-Achse. So lassen sich die Koordinaten von Scheitelpunkt S_2 rasch bestimmen. Mit ihrer Hilfe wird anschließend die Funktionsgleichung von Parabel p_2 in der Scheitelform aufgestellt. Abschließend formen wir diese noch in die verlangte Normalform um.

4. Berechnung der Funktionsgleichung von Parabel p_3
Die Form der Funktionsgleichung ist bekannt. Der Wert für c_{p_3} lässt sich mithilfe der Koordinaten des Scheitelpunkts S_3 von Parabel p_3 bestimmen. Dafür sind zunächst noch die Koordinaten von Scheitelpunkt S_3 zu ermitteln. Da Scheitelpunkt S_3 der Schnittpunkt der bekannten Geraden g mit der y-Achse ist, lassen sich diese ohne Vorarbeiten benennen. Für die Berechnung des Werts von Vorfaktor a nutzen wir den Wert von c_{p_3} und die bekannten Koordinaten eines der beiden Scheitelpunkte S_1 oder S_2.
Die Aufgabenstellung hält fest, dass Parabel p_3 durch beide Scheitelpunkte S_1 und S_2 verläuft. Die durch die erarbeitete Funktionsgleichung bestimmte Parabel p_3 verläuft sicher durch den für die Berechnung von Vorfaktor a genutzten Scheitelpunkt.
Um nachweisen zu können, dass Parabel p_3 auch durch den für die Berechnungen nicht genutzten Scheitelpunkt verläuft, wird in der Musterlösung eine Punktprobe für die erarbeitete Funktionsgleichung und den in der Musterlösung ungenutzten Scheitelpunkt durchgeführt.

✎ Hinweise und Tipps

NR: **Berechnung von Steigungsfaktor m_g:**

$$m_g = \frac{y_A - y_{S_1}}{x_A - x_{S_1}}$$

$$m_g = \frac{-1-(-2)}{-4-(-3)}$$

$$m_g = \frac{1}{-1} = \underline{-1}$$

NR: **Berechnung von y-Achsenabschnitt c_g:**

$$y = m_g x + c_g \qquad |-m_g x$$

$$c_g = y - m_g x \qquad |m_g = -1;\ A(-4|-1)$$

$$c_g = -1-(-1)\cdot(-4)$$

$$c_g = -1-4$$

$$c_g = \underline{-5}$$

3. Berechnung der Funktionsgleichung von Parabel p_2

Bestimmung der Koordinaten von Scheitelpunkt S_2:

Spiegelung von $S_1(-3|-2)$ an der y-Achse $\Rightarrow$ $\underline{S_2(3|-2)}$

Berechnung der Funktionsgleichung von Parabel p_2:

p_2: $y = (x-d)^2 + e \qquad |S_2(3|-2) \Rightarrow d = 3;\ e = -2$

p_2: $y = (x-3)^2 - 2$

p_2: $y = x^2 - 6x + 9 - 2$

p_2: $\underline{\underline{y = x^2 - 6x + 7}}$

4. Berechnung der Funktionsgleichung von Parabel p_3

Bestimmung der Koordinaten des Scheitelpunkts S_3 von Parabel p_3:

Scheitelpunkt S_3 ist der Schnittpunkt von Gerade g: $y = -x - 5$ mit der y-Achse. $\Rightarrow$ $\underline{S_3(0|-5)}$

Berechnung der Funktionsgleichung von Parabel p_3:

p_3: $y = ax^2 + c_{p_3}$

p_3: $\underline{\underline{y = \frac{1}{3}x^2 - 5}}$

NR: **Bestimmung von c_{p_3}:**

$S_3(0|-5) \Rightarrow c_{p_3} = \underline{-5}$

NR: **Berechnung von Vorfaktor a:**

$$y = ax^2 + c_{p_3} \qquad |-c_{p_3}$$

$$ax^2 = y - c_{p_3} \qquad |:x^2$$

$$a = \frac{y - c_{p_3}}{x^2} \qquad |c_{p_3} = -5;\ S_1(-3|-2)$$

$$a = \frac{-2-(-5)}{(-3)^2}$$

$$a = \frac{3}{9}$$

$$a = \underline{\frac{1}{3}}$$

Hinweise und Tipps

Nachweis, dass Scheitelpunkt $S_2(3|-2)$ ebenfalls auf Parabel p_3 liegt:

$y = \frac{1}{3}x^2 - 5 \qquad |S_2(3|-2)$

$-2 \overset{?}{=} \frac{1}{3} \cdot 3^2 - 5$

$-2 \overset{?}{=} \frac{1}{\cancel{3}_1} \cdot \cancel{9}^3 - 5$

$-2 \overset{?}{=} 3 - 5$

$-2 \overset{!}{=} -2$

$\Rightarrow$ Scheitelpunkt $S_2(3|-2)$ liegt auf Parabel p_3.

b) **Skizze 1: quadratische Pyramide** **Skizze 2: Grundfläche der Pyramide**

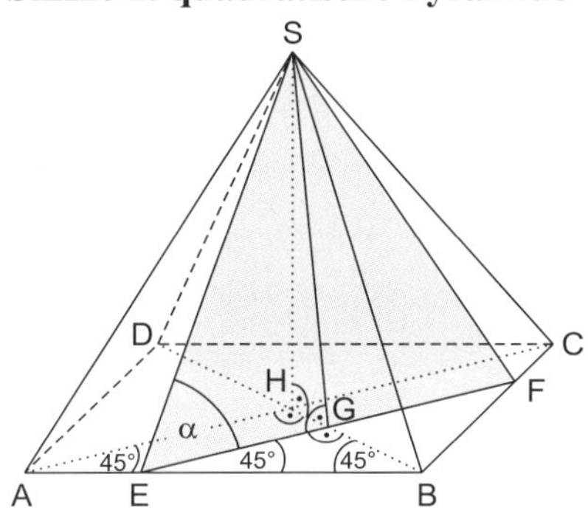

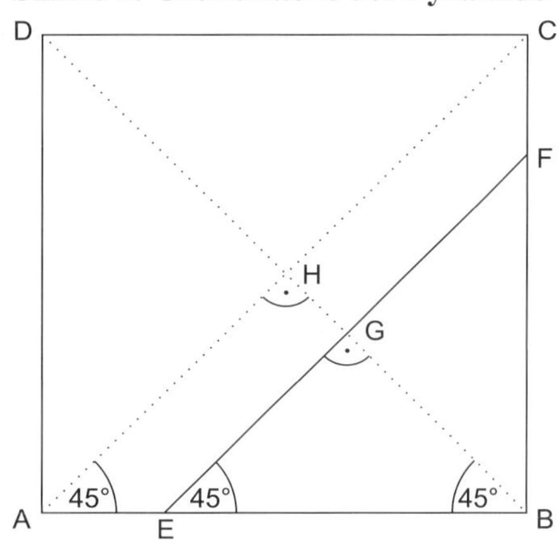

1. Berechnung des Flächeninhalts A_{EFS} von Dreieck EFS

$A_{EFS} = \frac{1}{2} \cdot \overline{EF} \cdot \overline{SG}$

$A_{EFS} = \frac{1}{2} \cdot 12{,}6 \cdot 19{,}39$

$A_{EFS} = 122{,}16 \text{ cm}^2$

$A_{EFS} = \underline{\underline{122 \text{ cm}^2}}$

NR: **Berechnung von $\overline{EG}$:**

Dreieck EFS ist gleichschenklig mit den Schenkeln FS und SE.

$\Rightarrow$ Lotfußpunkt G des Lots von Punkt S auf Strecke EF halbiert $\overline{EF}$.

$\Rightarrow \overline{EG} = \frac{\overline{EF}}{2} = \frac{12{,}6}{2} = \underline{6{,}3 \text{ cm}}$

NR: **Berechnung von $\overline{SG}$:**

$\tan\alpha = \frac{\overline{SG}}{\overline{EG}} \qquad |\cdot \overline{EG}$

$\overline{SG} = \overline{EG} \cdot \tan\alpha$

$\overline{SG} = 6{,}3 \cdot \tan 72{,}0°$

$\overline{SG} = \underline{19{,}39 \text{ cm}}$

1. Berechnung des Flächeninhalts A_{EFS} von Dreieck EFS

Der gesuchte Flächeninhalt von Dreieck EFS wird mit der Flächeninhaltsformel für Dreiecke berechnet. Als Grundseite wählen wir Seite EF. Zugehörige Höhe ist Strecke SG.

$\overline{EF}$ ist bekannt. $\overline{SG}$ lässt sich im rechtwinkligen Dreieck EGS berechnen. Dazu ist zunächst noch $\overline{EG}$ zu ermitteln. Dies gelingt mit den Eigenschaften von Dreieck EFS und $\overline{EF}$.

2. Berechnung des Volumens V der quadratischen Pyramide

Für die Berechnung des Volumens V der quadratischen Pyramide nutzen wir die Volumenformel für quadratische Pyramiden. Neben der bekannten $\overline{AB}$ wird dafür noch die Länge von Pyramidenhöhe SH benötigt.

Die Berechnung von $\overline{SH}$ gelingt im rechtwinkligen Dreieck HGS.

Dazu benötigen wir entweder die Längen der beiden anderen Seiten des Dreiecks oder die Länge einer anderen Seite und die Größe eines Winkels (außer dem rechten Winkel).

$\overline{SG}$ ist bereits bekannt.

Die Berechnung von $\overline{HG}$ erfolgt mithilfe von $\overline{HB}$ und $\overline{BG}$. Beide sind noch zu ermitteln.

$\overline{HB}$ lässt sich über die Berechnung von $\overline{BD}$ auf der Grundfläche der Pyramide ermitteln.

2. Berechnung des Volumens V der quadratischen Pyramide

Berechnung von $\overline{BD}$:

$\overline{BD} = \overline{AB}\sqrt{2}$

$\overline{BD} = 12{,}6 \cdot \sqrt{2}$

$\overline{BD} = \underline{17{,}82 \text{ cm}}$

Berechnung von $\overline{HB}$:

$\overline{HB} = \frac{\overline{BD}}{2} = \frac{17{,}82}{2} = \underline{8{,}91 \text{ cm}}$

Bestimmung von $\overline{BG}$:

- Strecke EF || Strecke AC
  $\Rightarrow$ ∢BEG ist Stufenwinkel zu ∢EAH = 45 $\Rightarrow$ ∢BEG = 45°
- Da neben ∢BEG auch ∢GBE 45°groß ist, ist Dreieck EBG gleichschenklig mit den Schenkeln EG und BG.
  $\Rightarrow \underline{\overline{BG} = \overline{EG} = 6{,}3 \text{ cm}}$

Berechnung von $\overline{HG}$:

$\overline{HG} = \overline{HB} - \overline{BG}$

$\overline{HG} = 8{,}91 - 6{,}3$

$\overline{HG} = \underline{2{,}61 \text{ cm}}$

Berechnung von Pyramidenhöhe $\overline{SH}$:

$\overline{SH}^2 + \overline{HG}^2 = \overline{SG}^2 \qquad | -\overline{HG}^2$

$\overline{SH}^2 = \overline{SG}^2 - \overline{HG}^2$

$\overline{SH}^2 = 19{,}39^2 - 2{,}61^2 \qquad | \sqrt{\ }$

$\overline{SH} = \underline{19{,}21 \text{ cm}}$

Berechnung des Volumens V der quadratischen Pyramide:

$V = \frac{1}{3}\overline{AB}^2 \cdot \overline{SH}$

$V = \frac{1}{3} \cdot 12{,}6^2 \cdot 19{,}21$

$V = 1\,016{,}59 \text{ cm}^3$

$V = \underline{\underline{1\,017 \text{ cm}^3}}$

✐ Hinweise und Tipps

Für die Ermittlung von $\overline{BG}$ stehen drei Alternativen zur Auswahl:

- Nach der Bestimmung von Winkel GBE oder alternativ von Winkel BEG kann $\overline{BG}$ mit dem Tangens in Dreieck EBG ermittelt werden.
- $\overline{BG}$ kann in der Strahlensatzfigur mit den Strahlen AB und BD sowie den Parallelen AH und EG ermittelt werden.
- Nach der Bestimmung der Winkel BEG und GBE kann $\overline{BG}$ mit den Eigenschaften des gleichschenkligen Dreiecks EBG ermittelt werden.

In der Musterlösung wird die letzte Alternative dargestellt.

Hinweise und Tipps

Wahlteil B – W 3

a) *Hinweis: In der Aufgabenstellung werden zur Darstellung der Sportarten Symbole verwendet. Diese beim handschriftlichen Lösen der Aufgabe zu zeichnen ist aufwendig und kostet Zeit. Es empfiehlt sich deshalb, beim handschriftlichen Lösen der Aufgabe Buchstaben statt der Symbole zu nutzen. In der Musterlösung wird folgende Notation verwendet:*

: *Wird beim Lösen der Aufgabe nicht benötigt.*

: *R*

: *L*

: *F*

1. Berechnung des Erwartungswerts E für den abgebildeten Gewinnplan

$$E = P(2\times L)\cdot G_{2\times L} + P(L \text{ und } F)\cdot G_{L \text{ und } F} + P(R \text{ und } F)\cdot G_{R \text{ und } F} - S$$

$$E = \frac{2}{90}\cdot 9{,}0 + \frac{4}{90}\cdot 6{,}0 + \frac{6}{90}\cdot 3{,}0 - 1$$

$$E = \underline{\underline{-0{,}33\ €}}$$

Legende:
F: Fußball
G: Gewinn
L: Laufen
R: Radfahren
S: Spieleinsatz

NR: **Berechnung der Wahrscheinlichkeit für das Ereignis „zweimal Laufen“:**

$$P(2\times L) = P(L;\, L)$$

$$P(2\times L) = \frac{2}{10}\cdot\frac{1}{9}$$

$$P(2\times L) = \underline{\frac{2}{90}}$$

NR: **Berechnung der Wahrscheinlichkeit für das Ereignis „Laufen und Fußball“:**

$$P(L \text{ und } F) = P(L;\, F) + P(F;\, L)$$

$$P(L \text{ und } F) = \frac{2}{10}\cdot\frac{1}{9} + \frac{1}{10}\cdot\frac{2}{9}$$

$$P(L \text{ und } F) = \frac{2}{90} + \frac{2}{90}$$

$$P(L \text{ und } F) = \underline{\frac{4}{90}}$$

NR: **Berechnung der Wahrscheinlichkeit für das Ereignis „Radfahren und Fußball“:**

$$P(R \text{ und } F) = P(R;\, F) + P(F;\, R)$$

$$P(R \text{ und } F) = \frac{3}{10}\cdot\frac{1}{9} + \frac{1}{10}\cdot\frac{3}{9}$$

$$P(R \text{ und } F) = \frac{3}{90} + \frac{3}{90}$$

$$P(R \text{ und } F) = \underline{\frac{6}{90}}$$

A: Der Erwartungswert E beträgt −0,33 €.

1. Berechnung des Erwartungswerts E für den abgebildeten Gewinnplan

Für die Berechnung des Erwartungswerts E für den abgebildeten Gewinnplan stellen wir unter Nutzung eines der Verfahren zur Berechnung von Erwartungswerten einen Term auf. Dafür stehen zwei Alternativen zur Verfügung: Das Standardverfahren oder die Version des Terms, bei der die Wahrscheinlichkeiten der Gewinnsituationen mit den jeweiligen Gewinnen multipliziert werden und der Spieleinsatz als Subtrahend hinzugefügt wird.

In der Musterlösung wird der zweite Lösungsansatz dargestellt.

Zunächst sind bei beiden Lösungsansätzen die Wahrscheinlichkeiten für die Ereignisse „zweimal Laufen“, „Laufen und Fußball“ sowie „Radfahren und Fußball“ zu ermitteln. Wird das Standardverfahren gewählt, ist neben den drei genannten Wahrscheinlichkeiten zusätzlich die Wahrscheinlichkeit für das Ereignis „andere Ereignisse“ aus dem Gewinnplan zu ermitteln.

2. Berechnung, wie hoch der Gewinn für das Ereignis „Laufen und Fußball“ bei Belassung aller anderen Einflussfaktoren sein muss, damit der Veranstalter langfristig pro Spiel einen Erlös von 0,50 € erzielt

Da die Struktur der Spielsituation gleich bleibt, kann für die Klärung der Frage die bereits oben für die Ermittlung des Erwartungswerts aufgestellte Gleichung genutzt werden. Für den neuen Erwartungswert setzen wir −0,50 € in die Gleichung ein und für den neuen Gewinn für das Ereignis „Laufen und Fußball“ statt des bisherigen Gewinns eine Variable (in der Musterlösung wird die Variable x genutzt). Das Auflösen der Gleichung nach der Variablen x führt zum gesuchten neuen Gewinn für das Ereignis „Laufen und Fußball“.

Hinweise und Tipps

2. Berechnung, wie hoch der Gewinn für das Ereignis „Laufen und Fußball" bei Belassung aller anderen Einflussfaktoren sein muss, damit der Veranstalter langfristig pro Spiel einen Erlös von 0,50 € erzielt

$$E_{neu} = P(2\times L)\cdot G_{2\times L} + P(L \text{ und } F)\cdot G_{L \text{ und } F} + P(R \text{ und } F)\cdot G_{R \text{ und } F} - S \quad \left|\, E_{neu} = -0,5;\ G_{L \text{ und } F} = x\right.$$

$$-0,5 = \frac{2}{90}\cdot 9,0 + \frac{4}{90}\cdot x + \frac{6}{90}\cdot 3,0 - 1$$

$$-0,5 = \frac{18}{90} + \frac{4}{90}x + \frac{18}{90} - \frac{90}{90}$$

$$-0,5 = -\frac{54}{90} + \frac{4}{90}x \quad \left|\, +\frac{54}{90}\right.$$

$$\frac{4}{90}x = -0,5 + \frac{54}{90} \quad \left|\, :\left(\frac{4}{90}\right) \mathrel{\hat{=}} \cdot\frac{90}{4}\right.$$

$$x = \left(-0,5 + \frac{54}{90}\right)\cdot\frac{90}{4}$$

$$x = \underline{\underline{2,25\ €}}$$

A: Wenn nur der Gewinn für das Ereignis „Laufen und Fußball" geändert werden soll und alles andere unverändert bleibt, muss der Gewinn für das Ereignis „Laufen und Fußball" 2,25 € betragen, damit der Betreiber langfristig 0,50 € Erlös pro Spiel erzielen kann.

b) **Skizze 1: Einbettung von Wurf 1 in das Koordinatensystem:**

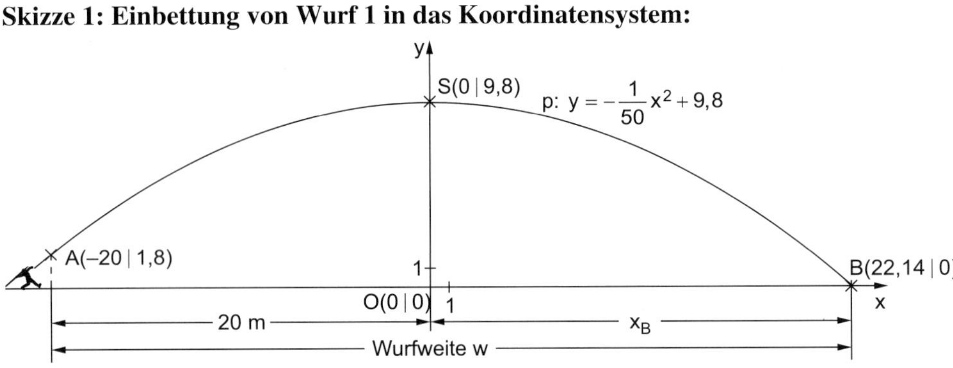

1. Ermittlung einer möglichen Funktionsgleichung für die Flugkurve des Speers beim ersten Wurf

p: $y = ax^2 + c$

p: $\underline{\underline{y = -\frac{1}{50}x^2 + 9,8}}$

(alternativ: p: $\underline{\underline{y = -0,02x^2 + 9,8}}$)

NR: **Bestimmung von c:**
Scheitelpunkt $S(0\,|\,9,8) \Rightarrow c = \underline{9,8}$

NR: **Berechnung von Vorfaktor a:**

$$y = ax^2 + c \quad |\, -c$$

$$ax^2 = y - c \quad |\, :x^2$$

$$a = \frac{y-c}{x^2} \quad |\, c = 9,8;\ A(-20\,|\,1,8)$$

Es empfiehlt sich, jeden der beiden Speerwürfe jeweils in ein eigenes Koordinatensystem einzubetten.

1. Ermittlung einer möglichen Funktionsgleichung für die Flugkurve des Speers beim ersten Wurf
Aus der in der Musterlösung gewählten Einbettung der Flugbahn des ersten Speerwurfs in das Koordinatensystem (siehe Skizze 1) folgt, dass die Funktionsgleichung der zugehörigen Parabel die Form $y = ax^2 + c$ besitzt.
Um eine mögliche Funktionsgleichung bestimmen zu können, sind also die Werte für c und für Vorfaktor a zu ermitteln.
Der Wert für c lässt sich mit den Koordinaten von Scheitelpunkt S (höchster Punkt der Flugbahn des Speers) bestimmen. Für die Berechnung des Werts von Vorfaktor a nutzen wir den Wert von c und die Koordinaten des Abwurfpunkts A.

2. Berechnung, wie weit der Speer beim ersten Wurf fliegt
Die Strecke, die der Speer fliegt, ist die waagrechte Entfernung zwischen dem Lotfußpunkt von Abwurfpunkt A und dem Punkt B, an dem der Speer aufkommt. Im Koordinatensystem liegt diese Strecke auf der x-Achse.
Die Länge dieser Strecke setzt sich zusammen aus dem bekannten Abstand zwischen dem Lotfußpunkt von Abwurfpunkt A und dem Ursprung (Lotfußpunkt

$$a = \frac{1,8-9,8}{(-20)^2}$$

$$a = -\frac{1}{50}$$

(alternativ: $a = -0,02$)

2. Berechnung, wie weit der Speer beim ersten Wurf fliegt

Berechnung der x-Koordinate des Punkts B, an dem der Speer aufkommt:

$$y = -\frac{1}{50}x^2 + 9,8 \quad | \; y = 0$$

$$0 = -\frac{1}{50}x^2 + 9,8 \quad | + \frac{1}{50}x^2$$

$$\frac{1}{50}x^2 = 9,8 \quad | :\left(\frac{1}{50}\right) \hat{=} \cdot 50$$

$$x^2 = 490 \quad | \sqrt{}$$

$x_1 = 22,14$ ⇒ liegt rechts vom Ursprung: x-Koordinate von Punkt B

$x_2 = -22,14$ ⇒ liegt links vom Ursprung, scheidet folglich als x-Koordinate von Punkt B aus

Berechnung der Flugweite w des Speers:

$w = 20 + x_B$

$w = 20 + 22,14$

$w = 42,14\text{ m}$

Hinweis:
Angesichts der möglichen Wettkampfsituation wird das Ergebnis auf cm genau gerundet.

3. Berechnung der Höhe des Abwurfpunkts beim zweiten Wurfversuch

Skizze 2: Einbettung von Wurf 2 in das Koordinatensystem:

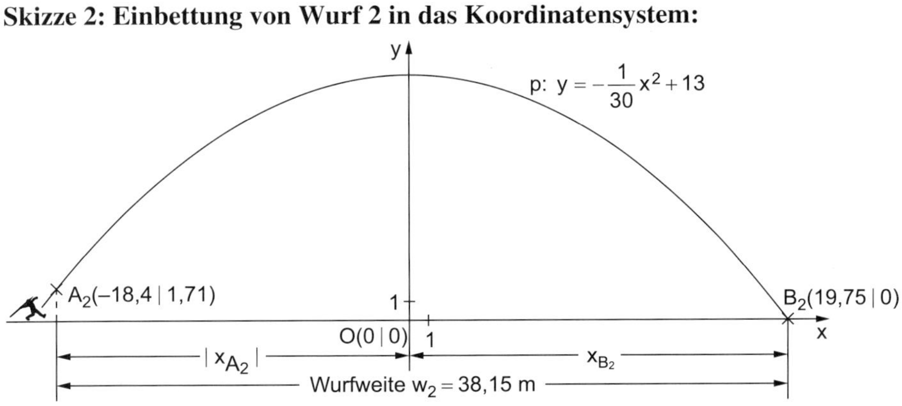

Berechnung der x-Koordinate des Punkts B_2, an dem der Speer beim zweiten Wurfversuch aufkommt:

$$y = -\frac{1}{30}x^2 + 13 \quad | \; y = 0$$

$$0 = -\frac{1}{30}x^2 + 13 \quad | + \frac{1}{30}x^2$$

Hinweise und Tipps

des Scheitelpunkts S der Flugbahn) sowie dem unbekannten Abstand zwischen Ursprung und Punkt B.
Der Abstand zwischen Ursprung und Punkt B entspricht dem Wert der x-Koordinate von Punkt B. Für deren Ermittlung berechnen wir die Nullstellen von Parabel p. Wir erhalten einen negativen und einen positiven Wert. Bei der Entscheidung, welcher der beiden Werte die gesuchte x-Koordinate von Punkt B ist, ist die Einbettung der Aufgabensituation in das Koordinatensystem zu beachten.
Abschließend wird zur Klärung der Frage, wie weit der Speer fliegt, die Summe der beiden Abstände gebildet.

3. Berechnung der Höhe des Abwurfpunkts beim zweiten Wurfversuch

Die Höhe des Abwurfpunkts beim zweiten Wurfversuch erhalten wir über den Wert der y-Koordinate von Abwurfpunkt A_2 (siehe Skizze 2). Die Berechnung dieses Werts gelingt mithilfe der bekannten Funktionsgleichung des zweiten Wurfs und der x-Koordinate von Abwurfpunkt A_2. Dazu ist zunächst die x-Koordinate von A_2 zu ermitteln.
Wir gewinnen diese über die Differenz aus dem Wert der x-Koordinate von Auftreffpunkt B_2 und der Wurfweite beim zweiten Wurfversuch.
Die Wurfweite ist bekannt. Für die Bestimmung der x-Koordinate von Auftreffpunkt B_2 berechnen wir die Nullstellen der zum zweiten Wurfversuch gehörenden Parabel. Wir erhalten zwei Werte: einen positiven und einen negativen. Bei der Entscheidung, welcher der beiden Werte die gesuchte x-Koordinate von Punkt B_2 ist, beachten wir die Einbettung der Aufgabensituation in das Koordinatensystem.

✎ Hinweise und Tipps

$\frac{1}{30}x^2 = 13 \quad \Big| : \left(\frac{1}{30}\right) \hat{=} \cdot 30$

$x^2 = 390 \quad |\sqrt{}$

$x_1 = \underline{19{,}75} \quad \Rightarrow$ liegt rechts vom Ursprung: x-Koordinate von Punkt B_2

$x_2 = -19{,}75 \quad \Rightarrow$ liegt links vom Ursprung, scheidet folglich als x-Koordinate von Punkt B_2 aus

Berechnung der x-Koordinate x_{A_2} von Abwurfpunkt A_2:

$x_{A_2} = x_{B_2} - \text{Wurfweite} \quad | x_{B_2} = 19{,}75$

$x_{A_2} = 19{,}75 - 38{,}15$

$x_{A_2} = \underline{-18{,}4}$

Berechnung der Höhe des Abwurfpunkts über die y-Koordinate von Abwurfpunkt A_2:

$y = -\frac{1}{30}x^2 + 13 \quad | x_{A_2} = -18{,}4$

$y = -\frac{1}{30} \cdot (-18{,}4)^2 + 13$

$y = \underline{1{,}71}$

$\Rightarrow$ Höhe des Abwurfpunkts beim zweiten Wurfversuch: $\underline{\underline{1{,}71\text{ m}}}$

Hinweis: Angesichts des Einflusses der Höhe des Abwurfpunkts auf die Flugbahn des Speers und die Weite des Wurfs wird das Ergebnis auf cm genau gerundet.

Wahlteil B – W 4

a) **Skizze:**

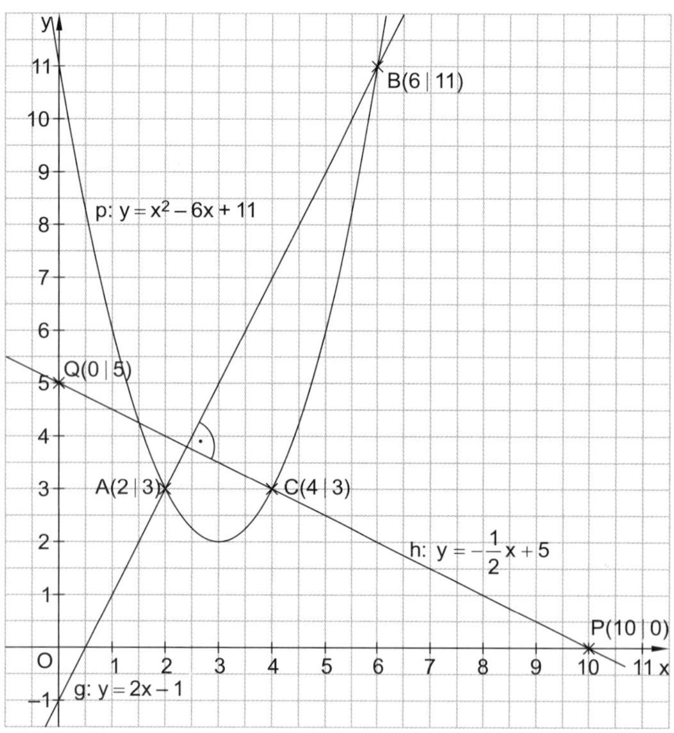

In der Aufgabenstellung wird nicht angegeben, welcher der beiden Punkte P und Q Schnittpunkt von Gerade h mit der x-Achse ist und welcher Schnittpunkt mit der y-Achse ist. So kann dies frei entschieden werden.
In der Musterlösung wird Punkt P als Schnittpunkt mit der x-Achse festgelegt und Punkt Q als Schnittpunkt mit der y-Achse.
Die y-Koordinate des Schnittpunkts P von Gerade h mit der x-Achse und die x-Koordinate des Schnittpunkts Q von Gerade h mit der y-Achse lassen sich ohne Vorarbeiten bestimmen.
Für die Ermittlung der beiden anderen Koordinaten der Schnittpunkte P und Q von Gerade h mit den beiden Koordinatenachsen wird die Funktionsgleichung von Gerade h benötigt.
Um diese mit der Hauptform für lineare Funktionen bestimmen zu können, sind zunächst der Steigungsfaktor von Gerade h und ihr y-Achsenabschnitt zu berechnen.
Den Steigungsfaktor von Gerade h gewinnen wir über den Steigungsfaktor von Gerade g.
Für die Berechnung des y-Achsenabschnitts von Gerade h werden neben dem inzwischen bekannten Steigungsfaktor der Geraden noch die Koordinaten von Punkt C benötigt. Die x-Koordinate von Punkt C ist bekannt. Die y-Koordinate wird mithilfe der Funktionsgleichung von Parabel p und der x-Koordinate

1. Ermittlung des Steigungsfaktors m_g von Gerade g

$$m_g = \frac{y_A - y_B}{x_A - x_B}$$

$$m_g = \frac{3-11}{2-6}$$

$$m_g = \frac{-8}{-4}$$

$$m_g = \underline{\underline{2}}$$

2. Ermittlung der Funktionsgleichung von Parabel p

Berechnung von b und c:

$$y = x^2 + bx + c$$

$$\begin{array}{llll}
(1) & A(2\,|\,3): & 3 = 2^2 + b\cdot 2 + c & \\
(2) & B(6\,|\,11): & 11 = 6^2 + b\cdot 6 + c & \\
\hline
(1') & & 3 = 4 + 2b + c & |\cdot(-1) \\
(2') & & 11 = 36 + 6b + c & \\
\hline
(1'') & & -3 = -4 - 2b - c & |(1'') + (2') \\
(2') & & 11 = 36 + 6b + c & \\
\hline
 & & 8 = 32 + 4b & |-32 \\
 & & 4b = -24 & |:4 \\
 & & b = \underline{\underline{-6}} & \\
b=-6 \text{ in } (2'): & & 11 = 36 + 6\cdot(-6) + c & \\
 & & 11 = 36 - 36 + c & \\
 & & c = \underline{\underline{11}} &
\end{array}$$

Bestimmung der Funktionsgleichung von Parabel p:

p: $y = x^2 + bx + c$

p: $\underline{\underline{y = x^2 - 6x + 11}}$

3. Berechnung der y-Koordinate y_C von Punkt C und Bestimmung der Koordinaten von Punkt C:

$$y = x^2 - 6x + 11 \quad |C(4\,|\,y_C)$$

$$y_C = 4^2 - 6\cdot 4 + 11$$

$$y_C = 16 - 24 + 11$$

$$y_C = \underline{\underline{3}} \qquad \Rightarrow \quad \underline{\underline{C(4\,|\,3)}}$$

4. Ermittlung der Funktionsgleichung von Gerade h

h: $y = m_h x + c_h$

h: $\underline{\underline{y = -\frac{1}{2}x + 5}}$

NR: **Berechnung von Steigungsfaktor m_h:**

$$h \perp g \quad \Rightarrow \quad m_h \cdot m_g = -1 \quad |:m_g$$

$$m_h = \frac{-1}{m_g} \quad |m_g = 2$$

$$m_h = \frac{-1}{2} = \underline{\underline{-\frac{1}{2}}}$$

Hinweise und Tipps

von Punkt C gewonnen. Dazu ist zunächst die Funktionsgleichung von Parabel p zu ermitteln.

1. Ermittlung des Steigungsfaktors m_g von Gerade g

Für die (spätere) Berechnung des Steigungsfaktors m_h von Gerade h wird lediglich der Steigungsfaktor m_g von Gerade g benötigt, nicht aber die gesamte Funktionsgleichung von Gerade g.

So wird in der Musterlösung auf die Ermittlung der Funktionsgleichung von Gerade g verzichtet und lediglich der Steigungsfaktor von Gerade g berechnet.

Wir gewinnen Steigungsfaktor m_g mithilfe der Koordinaten der beiden Punkte A und B.

2. Ermittlung der Funktionsgleichung von Parabel p

Die Funktionsgleichung von Parabel p lässt sich ausgehend von einem Gleichungssystem mit zwei Gleichungen ermitteln. Dazu werden die bekannten Koordinaten der beiden Punkte A und B jeweils in die Normalform für quadratische Funktionen eingesetzt. Über das entstandene Gleichungssystem erhalten wir den Wert für b. Für die Berechnung von c setzen wir den Wert von b in eine geeignete Gleichung aus der Berechnung von b ein. Das Einsetzen der für b und c berechneten Werte in die Normalform für quadratische Funktionen führt zur gesuchten Funktionsgleichung von Parabel p.

3. Berechnung der y-Koordinate y_C von Punkt C und Bestimmung der Koordinaten von Punkt C

Von Punkt C wird in der Aufgabenstellung lediglich der Wert der x-Koordinate angegeben. Für die Ermittlung der y-Koordinate nutzen wir die Funktionsgleichung von Parabel p und die bekannte x-Koordinate von Punkt C.

4. Ermittlung der Funktionsgleichung von Gerade h

Die Funktionsgleichung von Gerade h lässt sich mit der Hauptform für lineare Funktionen bestimmen. Dazu sind zunächst Steigungsfaktor m_h und y-Achsenabschnitt c_h zu berechnen.

Da Gerade h senkrecht zu Gerade g steht, gewinnen wir Steigungsfaktor m_h mithilfe der bekannten Steigung von Gerade g.

Für die Berechnung von y-Achsenabschnitt c_h nutzen wir den bekannten Wert von m_h und die Koordinaten von Punkt C, durch den Gerade h verläuft.

5. Ermittlung der Koordinaten der Punkte P und Q

Punkt P liegt auf der x-Achse. So lässt sich der Wert seiner y-Koordinate sofort benennen. Für die Berechnung der x-Koordinate von Punkt P setzen wir in der Funktionsgleichung von Gerade h y gleich null.

Der Wert der x-Koordinate von Punkt Q lässt sich wegen dessen Lage auf der y-Achse sofort benennen. Da Punkt Q der Schnittpunkt von Gerade h mit der y-Achse ist, stimmt die y-Koordinate von Punkt Q mit dem bekannten y-Achsenabschnitt von Gerade h überein.

Hinweise und Tipps

NR: **Berechnung von y-Achsenabschnitt c_h:**

$$y = m_h x + c_h \qquad | - m_h x$$
$$c_h = y - m_h x \qquad \left| m_h = -\frac{1}{2};\ C(4\,|\,3)\right.$$
$$c_h = 3 - \left(-\frac{1}{2}\right) \cdot 4$$
$$c_h = \underline{5}$$

5. Ermittlung der Koordinaten der Punkte P und Q

Ermittlung der Koordinaten des Schnittpunkts P von Gerade h mit der x-Achse:

- P liegt auf der x-Achse $\Rightarrow$ $y = \underline{0}$
- $$y = -\frac{1}{2}x + 5 \qquad | \, y = 0$$
$$0 = -\frac{1}{2}x + 5 \qquad \left| +\frac{1}{2}x\right.$$
$$\frac{1}{2}x = 5 \qquad \left| :\left(\frac{1}{2}\right) \mathrel{\widehat{=}} \cdot 2\right.$$
$$x = \underline{10}$$

$\Rightarrow$ $\underline{\underline{P(10\,|\,0)}}$

Bestimmung der Koordinaten des Schnittpunkts Q von Gerade h mit der y-Achse:

- Q liegt auf der y-Achse $\Rightarrow$ $x = \underline{0}$
- $y = -\frac{1}{2}x + 5 \Rightarrow c_h = 5 \Rightarrow y = \underline{5}$

$\Rightarrow$ $\underline{\underline{Q(0\,|\,5)}}$

b) **Skizze:**

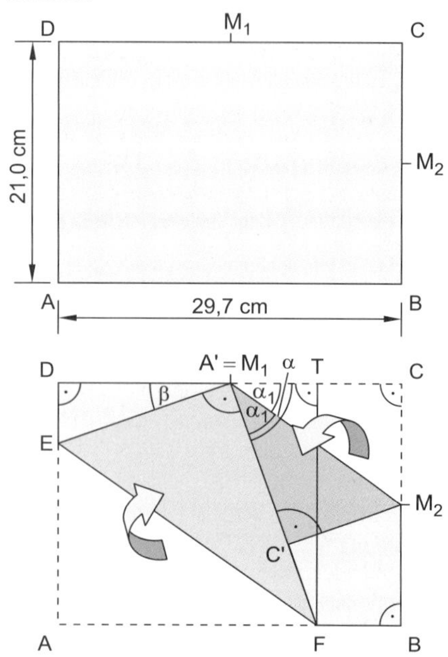

Skizze:

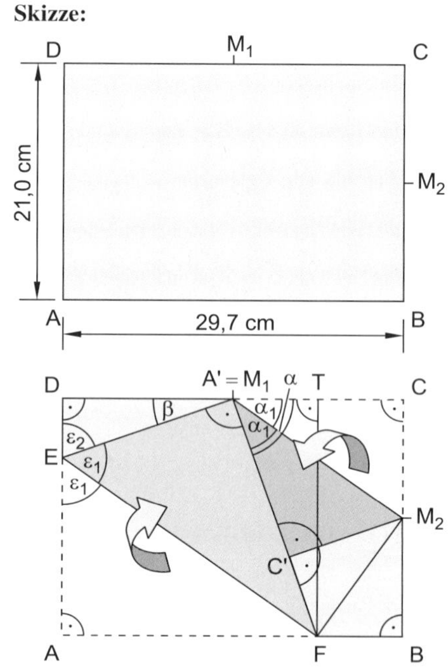

1. Berechnung des Flächeninhalts A_{EM_1D} von Dreieck EM_1D

Berechnung von $\overline{M_1D}$:

$\overline{M_1D} = \frac{\overline{CD}}{2}$ | $\overline{CD} = \overline{AB}$; Eigenschaften des Rechtecks ABCD

$\overline{M_1D} = \frac{29,7}{2}$

$\overline{M_1D} = \underline{14,85\text{ cm}}$

Berechnung von Winkel α_1 ($\sphericalangle M_2M_1C$):

$\tan\alpha_1 = \frac{\overline{M_2C}}{\overline{CM_1}}$

$\tan\alpha_1 = \frac{10,5}{14,85}$

$\alpha_1 = \underline{35,26°}$

NR: **Berechnung von $\overline{M_2C}$:**

$\overline{M_2C} = \frac{\overline{BC}}{2}$ | $\overline{BC} = \overline{DA}$; Eigenschaften des Rechtecks ABCD

$\overline{M_2C} = \frac{21,0}{2}$

$\overline{M_2C} = \underline{10,5\text{ cm}}$

NR: **Bestimmung von $\overline{CM_1}$:**

Punkt M_1 halbiert $\overline{CD}$.

$\Rightarrow \overline{CM_1} = \overline{M_1D} = \underline{14,85\text{ cm}}$

Berechnung von Winkel α ($\sphericalangle C'M_1C$):

$\alpha = \sphericalangle C'M_1M_2 + \sphericalangle M_2M_1C$ | $\sphericalangle C'M_1M_2 = \sphericalangle M_2M_1C = \alpha_1 = 35,26°$; Abbildung von Winkel M_2M_1C auf Winkel $C'M_1M_2$ durch Falten an Strecke M_1M_2

$\alpha = 2 \cdot 35,26°$

$\alpha = \underline{70,52°}$

Berechnung von Winkel β ($\sphericalangle DM_1E$):

$\beta = \sphericalangle DM_1C - (\alpha + \sphericalangle EM_1C')$

$\beta = 180° - (70,52° + 90,0°)$

$\beta = \underline{19,48°}$

Berechnung von $\overline{DE}$:

$\tan\beta = \frac{\overline{DE}}{\overline{M_1D}}$ | $\cdot \overline{M_1D}$

$\overline{DE} = \overline{M_1D} \cdot \tan\beta$

$\overline{DE} = 14,85 \cdot \tan 19,48°$

$\overline{DE} = \underline{5,25\text{ cm}}$

Hinweise und Tipps

1. Berechnung des Flächeninhalts A_{EM_1D} von Dreieck EM_1D

Der Flächeninhalt von Dreieck EM_1D lässt sich sowohl über die klassische Flächeninhaltsformel für Dreiecke als auch über die trigonometrische Flächeninhaltsformel für Dreiecke ermitteln.

In der Musterlösung wird der Weg über die klassische Flächeninhaltsformel gewählt. Der alternative Lösungsansatz über die trigonometrische Flächeninhaltsformel wird anschließend kurz skizziert.

Die Seiten M_1D und DE stehen senkrecht zueinander und sind sich damit gegenseitig Seite und zugehörige Höhe. So lassen sie sich für die Berechnung des Flächeninhalts von Dreieck EM_1D mittels klassischer Flächeninhaltsformel nutzen. Zunächst sind jedoch die Längen der beiden Seiten zu ermitteln.

$\overline{M_1D}$ lässt sich rasch mit den bekannten Größen bestimmen.

Für die Berechnung von $\overline{DE}$ stehen zwei Alternativen zur Verfügung.

Beim ins Auge springenden Weg wird zunächst Winkel β ermittelt, um dann $\overline{DE}$ im rechtwinkligen Dreieck EM_1D zu berechnen. Wir erhalten Winkel β über die Differenz aus dem gestreckten Winkel DM_1C einerseits und der Summe der beiden Winkel EM_1C' und α andererseits. Die Größe von Winkel EM_1C' ist bekannt. Winkel α besteht aus den beiden Winkeln $C'M_1M_2$ und M_2M_1C. Winkel M_2M_1C (α_1) lässt sich in Dreieck M_1M_2C berechnen.

Da bei der Faltung an Strecke M_1M_2 Winkel M_2M_1C auf Winkel $C'M_1M_2$ abgebildet wird, sind die beiden Winkel gleich groß (α_1). Wir erhalten Winkel α folglich, indem wir Winkel α_1 in Dreieck M_1M_2C berechnen und anschließend verdoppeln.

Alternative Berechnung von $\overline{DE}$

Beim zweiten Lösungsansatz zur Berechnung von $\overline{DE}$ wird $\overline{DE}$ mittels Satz des Pythagoras in Dreieck EM_1D berechnet. Dabei wird $\overline{EM_1}$ in Abhängigkeit von $\overline{DE}$ ausgedrückt. Dies gelingt über die Differenz der Strecken $\overline{DA}$ und $\overline{DE}$.

$\overline{EM_1} = \overline{EA} = \overline{DA} - \overline{DE} = 21,0 - \overline{DE}$.

Bei dieser Alternative entfällt die Berechnung der Winkel β, α und α_1. Allerdings wird Winkel α (und damit Winkel α_1) bei der Berechnung des Flächeninhalts von Viereck FBM_2C' über die Musterlösung benötigt.

Alternative Berechnung des Flächeninhalts von Dreieck EM_1D über die trigonometrische Flächeninhaltsformel

Wird der Lösungsansatz über die trigonometrische Flächeninhaltsformel gewählt, werden wie in der Musterlösung zunächst $\overline{M_1D}$ und Winkel β ermittelt.

Anschließend wird statt $\overline{DE}$ die Länge von Strecke EM_1 berechnet.

2. Berechnung des Flächeninhalts $A_{FBM_2C'}$ von Viereck FBM_2C'

Für die Berechnung des Flächeninhalts von Viereck FBM_2C' stehen drei alternative Lösungsansätze zur Auswahl:

1) Der Flächeninhalt von Viereck FBM_2C' wird über die Differenz aus dem Flächeninhalt von Trapez $FBCM_1$ einerseits sowie der Summe der Flächeninhalte der beiden Dreiecke $C'M_2M_1$ und M_1M_2C andererseits ermittelt.

Berechnung des Flächeninhalts A_{EM_1D} von Dreieck EM_1D:

$A_{EM_1D} = \frac{1}{2} \overline{M_1D} \cdot \overline{DE}$

$A_{EM_1D} = \frac{1}{2} \cdot 14{,}85 \cdot 5{,}25$

$A_{EM_1D} = 38{,}98 \text{ cm}^2$

$A_{EM_1D} = \underline{\underline{39 \text{ cm}^2}}$

2. Berechnung des Flächeninhalts $A_{FBM_2C'}$ von Viereck FBM_2C'

Berechnung von $\overline{TM_1}$:

$\tan\alpha = \frac{\overline{FT}}{\overline{TM_1}} \quad | \cdot \overline{TM_1}$

$\overline{TM_1} \cdot \tan\alpha = \overline{FT} \quad | : \tan\alpha$

$\overline{TM_1} = \frac{\overline{FT}}{\tan\alpha} \quad | \ \overline{FT} = \overline{DA}$; Eigenschaften des Rechtecks AFTD

$\overline{TM_1} = \frac{21{,}0}{\tan 70{,}52°}$

$\overline{TM_1} = \underline{7{,}43 \text{ cm}}$

Berechnung von $\overline{FB}$ über $\overline{CT}$:

$\overline{CT} = \overline{CM_1} - \overline{TM_1}$

$\overline{CT} = 14{,}85 - 7{,}43$

$\overline{CT} = \underline{7{,}42 \text{ cm}} \quad | \ \overline{FB} = \overline{CT}$; Eigenschaften des Rechtecks FBCT

$\Rightarrow \ \overline{FB} = \underline{7{,}42 \text{ cm}}$

Nachweis, dass gilt: $A_{C'M_2M_1} = A_{M_1M_2C}$:

Dreieck M_1M_2C wird beim Falten an Strecke M_1M_2 auf Dreieck $C'M_2M_1$ abgebildet.

$\Rightarrow \ \underline{A_{C'M_2M_1} = A_{M_1M_2C}}$

Berechnung des Flächeninhalts $A_{FBM_2C'}$ von Viereck FBM_2C':

$A_{FBM_2C'} = A_{FBCM_1} - 2 \cdot A_{M_1M_2C}$

$A_{FBM_2C'} = \frac{1}{2}(\overline{CM_1} + \overline{FB}) \cdot \overline{BC} - {}^1\!\not{2} \cdot \frac{1}{\not{2}_1} \overline{M_2C} \cdot \overline{CM_1}$

$A_{FBM_2C'} = \frac{1}{2}(14{,}85 + 7{,}42) \cdot 21{,}0 - 10{,}5 \cdot 14{,}85$

$A_{FBM_2C'} = 77{,}91 \text{ cm}^2$

$A_{FBM_2C'} = \underline{\underline{78 \text{ cm}^2}}$

Hinweise und Tipps

2) Der Flächeninhalt von Viereck FBM_2C' wird über die Differenz aus dem Flächeninhalt von Rechteck ABCD einerseits sowie der Summe der Flächeninhalte von Trapez AFM_1D und der Dreiecke $C'M_2M_1$ sowie M_1M_2C andererseits berechnet.
3) Der Flächeninhalt von Viereck FBM_2C' wird über die Summe der Flächeninhalte der beiden Dreiecke FBM_2 und FM_2C' berechnet.

In der Musterlösung wird der erstgenannte Lösungsansatz dargestellt. Die beiden anderen Lösungsansätze werden anschließend kurz skizziert.

Bei den Lösungsansätzen 1 und 3 wird $\overline{FB}$ benötigt. Für die Berechnung von $\overline{FB}$ stehen zwei Alternativen zur Verfügung:

- $\overline{FB}$ wird indirekt über $\overline{CT}$ bestimmt, die ihrerseits über die Differenz aus $\overline{CM_1}$ und $\overline{TM_1}$ berechnet wird.
- $\overline{FB}$ wird über die Differenz aus $\overline{AB}$ und $\overline{AF}$ ermittelt.

In der Musterlösung wird der erstgenannte Lösungsansatz genutzt. Der zweite Lösungsansatz wird unten kurz skizziert.

Musterlösung

Für die Berechnung des Flächeninhalts von Trapez $FBCM_1$ werden $\overline{FB}$, $\overline{BC}$ und $\overline{CM_1}$ benötigt.

$\overline{BC}$ und $\overline{CM_1}$ sind bekannt.

$\overline{FB}$ erhalten wir indirekt über $\overline{CT}$. $\overline{CT}$ wiederum lässt sich mit $\overline{CM_1}$ und $\overline{TM_1}$ berechnen.

Dazu ist zunächst $\overline{TM_1}$ im rechtwinkligen Dreieck FTM_1 zu berechnen. Dreieck FTM_1 entsteht durch das Fällen des Lots von Punkt F auf Strecke CD. Seite FT des Dreiecks lässt sich rasch bestimmen. Wurde bei der Berechnung des Flächeninhalts von Dreieck EM_1D der Lösungsansatz der Musterlösung gewählt, ist Winkel α bereits bekannt. Wurde die Alternative zur Berechnung von $\overline{DE}$ gewählt, muss der Winkel noch ermittelt werden.

Der Flächeninhalt des Dreiecks M_1M_2C lässt sich mit den bekannten Größen ermitteln.

Das Falten an Strecke M_1M_2 entspricht der mathematischen Abbildung der Achsenspiegelung. Damit sind die beiden Dreiecke $C'M_2M_1$ und M_1M_2C kongruent. So kann auf die separate Ermittlung des Flächeninhalts von Dreieck $C'M_2M_1$ verzichtet werden und stattdessen der Flächeninhalt von Dreieck M_1M_2C verdoppelt werden.

In der Musterlösung wird zur finalen Berechnung des gesuchten Flächeninhalts von Viereck FBM_2C' ein Term aufgestellt:

$A_{\text{Viereck } FBM_2C'} = A_{\text{Trapez } FBCM_1} - 2 \cdot A_{\text{Dreieck } M_1M_2C}$

Alternative Berechnung von $\overline{FB}$ über die Differenz aus $\overline{AB}$ und $\overline{AF}$

$\overline{AB}$ ist bekannt.

$\overline{AF}$ lässt sich im rechtwinkligen Dreieck AFE berechnen. Dazu werden zunächst $\overline{EA}$ und Winkel AEF (ε_1) ermittelt.

$\overline{EA}$ erhalten wir mithilfe von $\overline{DA}$ und $\overline{DE}$. $\overline{DA}$ ist bekannt. Wurde der Flächeninhalt von Dreieck EM_1D wie in der Musterlösung ermittelt, ist auch $\overline{DE}$ bekannt. Wurde die Alternative über die trigonometrische Flächeninhaltsformel gewählt, muss $\overline{DE}$ noch in Dreieck EM_1D berechnet werden.

Das Falten an Strecke FE entspricht der mathemati-

Hinweise und Tipps

schen Abbildung der Achsenspiegelung. Damit sind die beiden Winkel AEF (ε_1) und FEM_1 kongruent. Nach der Berechnung von Winkel ε_2 in Dreieck EM_1D lässt sich ε_1 rasch ermitteln.

Lösungsansatz 2 zur Berechnung des Flächeninhalts von Viereck FBM_2C'
Der Flächeninhalt von Rechteck ABCD lässt sich mit den bekannten Größen direkt ermitteln.
Für die Berechnung des Flächeninhalts von Trapez AFM_1D werden $\overline{AF}$, $\overline{M_1D}$ und $\overline{DA}$ benötigt.
$\overline{M_1D}$ und $\overline{DA}$ sind bekannt.
$\overline{AF}$ lässt sich wie oben in der alternativen Berechnung von $\overline{FB}$ bereits beschrieben im rechtwinkligen Dreieck AFE berechnen.
Bezüglich der Flächeninhalte der beiden Dreiecke $C'M_2M_1$ und M_1M_2C wird wie in der Musterlösung verfahren.
Für die finale Berechnung des gesuchten Flächeninhalts von Viereck FBM_2C' empfiehlt es sich, einen Term aufzustellen:

$$A_{\text{Viereck } FBM_2C'} = A_{\text{Rechteck } ABCD} - (A_{\text{Trapez } AFM_1D} + 2 \cdot A_{\text{Dreieck } M_1M_2C})$$

Lösungsansatz 3 zur Berechnung des Flächeninhalts von Viereck FBM_2C'
Diagonale M_2F teilt Viereck FBM_2C' in die beiden rechtwinkligen Dreiecke FBM_2 und FM_2C'. Über den vierten Kongruenzsatz SSW lässt sich zeigen, dass die beiden Dreiecke kongruent sind. Somit genügt es, den Flächeninhalt eines der beiden Dreiecke zu berechnen und anschließend zu verdoppeln.
Da sich Strecke BM_2 rasch bestimmen lässt und sich Seite FB wie oben beschrieben über eine der beiden Alternativen ermitteln lässt, empfiehlt sich die Berechnung des Flächeninhalts von Dreieck FBM_2.
Angesichts des Umstandes, dass der in Klassenstufe 7 gelernte vierte Kongruenzsatz SSW am Ende von Klassenstufe 10 nur mehr wenig bekannt sein dürfte, ist der Lösungsansatz sicher schwierig zu finden. Andererseits ist der Ansatz – einmal gefunden – weniger rechenaufwendig als die beiden anderen.

Original-Abschlussprüfung

Realschulabschluss Mathematik 2022

Um dir die Prüfung 2022 schnellstmöglich zur Verfügung stellen zu können, wird diese in digitaler Form veröffentlicht.

Sobald die Original-Prüfungsaufgaben 2022 zur Veröffentlichung freigegeben sind, können sie als PDF auf der Online-Plattform MyStark heruntergeladen werden (Zugangscode vgl. Umschlaginnenseite).

Prüfung 2022

www.stark-verlag.de/mystark